イラストで見る末期的兵器総覧

アナタノ知ラナイ兵器 6

Illustrated of world desperate weapons

Weapons,we have never heard off 6

イラストで見る末期的兵器総覧

アナタノ知ラナイ兵器6

Illustrated of world desperate weapons

Weapons, we have never heard off 6

CONTENTS

ますますマニアックになっていく
『アナタノ知ラナイ兵器』ワールド
アナタはその深淵を覗く勇気があるかな？

アナタノ知ラナイ兵器6
航空機・電波兵器編

川西 局地戦闘機 紫電改
一式空三號無線帰投方位測定機

大戦末期に登場した高性能戦闘機

川西 局地戦闘機 紫電改

本書『アナタノ知ラナイ兵器』には似つかわしくないかもしれないメジャーな局地戦闘機、紫電改を取り上げる。水上戦闘機「強風」より発展進化したその姿をとくとご覧いただきたい

局地戦闘機「紫電改」。こんな長ったらしい野暮な言い方はせず「紫電改」の三文字で充分に伝わるだろう。ここからしばらくの間、「紫電改」について色々と述べていこうと思う。それは全体像だったり、また変遷だったり、構造だったりと筆者が見たまま感じたままを述べる本連載の主旨に則ったものだ。
もう語り尽くされた感がする、水上戦闘機「強風」を陸上機化した「紫電」、それを更に洗練段階を経て「紫電改」に行き着いた経緯にも触れておくべきなのだろうが、そうすると「強風」の前に取り組んだ「紫雲」についても述べねばならなくなる。そうなると当時『本水上機は敵陸上機及び艦上機に対して劣らぬものとする』という常軌を逸した仕様を出した海軍航空隊関係者と、その仕様について取り組んだ川西航空機の設計陣らの正気を問うことにもなりかねないので触れないで置こうと思う。ただ、本作の中で「強風」と「紫電」、そして「紫電改」へと進歩変遷していく中で加えていったり消えていったりする状況は描きたいと思い本項後半で図説した。
正直、「紫電改」はとても人気のある機材で製品だ。本連載で取り上げる必要もないくらいに人気がある機材だ。『アナタノ知ラナイ兵器』ではなく充分すぎるくらいに『アナタモ知ッテイル兵器』だ。実戦投入されたのが敗戦の年、それも節分を過ぎたころであり運用は事実上半年くらいの非常に短期間でしかない。半年というと『期間』というよりも『時間』と言ったほうが的確だろう。こんな短期間使用なのに人気がある。だがそれには明確な理由がある。物語で内容を盛り上げるエッセンスの一つに『虐げられた状況が好転する』というのがあるが、「紫電改」はまさにそれだ。やっと相手と同じくらいの高出力発動機を用いることが出来た戦闘機であり、それにより今までずっと我慢して来た制限も緩和され相手と同じ戦いが出来るようになった。加えて戦場は本土防空戦という、それまでの日本本土を遠く離れた遠隔地で常に付き纏う補給遮断工作で途絶しがちだった装備や改善も勝手知ったる日本本土ということで今まで比べ物にならないくらいに円滑に出来た。加えて通信・補給の各種インフラは従来のものが使用出来た上に更に濃厚に整備した。その上で「紫電改」を集中運用という御膳立した結果でもある。補給と通信は老いても尚、主力戦闘機たる零戦でも恩恵はあったが、その零戦が今まで出来なかった戦いが「紫電改」ならば出来たからという鬱憤が解き放たれたからでもある。卑近な言い方だが『やられっぱなしの中で一矢報いた』が一番大きい。物語が盛り上がるエッセンスの話を出したが『弱小チームが強豪チームに競り勝つ』という要素も「紫電改」にはあった。人気が出て当然だ。
では『相手と同じ戦い方』とは何だろう。
それまでは零戦で敵戦闘機の後にかじり付こうとすると敵戦闘機は遮二無二に急降下をして零戦を引き離す。格闘戦を重視した零戦は軽量に纏める必要性から機体強度は相手よりも弱く、そこを突かれたからだ。更に絶望的なのは敵機の数が膨大で今度は零戦が逃げようとすると敵機のほうが高速で零戦は逃げ切れない。技量が高い搭乗員ならば零戦が持つ極限にまで研ぎ澄まされた旋回性能でこれを切り抜けるのだが、そんなことが出来るのは限られたトップクラスのカミサマみたいな搭乗員だけが為せる技であり、多くの場合は数秒の間に多数の銃弾を浴び炎上か搭乗員の絶命により制御不能な飛行となって撃墜されるだけだ。
これの繰り返しでどんどん零戦の旗色が悪くなっていったのは周知のとおりだ。
そこで「紫電改」だ。余裕ある大馬力発動機で高速、零戦ならば分解する急降下速度でも難なくこなせる上に大威力機銃の20mmを4挺搭載した。携行弾数も大幅に増えた。残弾を気にしながらの射撃も「紫電改」では大幅に改善された。
今までの零戦ならば急降下中、敵戦闘機が諦めてくれるのを祈りつつ目まぐるしく回転する速度計と後方に付いて離れない上に主翼前縁を真っ赤にして長時間発射される多機銃弾を持てる技量の全てを使って回避するしかなかったが「紫電改」ではその悲しみは皆無とまではならなかったが大幅に減ったのは確かだし急降下で逃げる相手も今までは殆ど取り逃がしていたが、こちらも全て解決ではないが深追いが可能となり零戦時と比べ大幅に改善された。
などと良い事づくめの「紫電改」だが零戦が零戦たる理由の旋回性能と素直な操縦特性、そして稼働率の高さと、数が揃うなど、いくつもの点では「紫電改」は零戦に及ばないことがあったのも確かだ。結果零戦も引き続き使用されることになるのだが。それら諸事情を飲み込んだ上で本見開きの「紫電改」を見てもらいたい。武骨な機首部、それより突き出し高速回転する4翅のペラ、零戦と比較すると大幅に枠の少なくなった風防、主翼前縁より勢い良く飛び出す四機銃、操縦席から後は不安になるくらいに絞った胴体等々非常に男性的なスタイルで正直カッコいい。では細部について述べていこう。

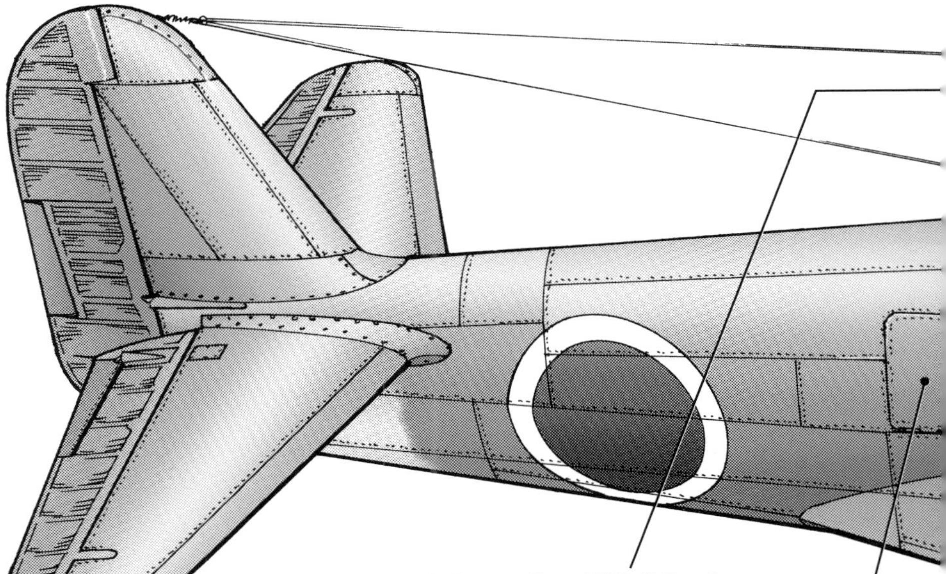

オープニングで『通信』について触れた。具体的に述べるのであれば偵察機や監視所、そして岬や孤島に設置された大型電波探信儀による情報が「紫電改」を運用する首脳達に素早く滞りなく伝達されることを指すが、もっと言えばそれを「紫電改」を駆る搭乗員たちに伝達する意味も含まれる。筆者は関係者らと違い、日本軍が用いた機上用通信機の性能は世間がいうほど悪くはなく、そうかといって飛び抜けて良いものではないことを知った。以下は余談の部類だが日本軍機上用通信機がダメだった理由は幾つかあるが、ひとつはシールドと称する断絶接地技術、そしてもうひとつが高温多湿からの対策がダメだったからだ。それは紐解けば絶縁であり、電気部品へ施される防湿思想の欠落からでもある。電気的には水中に居るの変わらないほどの高温多湿たる海外戦場と比べれば遥かに機材には優しい気候である日本本土ということで高温多湿が起因の機材不具合も飛躍的に少なくその上、発動機点火より発せられる電磁波を電気的に封じ込む「断絶」手段を施した結果、明瞭な機上通信が叶うようになった。「紫電改」はその恩恵を初めから受けることが出来た希有な機材だったが、それは確立したものではなかったようで、空中線の展張方法をアレコレ試行していたことを匂わせるものだ。判っているだけで「紫電改」の空中線展張方法は3つある。本項でそれらを順に述べていこうと思う。

ここの小扉は「救命筏収納ハッチ」。胴体右側だけに装備される。面白いのは操縦席にはここの閂を抜き取る索があり、これを引き抜くことで開く。しかしそれはこの閂を引き抜くと発條のチカラでバン！と跳ね開くというものではなく前述のとおり閉じのロックが開放されるというだけだ。
筆者は長年、「紫電改」の座席は零戦「五二丙型」のような背負い式落下傘の後にもうひとつ棚があり、そこに救命筏が格納されているとばかり思っていたが、わざわざ別所に、しかも索を引き抜く閂付の扉の中に救命筏が収納されていたとは少なからず驚いている。とかく我が国の、特に海軍搭乗員らの生存性を高める工夫は大変に弱く、そして希薄であることは恥ずかしい方向に有名だ。大部分の空戦場所が洋上での海軍戦闘機、発動機の具合が悪くなったり撃墜された後は洋上に漂うことになる。そんな時の救命道具は身に着けたカポックだけというのは……何とも悲しく絶望的だ。落下傘降下し着水で折角命を繋ぎ止めたのに、こんな希薄な装備では本来、生還出来るハズの搭乗員たちの多くが漂流で力尽き、水浮く屍になったことだろうと思うと大変に腹立たしい。「五二丙型」や「紫電改」ではやっとこういう救命装備を搭載するようになったのかと安堵する気持ちと遅い対処に大いに筆者は立腹する。
……でも、この位置にあるのは正直、機体を巧く不時着水させたときにだけ用いることができる装備でしかない。戦後機のように飛行中の機から脱出で落下傘と同時に自動膨張式の筏でないと意味がなく搭乗員の命を大切にする面では、まだまだダメだなあとも思う。更に駄目押しだが「五二丙型」や「紫電改」に搭載された筏はフイゴで空気を少しづつ入れるタイプだ。不時着水したのち、この筏を取り出して沈み行く機の主翼上で遮二無二に救命筏を膨らませることが必要だ。故にこの位置の装備なのか、とも思う。

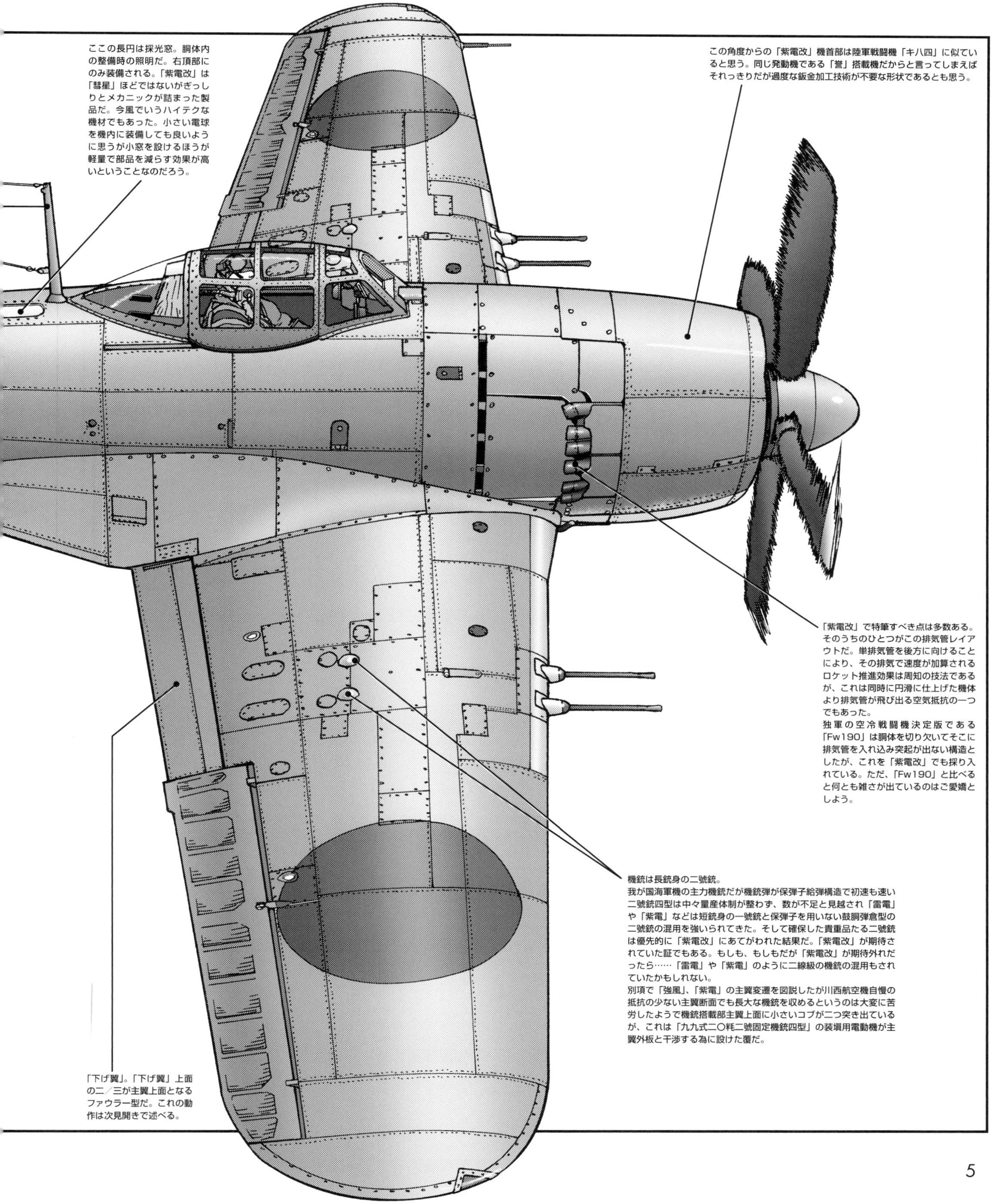

ここの長円は採光窓。胴体内の整備時の照明だ。右頂部にのみ装備される。「紫電改」は「彗星」ほどではないがぎっしりとメカニックが詰まった製品だ。今風でいうハイテクな機材でもあった。小さい電球を機内に装備しても良いように思うが小窓を設けるほうが軽量で部品を減らす効果が高いということなのだろう。

この角度からの「紫電改」機首部は陸軍戦闘機「キ八四」に似ていると思う。同じ発動機である「誉」搭載機だからと言ってしまえばそれっきりだが過度な鈑金加工技術が不要な形状であるとも思う。

「紫電改」で特筆すべき点は多数ある。そのうちのひとつがこの排気管レイアウトだ。単排気管を後方に向けることにより、その排気で速度が加算されるロケット推進効果は周知の技法であるが、これは同時に円滑に仕上げた機体より排気管が飛び出る空気抵抗の一つでもあった。
独軍の空冷戦闘機決定版である「Fw190」は胴体を切り欠いてそこに排気管を入れ込み突起が出ない構造としたが、これを「紫電改」でも採り入れている。ただ、「Fw190」と比べると何とも雑さが出ているのはご愛嬌としよう。

機銃は長銃身の二號銃。
我が国海軍機の主力機銃だが機銃弾が保弾子給弾構造で初速も速い二號銃四型は中々量産体制が整わず、数が不足と見越され「雷電」や「紫電」などは短銃身の一號銃と保弾子を用いない鼓胴弾倉型の二號銃の混用を強いられてきた。そして確保した貴重品たる二號銃は優先的に「紫電改」にあてがわれた結果だ。「紫電改」が期待されていた証でもある。もしも、もしもだが「紫電改」が期待外れだったら……「雷電」や「紫電」のように二線級の機銃の混用もされていたかもしれない。
別項で「強風」、「紫電」の主翼変遷を図説したが川西航空機自慢の抵抗の少ない主翼断面でも長大な機銃を収めるというのは大変に苦労したようで機銃搭載部主翼上面に小さいコブが二つ突き出ているが、これは「九九式二〇粍二號固定機銃四型」の装填用電動機が主翼外板と干渉する為に設けた覆だ。

「下げ翼」。「下げ翼」上面の二／三が主翼上面となるファウラー型だ。これの動作は次見開きで述べる。

ここの突起は「繋止取付部」。両翼にある野外駐機時に不幸にも台風などの暴風雨に遭遇してしまった場合、強風により機材が舞い上がってしまう。飛ぶように設計された航空機だ。飛行時と同じ風速が付けば有人だろうが無人だろうが機は飛び上がろうとしてしまう。そこでここを地面打ち込んだ眼環とを締結固定する。後に「紫電改」は艦上戦闘機としての改造を施されるが、空母飛行甲板での露天係止時にも使用される

「紫電改」の爆装だが三番～六番（60kg）ならば2発、二十五番（250kg）ならば1発が懸吊可能だ。当然両翼なので、この倍の数となる。
当然これだけ幅広い爆装が可能だと弾体の大きさも異なるので弾体抑も位置が異なってくるし、安全装置の風車抑えの位置も異なる。「強風」と「紫電」のような弾体抑は前後とも作り付けのものではなく、「紫電改」では前部弾体抑のみ作り付け構造で後部弾体抑は状況に応じて付けるという方向に変更された。

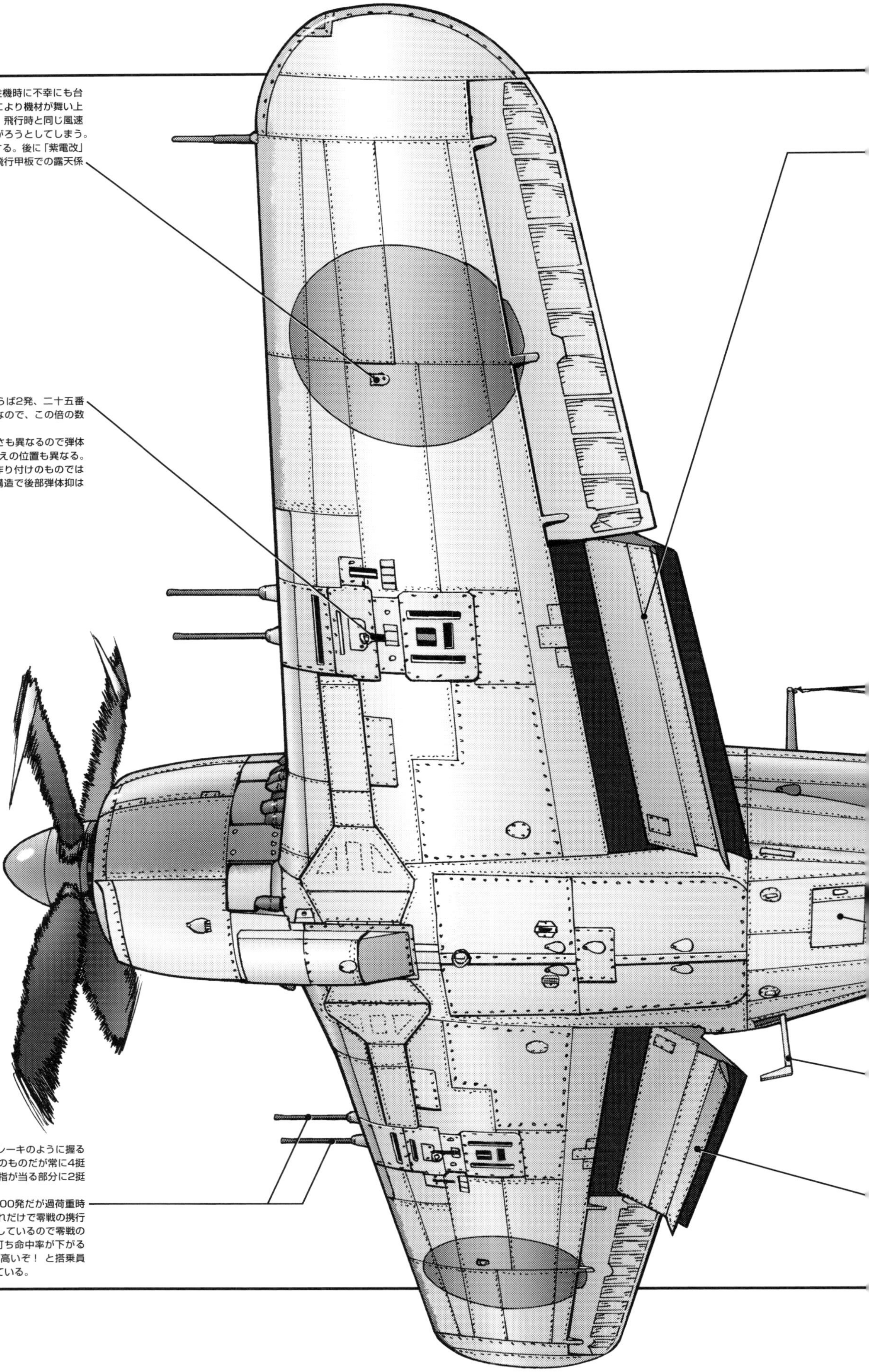

機銃は瓦斯把柄についた発射把手を自転車のブレーキのように握ることで発射される、海軍戦闘機では毎度御馴染のものだが常に4挺当時発射というものではなく、ここの頂部、親指が当る部分に2挺発射か4挺発射かを選定できる切換部がある。
因みに携行弾数だが内方機銃、外方機銃共々 200発だが過荷重時のみは外方銃のみ250発まで携行が可能だ。これだけで零戦の携行弾数の両翼分だ。主翼の剛性も非常にしっかりしているので零戦のような20mm機銃を発射すると主翼が震え波打ち命中率が下がることも「紫電改」では起きず、命中率が非常に高いぞ！ と搭乗員からお褒めの御言葉を賜ったという逸話が残っている。

前見開きでは「紫電改」の上面を描いた。今度は下面だ。「紫電改」を描き述べるときどうしても外せない点は多いが、その筆頭が速度に応じて自動で下げ翼の角度を制御する仕組みとその総称である「自動空戦フラップ」の存在は外せない。今回、それの使用状態を描いた。本図を描くまで単純なファウラー型に自動制御を付けた（といっても下げ翼の中でファウラー型は凝った構造の部類だが）だけだと思っていたが……何かと凝った独自性構造を求める川西航空機という会社を筆者は甘く見ていた。別項でも述べたが親子構造になっているものだったのだ。
加えて本図の構図を描いているときに強烈に思ったのはこの構図で感じるのは局地戦闘機第一號である「雷電」に似ているなあ、ということだ。4翅の「VDM」ペラもだが、屈強な形状に思える「紫電改」の「発動機整流環覆」は側面方向にだけそう感じるものであり平面的には相応にスマートなものである。それが「雷電」の「発動機整流環覆」に近い印象を与えた上に主翼に覆いかぶさる巨大なフィレットと、それが主翼後縁から飛び出し、胴体に整合されていく形状が強力に「雷電」らしさを出していると筆者は感じた。
歴史に『もし』は無いが、もし「雷電」が延長軸と冷却ファンを介しない、順当で冒険をしないデザインを採用していたら、それはどんな容姿になっていただろうと空想することが筆者にはある。「紫電改」は「紫電」を洗練したものだが、前述の冒険をしないデザインで纏めた「雷電」は「紫電改」を三菱独特の徹底した洗練された流麗な容姿になっていたのかな……と本図を描いて強く思った。

フラップ。筆者は「下げ翼」と表現するが川西航空機作成の当時図面には「フラップ」とあるのでこの名称を使うことにする。
図は30度下げた状態だ。「紫電改」を語るとき本フラップを速度と加重された重力の双方を感知、適正な角度に自動制御したことは広く知られた事実だが、これは「紫電改」にだけ装備されたものではなく、「紫電」が試作段階時に「強風」に取付、極めて優秀な動作をしたことで「紫電」に採用されたシステムだ。速度は左主翼端に付いたピトー管からの風圧を、旋回で生じる加重感知には水銀を使っている。やや専門的なものになってしまうが上下方向に動きやすいベロー構造の膜をピトー管からくる風圧で拮抗させ、そこに旋回でかかった重力で下がる水銀柱に通電させる電気開閉器のひとつだ。速度が鈍ればピトー管からの圧力が下がり膜が下がる。速度が増せば膜が膨らむ。重力が掛かれば水銀柱は下がる。この組み合わせだけでフラップを制御する。水銀を使ったのは電気抵抗の少ない優れた通電する液体だからだ。初期の頃は水銀を納める容器と電極が水銀により腐食、通電不良になったり制御装置から漏れでるトラブルも起きたそうだが合成樹脂に容器を改める等の工夫で確実性の高いシステムになった。川西航空機という会社の恐ろしさはこの感知システムは前述のとおり、平たく言えば電気開閉器なのだが、フラップ動作は油圧な点だ。油圧筒に油を送り込んで動作させる御馴染のシステムだが油圧ポンプの制御を電気で行っている。油圧を電気で制御する方法だが電磁継電器（リレー）で弁を操作し制御する。これは……面倒だし動作も遅くなるような気もする。事実、ここの調整はしっかりやれと資料は謳っているが「雷電」は「下げ翼」の動作は電動で、もし「雷電」に「自動空戦フラップ」を取り付けるという改造が施されるのであれば「紫電改」よりも少ない工作と改造で果たせたのではないだろうか。このシステムは川西航空機社製品だけに採用は勿体ないということで最後の艦上戦闘機となった「烈風」も採用されているが川西航空機社製のものよりも更に簡略構造の「自動空戦フラップ」制御部となっている。

前見開きの空中線展張方法だが機首側空中線支柱に2ヶ所、垂直安定板に1ヶ所の3点支持で空中線給電箇所は支柱頂部からという按配だ。これなら空中線の長さを確保できる方法である。さて、本図の空中線支柱頂部1点、垂直安定板頂部と中程で2点展張方法という「紫電改」も存在する。給電は同じく空中線支柱頂部からだとすると素子を追加したものになる。本当は「キ八四」のように別方向に展張したほうが指向性が増えるのだが。
展張方向が限られた中で展張方法を変えているのは中々面白い点であると思う。

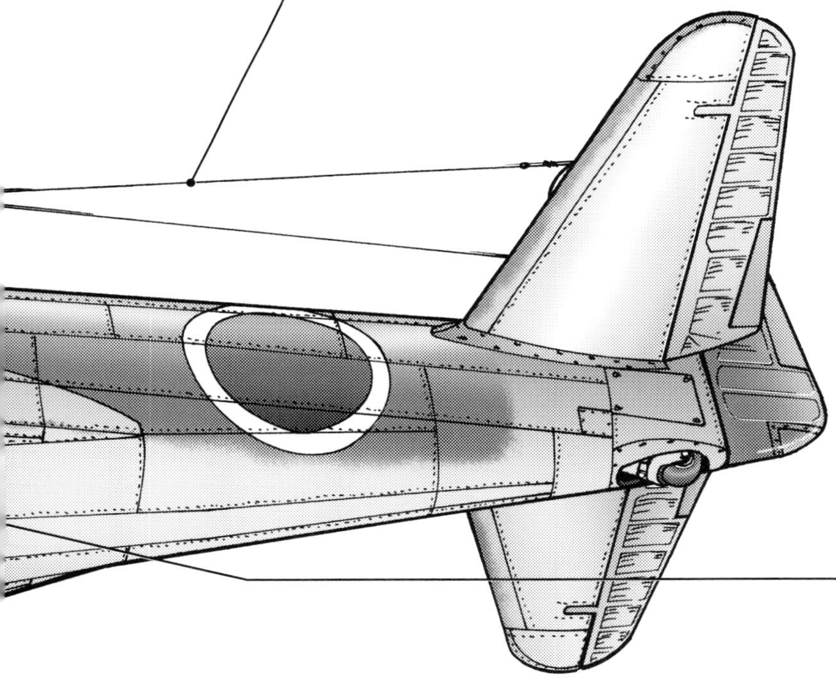

点検扉。
「紫電改」の隠れた装備のひとつだ。胴体下部にある。通常こういう扉は胴体、それも左弦ちょうど日の丸が描いた辺りに設置されるのだが「紫電改」の場合は図のとおりだ。何を点検するかだが昇降舵・方向舵積調整にも用いるが、その他に自動消火装置の整備用だ。
胴体右弦には炭酸ガスが充填された「炭酸ガス瓶」が3本、胴体内部に立て掛けるような形で設置されている。面白いのはこの3本、機首側より胴体用、左翼用、右翼用となっていることだろう。胴体用とは図でいうとフラップが下がった間の前後左右に別れたパッチ内に納めた燃料槽だ。ここに燃料槽を構えるのは「強風」からの伝統だ。各燃料槽には熱電対が複数装着され、不幸にも燃料槽が出火した場合、即座にこの熱電対が発電、その電圧をもってして高感度ソレノイドが作動、爆管を叩き制御弁を強制開放勢い良く炭酸ガスを出火箇所に吹きつけるというシステムだ。ガソリンとは恐ろしい可燃液体で出火後数秒でも経過してしまうと、もう消火は不可能となる。写真銃に映し出された日本機の末期を見れば周知のとおりだ。本システムはコンマ何秒で作動する極めて優秀なものだ。これは「紫電改」の隠れた強さのひとつだ。前見開きで述べた右弦頂部に付いた採光窓だが、ナルホド下部からの出入りでは外光は入らない。故の天窓だったのだなと強く感心する次第だ。

格納式の足掛け。名称は「後部足掛」。両舷に設置されている。
緊急発進時など、不慣れな整備員だったりすると図のように出しっぱなしで飛んでいった「紫電改」も居ただろうなという思いで描いた。
また固定が甘いと激しい機動で出てきてしまった場合もあっただろう。

筆者はこの図を描くまでは「自動空戦フラップ」とはどんな速度時でも動作するものとばかり思っていたが実際はそうではなく250ノットで動作するように設定されている。また、フラップ下面後端部分は子フラップ構造になっており、図のように開く。サスガにここはファウラー型を採り入れることは出来なかったようで単純なスプリット型となっている。ここの制御はどうなっているかを示す資料がないのは残念だ。

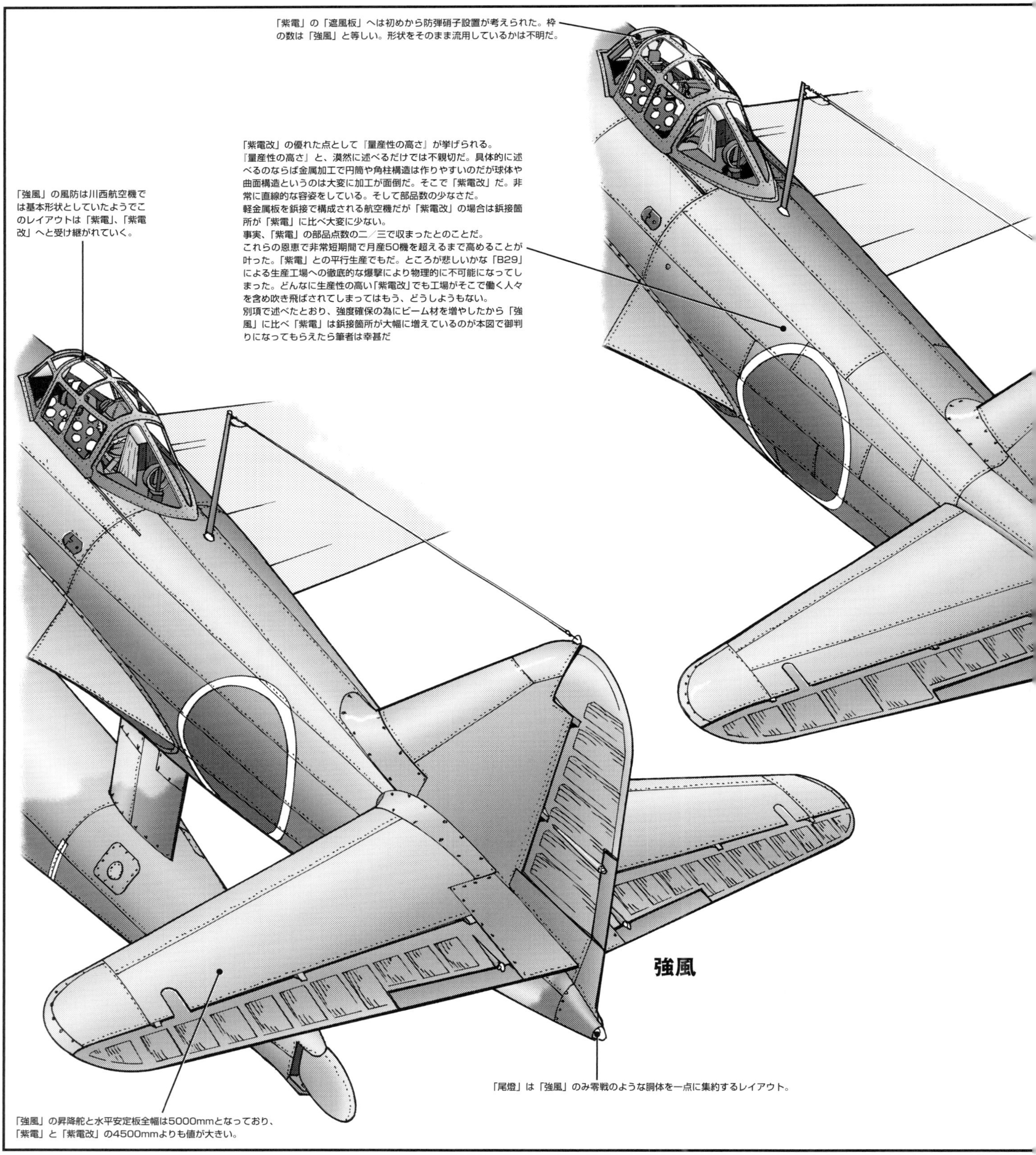
「紫電」の「遮風板」へは初めから防弾硝子設置が考えられた。枠の数は「強風」と等しい。形状をそのまま流用しているかは不明だ。
「紫電改」の優れた点として『量産性の高さ』が挙げられる。
『量産性の高さ』と、漠然に述べるだけでは不親切だ。具体的に述べるのならば金属加工で円筒や角柱構造は作りやすいのだが球体や曲面構造というのは大変に加工が面倒だ。そこで「紫電改」だ。非常に直線的な容姿をしている。そして部品数の少なさだ。
軽金属板を鋲接で構成される航空機だが「紫電改」の場合は鋲接箇所が「紫電」に比べ大変に少ない。
事実、「紫電」の部品点数の二／三で収まったとのことだ。
これらの恩恵で非常短期間で月産50機を超えるまで高めることが叶った。「紫電」との平行生産でもだ。ところが悲しいかな「B29」による生産工場への徹底的な爆撃により物理的に不可能になってしまった。どんなに生産性の高い「紫電改」でも工場がそこで働く人々を含め吹き飛ばされてしまってはもう、どうしようもない。
別項で述べたとおり、強度確保の為にビーム材を増やしたから「強風」に比べ「紫電」は鋲接箇所が大幅に増えているのが本図で御判りになってもらえたら筆者は幸甚だ
「強風」の風防は川西航空機では基本形状としていたようでこのレイアウトは「紫電」、「紫電改」へと受け継がれていく。
強風
「尾燈」は「強風」のみ零戦のような胴体を一点に集約するレイアウト。
「強風」の昇降舵と水平安定板全幅は5000mmとなっており、「紫電」と「紫電改」の4500mmよりも値が大きい。

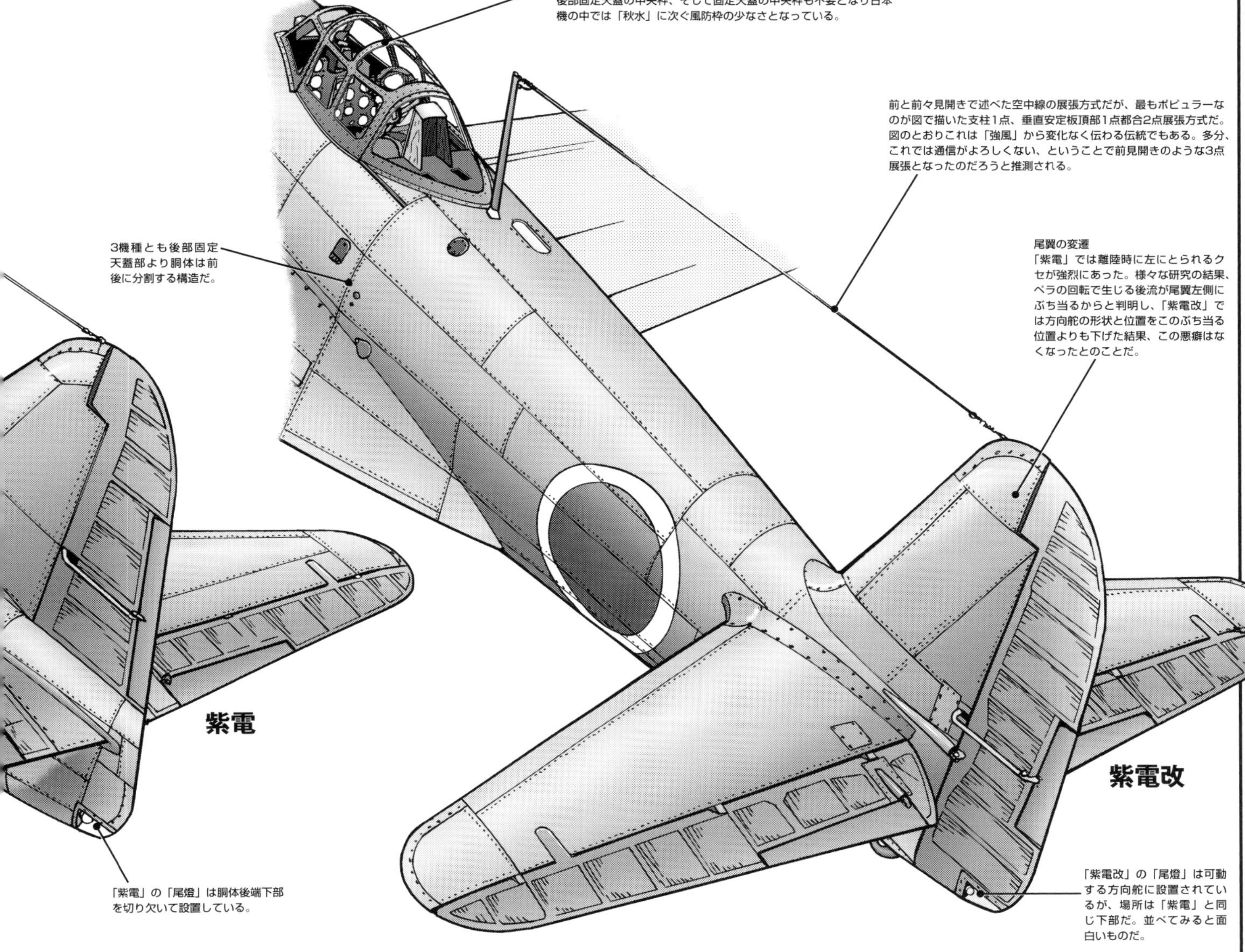

ここでは水上戦闘機「強風」から局地戦闘機「紫電」を経て「紫電改」に至った変遷を図説する。本図の目的は尾翼形状の変遷だが、実は変遷にあたり胴体のシェイプアップ度も伝えたいという目的もある。
図は左より「強風」、中が「紫電」、右端が本項の主役である「紫電改」だ。3図とも同じ縮小率で、その上同じ構図で描いた。
左の「強風」の胴体一番太いと思っていたがそれは誤りで「紫電」の方が太いのだな、と衝撃を受けた。また胴体長も「強風」から「紫電」、「紫電改」へ至る段階で延長されていく様が伝わると描いた筆者は幸甚である。昇降舵と方向舵のヒンジ構造は3機種とも同じなのは同じ製造元故の培ったノウハウから来る共通性だろう。
さて、何故「紫電」の胴体が太くなっただが降着装置の変更が原因だろうと思う。
何度も述べてきたが「強風」は水上戦闘機であり、降着時に使うのは胴体下に懸吊した巨大な「浮舟」だ。これの設置と降着時に生じる荷重は胴体下の主翼付け根あたりで受け止めるものであり尾部へは荷重が掛からない構造だ。しかし「紫電」は「浮舟」を用いない陸上機であり、それは主翼下に設置された格納式の両車輪と尾部に設置された尾輪の3点で降着する。つまり「強風」の胴体構造のままでは尾部尾輪設置では胴体強度が不足しているし、零戦の尾部のように1点に纏まる「強風」の胴体尾部形状では尾輪を付けると途方もない迎え角がついてしまうので尾輪を設置したときに適正角度になるように胴体を下方に増やしてやる意味もある、ということだ。川西航空機という会社が陸上単発戦闘機を作るというのは恐らく20年ぶりくらいの出来事で設計者達は舞い上がるほどに喜んだだろうが、社風というか社風病というべきか、すっかり水上機脳になっており、陸上機への改変は思っていた以上に大事で思っていた以上に知識が不足していた。故の胴体の太さだ。当初「強風」を陸上機とした場合、空気抵抗を生じる3つの「浮舟」を撤去、海軍航空部門の強力な後ろ盾で開発した高出力発動機「誉」を「強風」に搭載されていた中級出力の「火星」から換装するという好条件にニヤついた設計者たちは試算した結果、350ノット、キロメートル変換すると時速650kmを超えるとなり「強風」の空力が素晴らしい事に酔いしれ自画自賛したそうだが前述した理由等でこの試算値よりどんどん目減りしていき最終的には時速600kmに届かないものになってしまったのも悲しい現実の一つなのだとも思う。
「紫電」のハナシが出たついでに筆者は「紫電」に対し常々思っていることがひとつある。前述の設計者達が水上機設計で慣れていた点だが、これは言い換えれば陸上機に関してはプロフェッショナルではない、ということでもある。そのレベルで未体験な二重可動方式の引込脚構造を設計するのは余りに投機的過ぎるのでは、と。何から何まで自らの手で設計したいのは凄く判る。でも航空機を見れば判るとおり、風防にはめ込んだ各種硝子もそれから発動機も、それからペラも社外品だ。主脚も寸法と仕様を主脚に作り慣れた会社に外注すべきだったのでは、と強力に思う。以上、詮無い独白でした。
以下は余談だが「紫電改」の主脚は簡素なものとなり「紫電」のものより100kgほども軽くなったとのことだ。とは言え完全だったとは言えないようで頻繁に折損があったとのこと。やはり『餅は餅屋』であると思う。

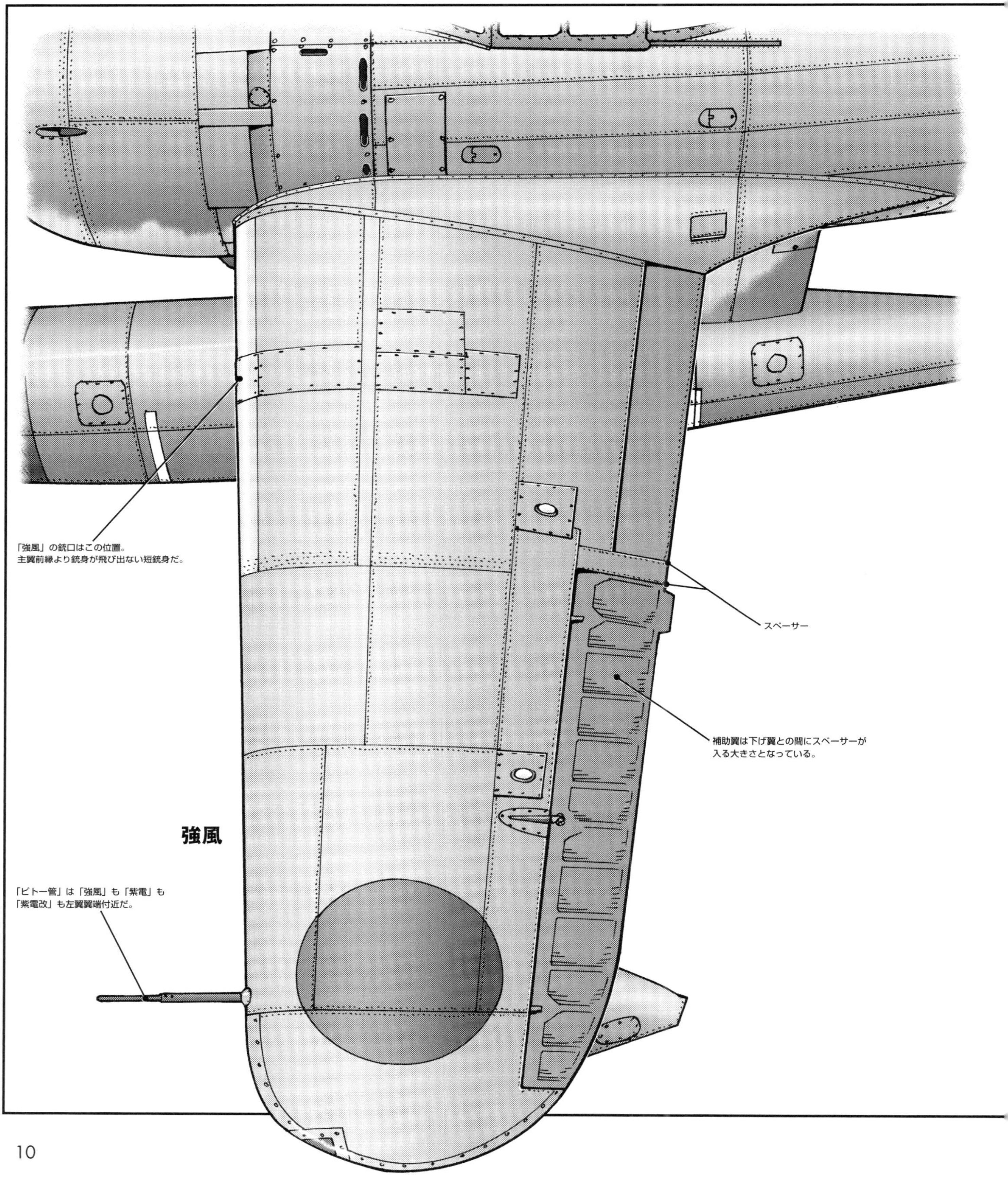

「強風」の銃口はこの位置。
主翼前縁より銃身が飛び出ない短銃身だ。
スペーサー
補助翼は下げ翼との間にスペーサーが
入る大きさとなっている。
強風
「ピトー管」は「強風」も「紫電」も
「紫電改」も左翼翼端付近だ。

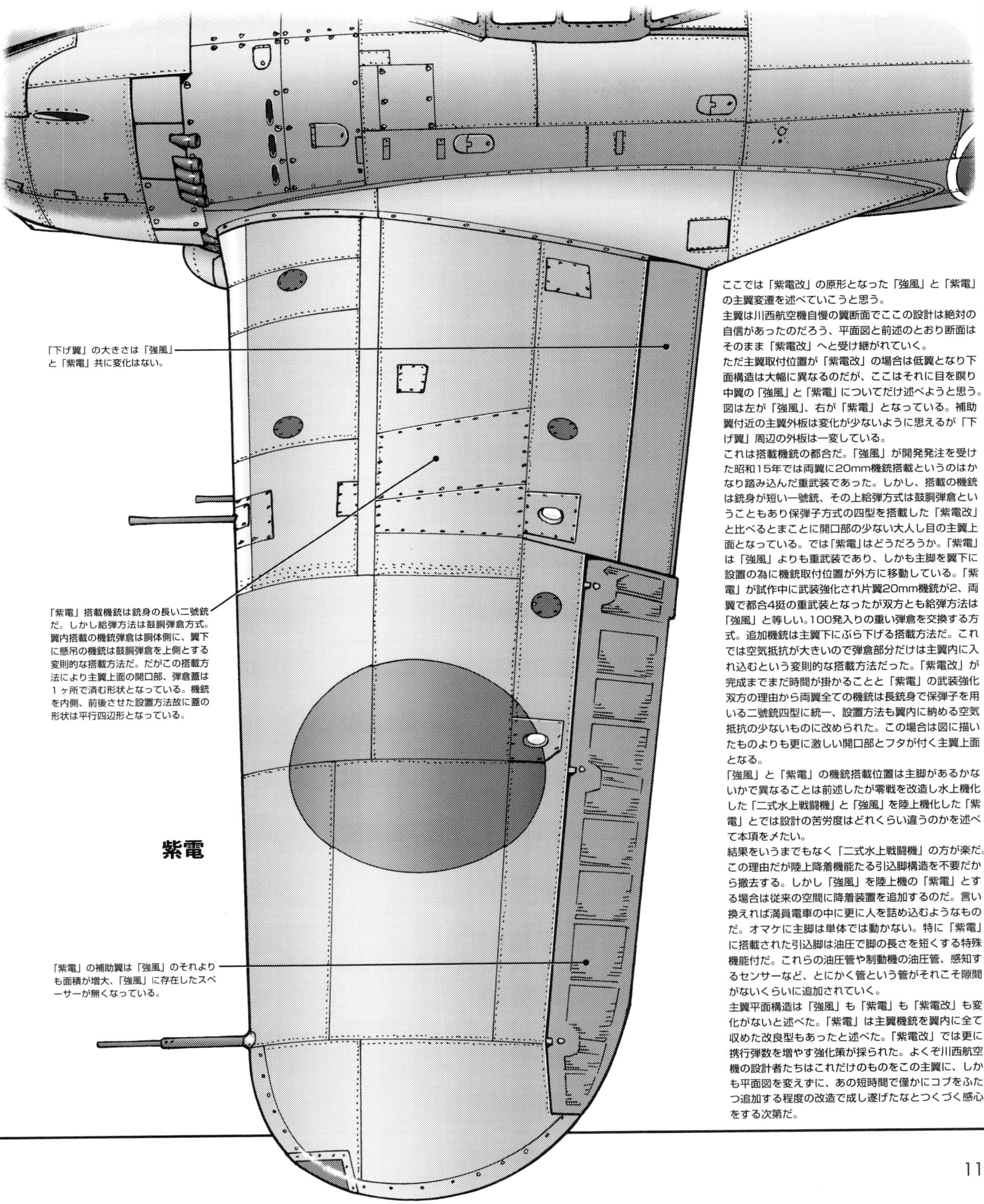

ここでは「紫電改」の原形となった「強風」と「紫電」の主翼変遷を述べていこうと思う。

主翼は川西航空機自慢の翼断面でここの設計は絶対の自信があったのだろう、平面図と前述のとおり断面はそのまま「紫電改」へと受け継がれていく。

ただ主翼取付位置が「紫電改」の場合は低翼となり下面構造は大幅に異なるのだが、ここはそれに目を瞑り中翼の「強風」と「紫電」についてだけ述べようと思う。図は左が「強風」、右が「紫電」となっている。補助翼付近の主翼外板は変化が少ないように思えるが「下げ翼」周辺の外板は一変している。

これは搭載機銃の都合だ。「強風」が開発発注を受けた昭和15年では両翼に20mm機銃搭載というのはかなり踏み込んだ重武装であった。しかし、搭載の機銃は銃身が短い一號銃、その上給弾方式は鼓胴弾倉ということもあり保弾子方式の四型を搭載した「紫電改」と比べるとまことに開口部の少ない大人し目の主翼上面となっている。では「紫電」はどうだろうか。「紫電」は「強風」よりも重武装であり、しかも主脚を翼下に設置の為に機銃取付位置が外方に移動している。「紫電」が試作中に武装強化され片翼20mm機銃が2、両翼で都合4挺の重武装となったが双方とも給弾方法は「強風」と等しい。100発入りの重い弾倉を交換する方式。追加機銃は主翼下にぶら下げる搭載方法だ。これでは空気抵抗が大きいので弾倉部分だけは主翼内に入れ込むという変則的な搭載方法だった。「紫電改」が完成までまだ時間が掛かることと「紫電」の武装強化双方の理由から両翼全ての機銃は長銃身で保弾子を用いる二號銃四型に統一、設置方法も翼内に納める空気抵抗の少ないものに改められた。この場合は図に描いたものよりも更に激しい開口部とフタが付く主翼上面となる。

「強風」と「紫電」の機銃搭載位置は主脚があるかないかで異なることは前述したが零戦を改造し水上機化した「二式水上戦闘機」と「強風」を陸上機化した「紫電」とでは設計の苦労度はどれくらい違うのかを述べて本項を〆たい。

結果をいうまでもなく「二式水上戦闘機」の方が楽だ。この理由だが陸上降着機能たる引込脚構造を不要だから撤去する。しかし「強風」を陸上機の「紫電」とする場合は従来の空間に降着装置を追加するのだ。言い換えれば満員電車の中に更に人を詰め込むようなものだ。オマケに主脚は単体では動かない。特に「紫電」に搭載された引込脚は油圧で脚の長さを短くする特殊機能付だ。これらの油圧管や制動機の油圧管、感知するセンサーなど、とにかく管という管がそれこそ隙間がないくらいに追加されていく。

主翼平面構造は「強風」も「紫電」も「紫電改」も変化がないと述べた。「紫電」は主翼機銃を翼内に全て収めた改良型もあったと述べた。「紫電改」では更に携行弾数を増やす強化策が採られた。よくぞ川西航空機の設計者たちはこれだけのものをこの主翼に、しかも平面図を変えずに、あの短時間で僅かにコブをふたつ追加する程度の改造で成し遂げたなとつくづく感心をする次第だ。

母艦へと帰投する搭載機を誘導する電波兵器
一式空三號無線帰投方位測定機

零戦などの風防の後ろにある輪っかのような装置がクルシーと呼ばれることをご存知の方はいらっしゃるだろうが、その構造や操作方法について知っている方は少ないだろう。ここではそんなクルシーについて図解しよう

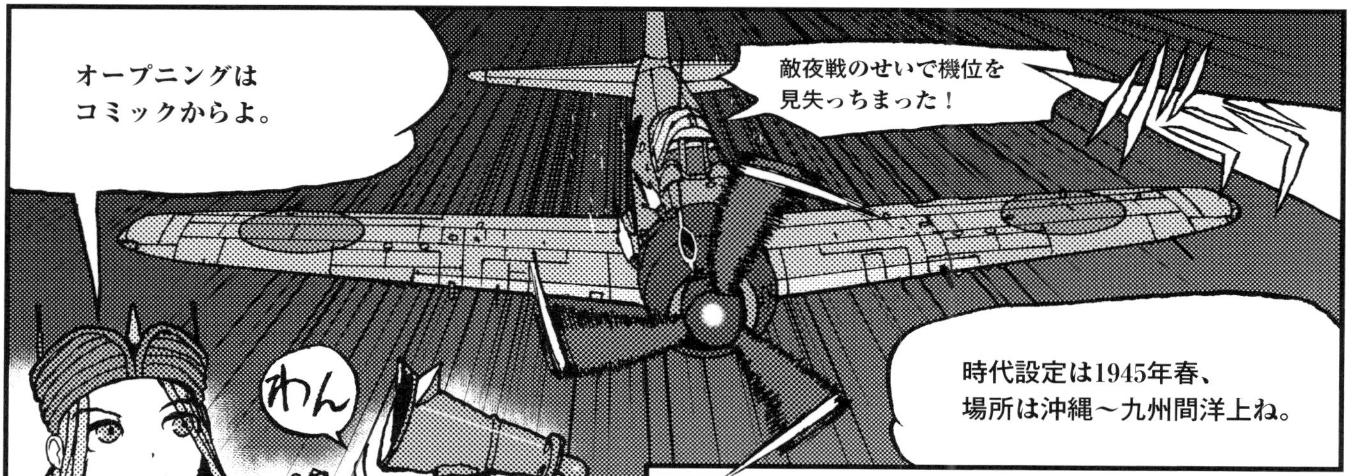

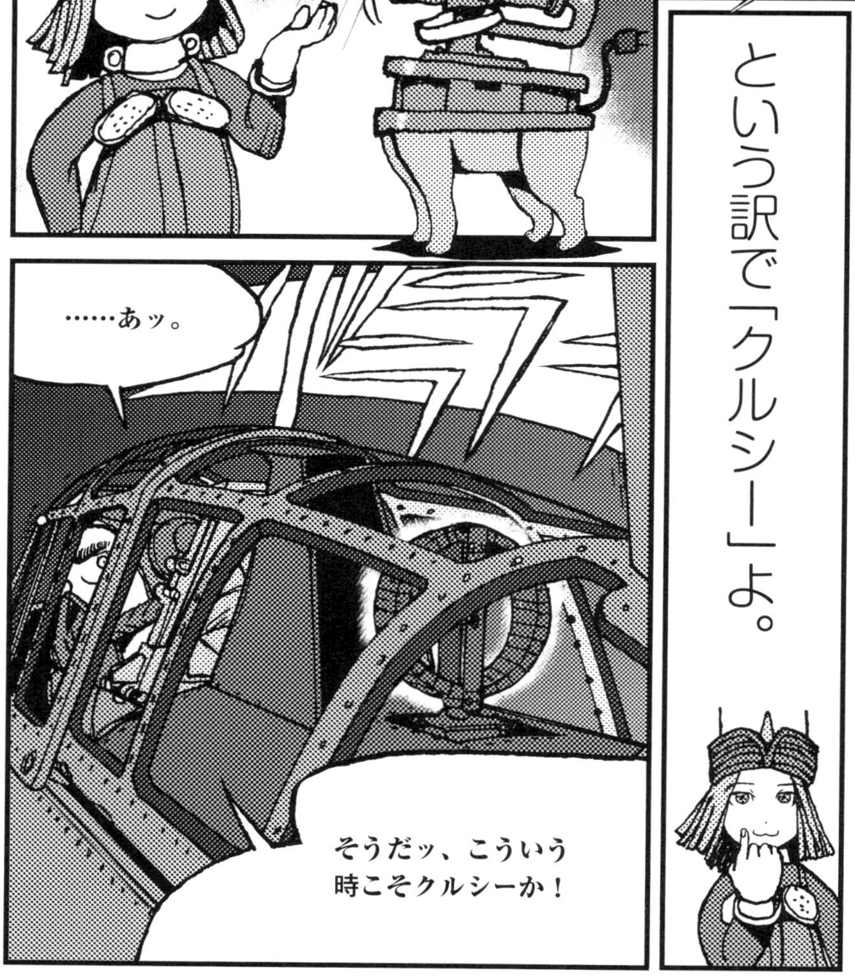

携帯電話にもGPSが仕込まれて方向音痴には頼もしい時代になった。何しろ『迷わず目的地到着出来る』のだ。コイツは凄い。嬉しく楽しいではないか。その精度も、地表の誤差数十センチというまさに地球の『一点』を指示してくれる。今や何でもGPSが仕込まれている。自動車に始まり航空機にフネ、切り離されたら使い捨ての爆弾やミサイルにまでだ。ミサイルや爆弾の目標に命中する、というのも『迷わず到着出来る』という範疇なのだ。……厳密にはこれら軍用を経て携帯電話に組み込まれた、が正解なのだが。

そんな有り難いGPS。こんな便利な道具が陰も形も無かった戦前・戦中ではどうしていたのだろう。陸上なら地形や建築物を目標としながら文字通り辿着いたのだが、洋上……それも見渡す限り海ばかりで目標物が無い場合はどうするか。出発する前にチャートを広げ予め方位と距離を計測、その方位を搭載の方位磁針で、距離は自身の進む速度と時間で計算し遮二無二突き進むという原始的な方法だった。フネや大型の航空機なら六分儀持ち込んで『ヨーイ、テッ』で自身の現在位置をチャート上にプロットし誤差修正が叶うのだが、『どちらの方角に進む』はやはり方位磁針と自身の進む速度での計算だ。加えて無風なら良いが大概は風に流される。その辺を勘案しないと目的地到着前に燃料が尽きて御仕舞だ。なので六分儀を持ち込むことの出来ない単座機等は大変だ。

だからこの当時のパイロット達は今と変わらず賢かった。特に数学と暗算が操縦しながらすらすらと出来なければダメだった。先程の風に流される他に方位磁針は積み込む物品に磁性体があると誤差が出てしまう。『転輪』と称されたジャイロコンパスはこういった影響はないが、起動してから安定するまで数時間掛かるし、とても大型になる。小型機には無理だ。到着目標が港や飛行場などの移動しない固定目標でも大変なのだ。到着先が移動する航空母艦などの場合は……大事であることが容易に想像できる。

そこで画期的なものが登場した。到着先から電波輻射させ、その電波を辿っていく……というものだ。これなら相手が固定目標だろうが移動する空母だろうが電波さえ出していれば、そしてその電波さえ受信できれば燃料が目標までの分が残っていれば確実に到達出来る。とても有り難い手段だ。

【「一式空三號無線帰投方位測定機装備要領図」について】

「一式空三號無線帰投方位測定機」といっても一つの筐体に入ったものではない。図に記したとおり幾つかの部位に分かれ、かつそれらは同軸ケーブルや4～14心線、またはフレキシブルシャフトで連結される。図では便宜上これらは短く描いた。実際に搭載される機材によりこれらの長さは大きくことなる。

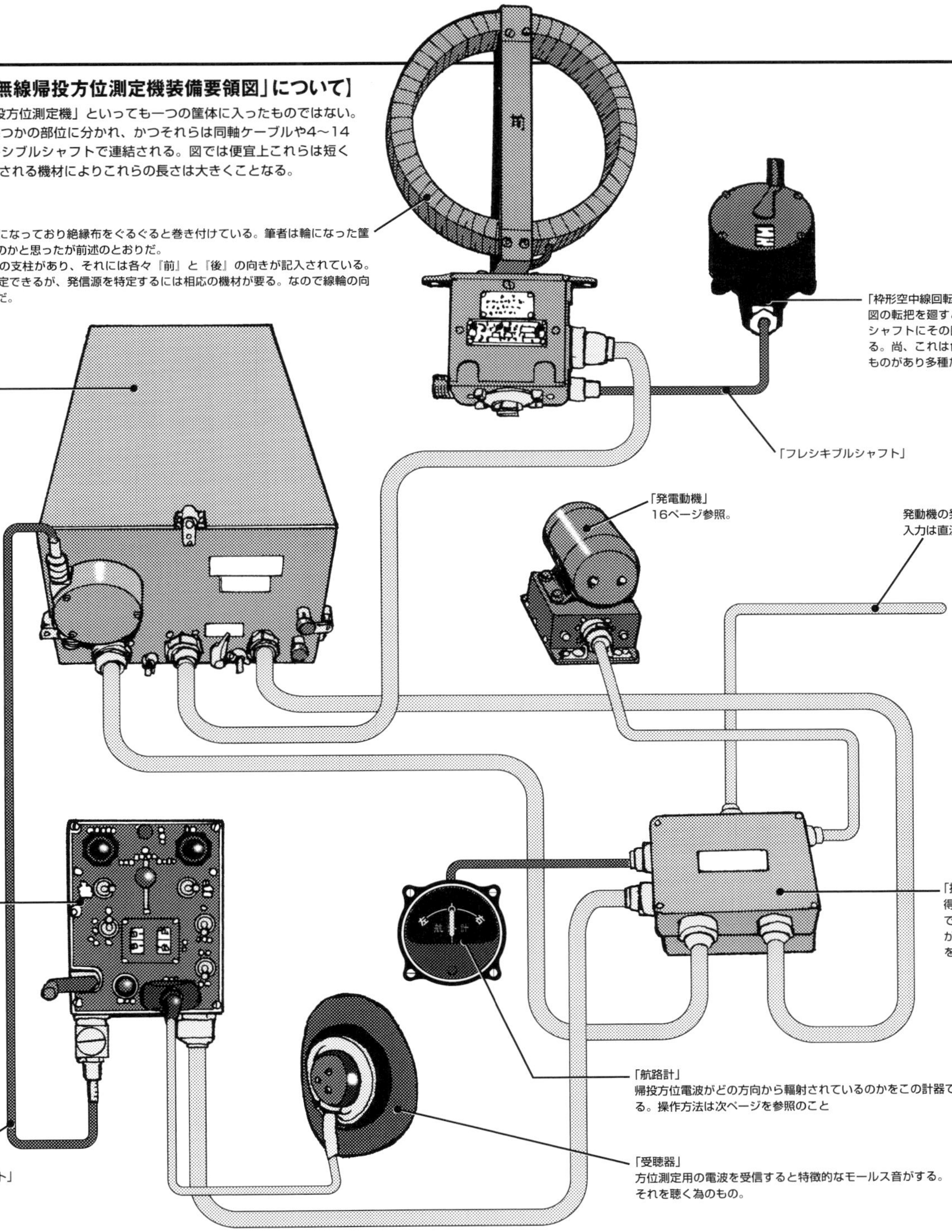

厳密には搭載の無線機でもこの方法は使えるのだが、より簡単により確実に到達出来るよう、機能を特化させたものが「方位測定機」だ。冒頭、六分儀も使えない単座航空機で、空母のような移動物体に辿着く……という条件では、零戦に代表される艦上戦闘機を名指ししているようなものだ。事実、この「方位測定機」は零戦にはしっかり搭載された。原理的には指向性の高い空中線と特定電波を受信する受信機との組み合わせだが前述したとおり『迷わず目的地到着出来る』為に特化してある。戦前、こういう確実に動作させ、かつ小型に出来るというエレクトロニクス技術が乏しかった我が国では当然のことながら海外から輸入をした。独国のテレフンケン製、そして冒頭コミックでも述べたとおり、「方位測定機」の代名詞になった米国フェアチャイルド社製「方位測定機RC-4」通称「クルシー」だ。……筆者はこの機材を製造販売した企業はてっきり「クルシー」社かと思ったが、有名航空機メーカーのフェアチャイルド社製だったとは少なからず驚いている。日米が開戦する頃までこれら輸入品で艦上戦闘機達は空母に帰投していた。敵国の機材で滞りなく帰投していた……なんてなんとも滑稽ではないか。それは使用する側も引っかかっていた。何より輸入先と開戦してしまったのだ。もう米国からの入手は叶わない。そこで輸入品を元にこれらを国産化したのが今回特集する「一式空三號無線帰投方位測定機」なのだ。……これはキチンと米国からライセンス許諾を得ての製造なのか……それとも黙ってデットコピーした毎度の事なのかは不明だ。ともあれ「一式空三號無線帰投方位測定機」は誕生した。しかしこういう厳めしく長ったらしい命名は筆者のようなセンスのないヤツがつけたのだろう。こんな長いのは誰も口語しない。そこで「クルシー」という口語が、ということだ。本項でも「一式空三號無線帰投方位測定機」を述べる時は「クルシー」とすることを断っておく。

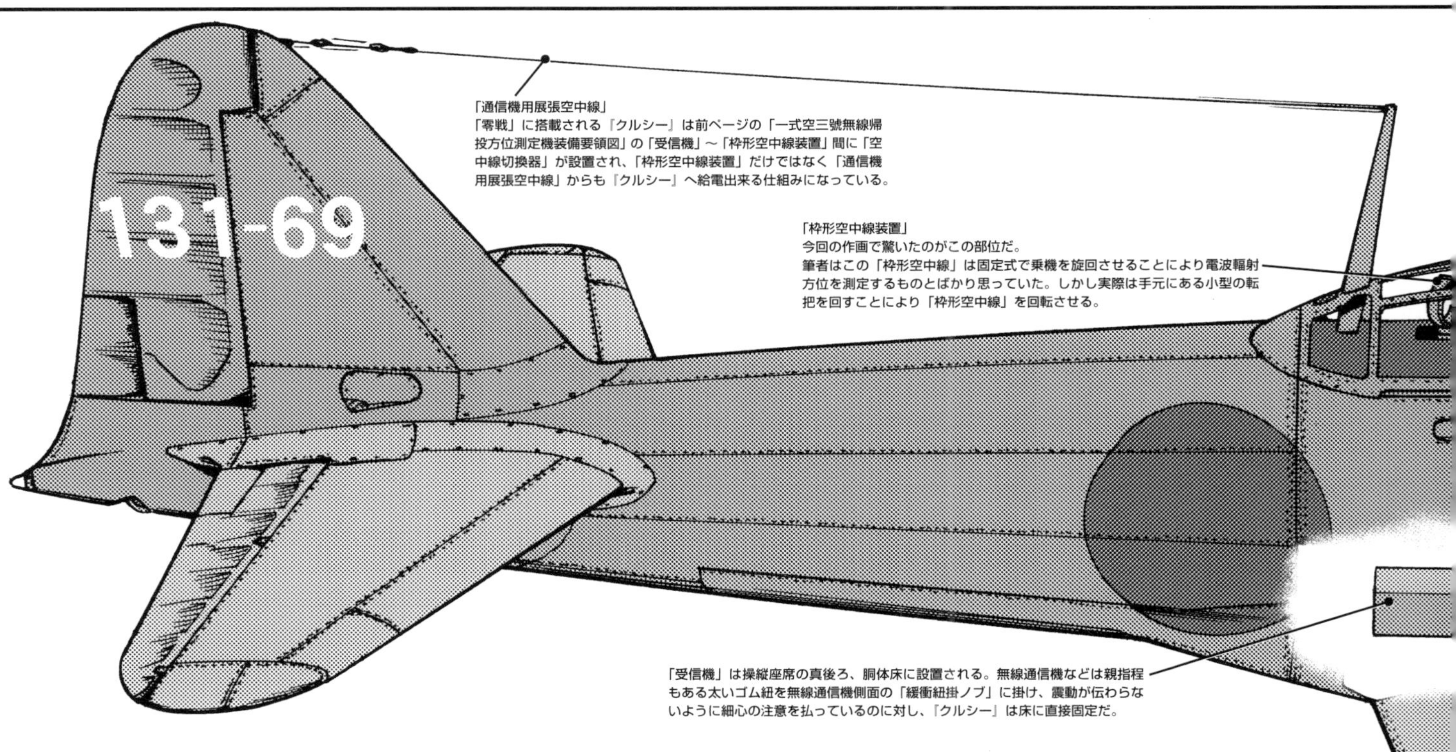

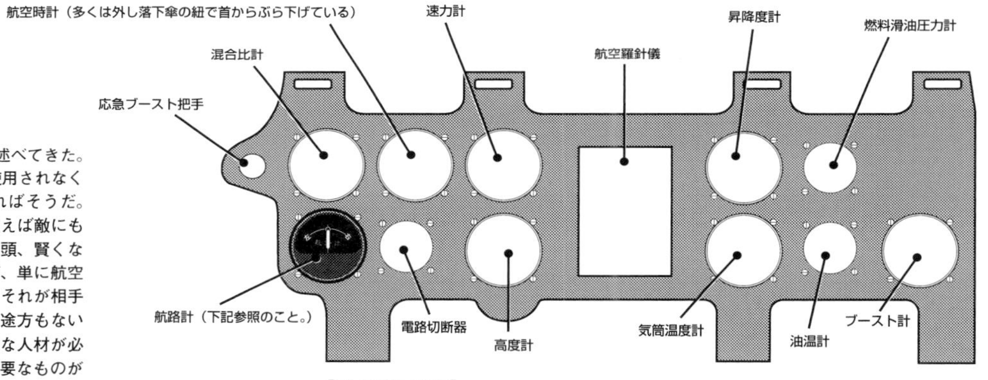

【計器盤名称】
「零戦」派生型中期までは軽金属を使った計器盤だったが、物資欠乏に鑑み合板製になる。

さて。航空機の航法が大変な様をだらだらと述べてきた。戦争もたけなわとなるころ、「クルシー」は使用されなくなった、というのが通説。冷静に考えてみればそうだ。敵国と同じものを使っているのだ。空母が使えば敵にもその位置を知らしめることになるからだ。冒頭、賢くないとパイロットにはなれない……と述べたが、単に航空機を操るだけでも高度な知能が必要なのだ。それが相手と殺し合う「搭乗員」となるとその育成には途方もない時間と金とそれに優秀でやる気のある、素直な人材が必要だ。賢い他に勇気や決断力、どんどんと必要なものが増える。……そうでなければ相手に勝てないからだ。開戦直後は神業を体得した搭乗員達は相手を鎧袖一触だったがそれもやがて一人減り二人減りという多勢に無勢に陥り段々と圧されるようになり戦争後半になると人命軽視方針から搭乗員らを大事にするようになった。
具体的には乗機の防弾装置、自動消火装置、不幸にして洋上着水しても炭酸ガスで膨らむ小型の筏の搭載などだ。大戦末期、冒頭で述べた航法がばっちり出来、その上航空母艦に着艦出来る高技量の搭乗員も少なくなり、また戦術の面でも航空母艦を運用出来る身分ではなくなった。しかし、この時期に撮影され、今に遺された貴重な写真をみると『敵を呼び寄せる』や空母に帰投する必要が無くなり使われなくなったハズの「クルシー」枠形空中線が残った機も多い。
……これは「クルシー」使われていたという証拠ではないだろうか。『敵を呼び寄せるから使わない』というビクビクした思いでダンマリを決め込み、迷う搭乗員らを見殺しにするよりも積極的に電波を出し、「クルシー」で無事に搭乗員達を帰投させたほうが得策……と見直された結果かもしれない。

「航路計」の使い方。

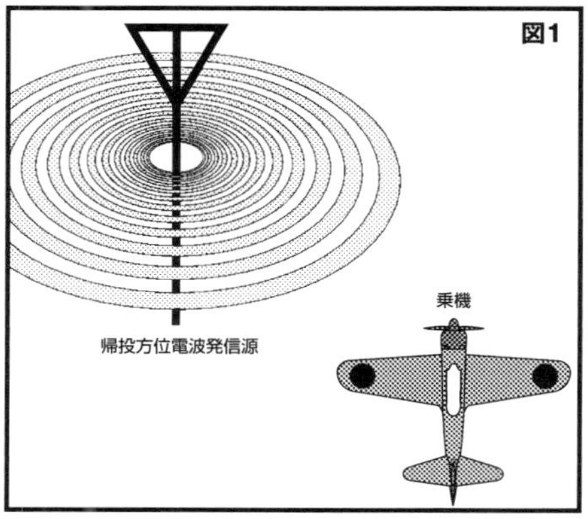

【クルシー搭載状態】

ここでは『クルシー』こと「一式空三號無線帰投方位測定機」が機体のどの位置に搭載されるかやまたどうやって使用されるかを述べる。
艦上戦闘機といえばやはり「零戦」だ。以下は筆者の趣味で恐縮だが「五二丙型」とした。これに『クルシー』を搭載した状態を示す。

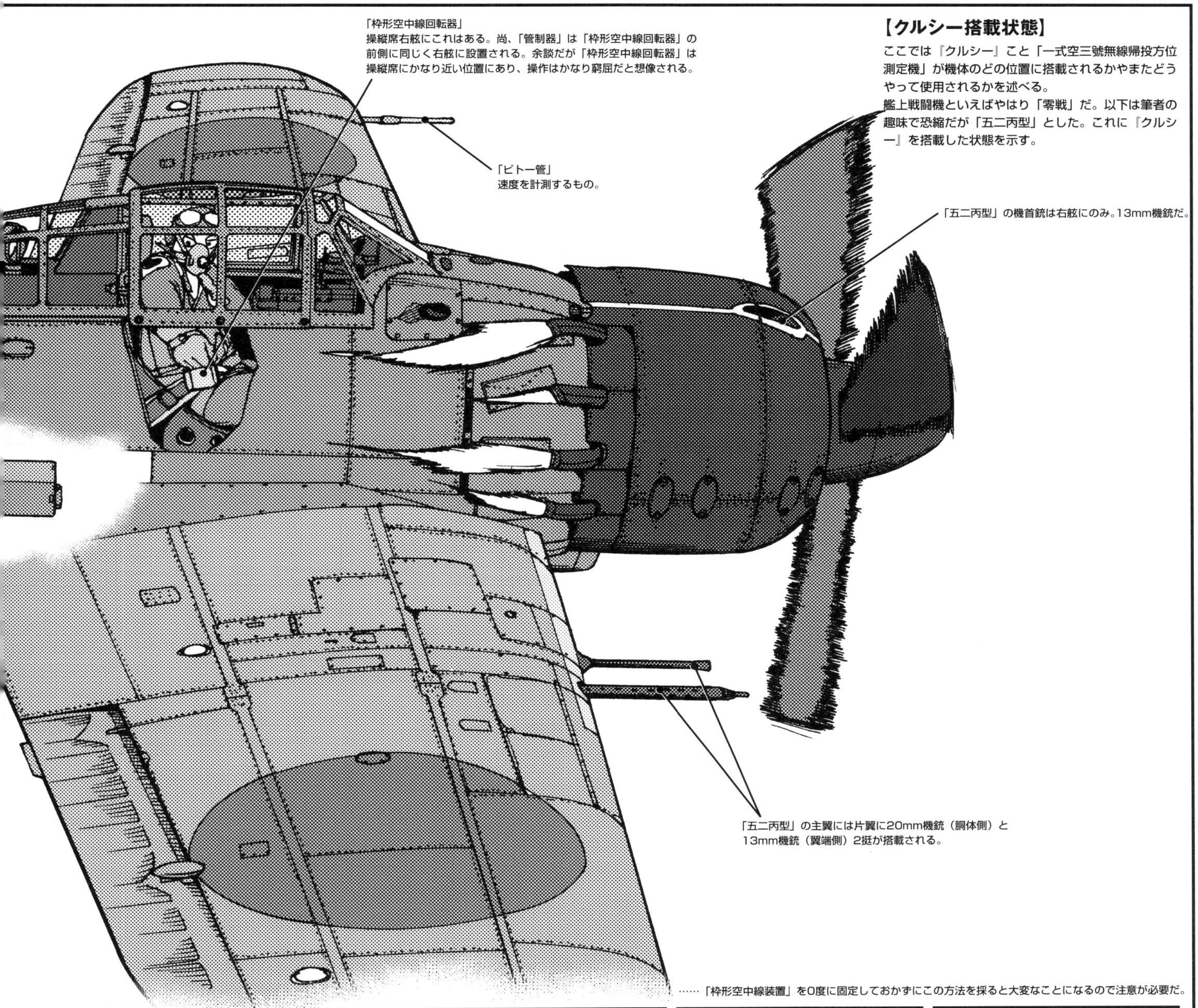

……「枠形空中線装置」を0度に固定しておかずにこの方法を採ると大変なことになるので注意が必要だ。

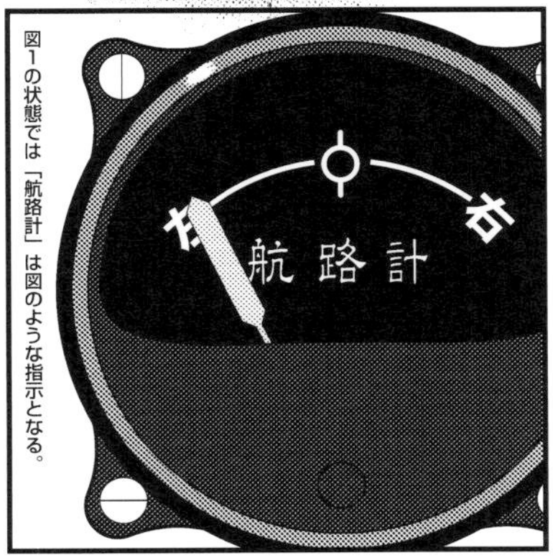

図2

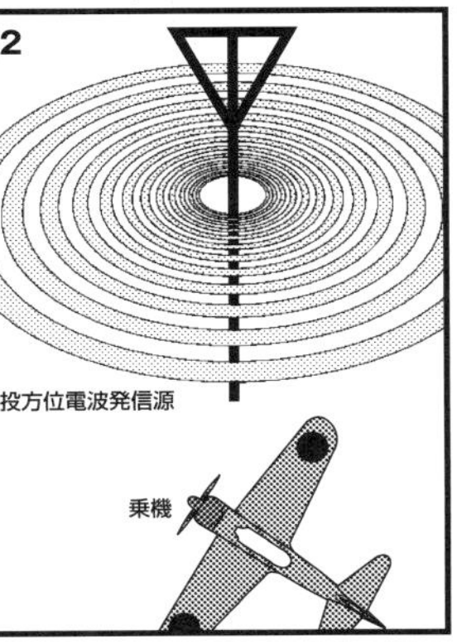

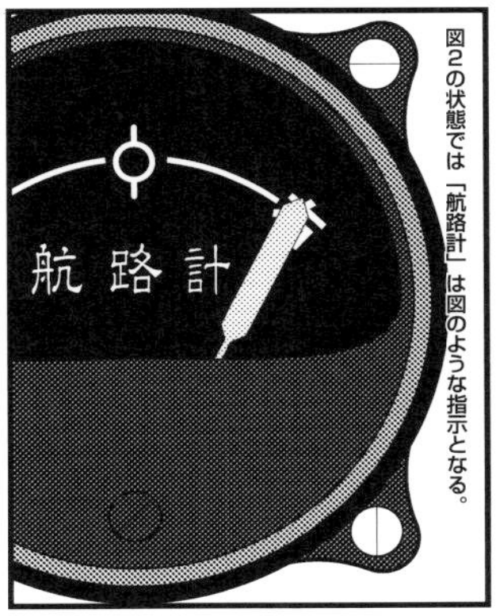

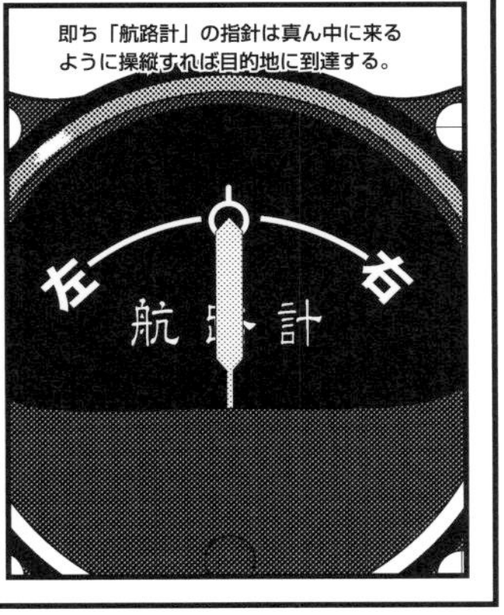

「周波数切換器」。
170～460khzと450～1200khzを切換える為のツマミ。銘板の単位が「khz」ではなく「KC」となっているのは時代を感じさせるではないか。
尚、このツマミはロータリースイッチで『カチカチ』というものではなく、玄関の鍵を回すような『ガチャン』という感じだ。図では450～1200KC側を選択している。

筐体と前面を固定するノッチ。上部左右都合3箇所。
残念ながらUEC御中が所有する機材にはノッチが全て無くなっている。

「銘板」と注意書き。
銘板には「一式空三號無線帰投方位測定機　受信機」とある。筆者が拝顔の栄に浴した「受信機」は「Ｎｏ.5294」。昭和20年2月製だ。松下無線株式会社謹製。尚、『クルシー』は判っているだけで住友通信工業謹製と東京電気謹製がある。

注意書きには以下の文面が記してある（カナは平仮名に置き換え）。
『注意　受信機及枠形空中線は必ず同一番号のものを組合せ使用すべし』
……この注意書きは同文で同一のものが「枠形空中線装置」にも鋲接されている。
従って「銘板」にあった「Ｎｏ.5294」は製造番号ではなく、「枠形空中線装置」と整合調整を施した管理番号だ。恐らくこの4桁のうち千の位は製造元を現すものと推定する。製造数を欺瞞させる為によく使う手段だ。

内蔵バリコンを遠隔操作する為のギア部。
搭載する機材によってフレキシブルシャフトの取付ける位置を上と下どちらかを選択出来る構造になっている。

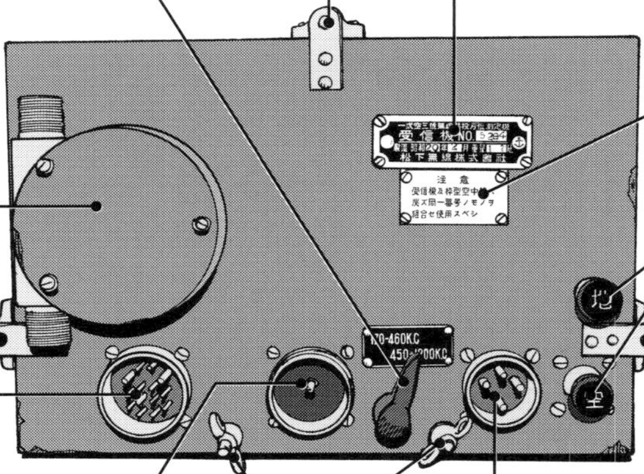

「接続箱」に接続するコネクター。ピン数は14。ピン側（内側）にネジ山が切ってある。直径34mm。「接続箱」を経由し「管制器」に接続される。

空中線及び接地端子。
陸軍端子のようなネジになっているものではなく指で押込むと孔が現れ、これに導線を通し指を放すと内部発條で圧着させるものだ。

「枠形空中線装置」に接続するコネクター。同軸線。外側にネジ山が切ってある。尚、このコネクター底部には赤色に塗粧がしてある。間違えない為の目印だろうか。直径31mm。

胴体と電気的に接地させる為の蝶ネジ。2箇所ある。

「接続箱」を経由し「発電動機」に接続するコネクター。ピン数は4。ピン側（内側）にネジ山が切ってある。直径28mm。

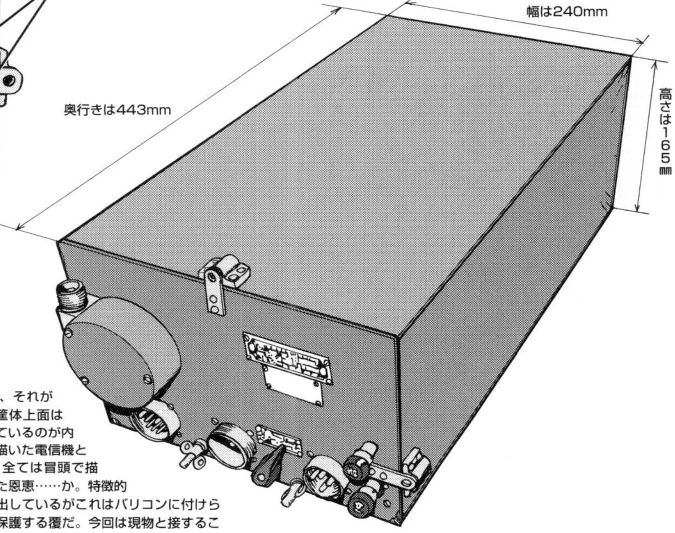

【受信機について】

13ページで描いた「一式空三號無線帰投方位測定機装備要領図」で「受信機」と後述の「発電動機」の2品は作画に当り、UEC御中、格別の御好意によって取材することが叶った。それらをここから述べていこうと思う。
外観的な情報は図に引出線を設け記す。ここでは電気的なことを中心に述べる。
図のとおり奥行きのある筐体となっている。塗粧色はグレー掛かった濃緑色。海軍機の機体塗粧色と同じだと推定する。
中身の整備は前面に都合3箇所、留具がありそれを開放し、前操作面事引き抜くことが出来る。それは丁度タンスの引出のようだ。使用真空管は「ＲＦ-1」及び「１Ｆ-2」2種類を13使う。残念ながらその比率は不明だ。遺された少ない内部構造を示す資料ではこれら真空管の他にコイルとコンデンサーを内蔵したユニット化された同調回路か濾過回路が軽金属製の角柱ケースに収められ、それが大小10箇もある。これの御陰で筐体上面は配線がなく、非常にすっきりとしているのが内部の特称だ。筐体前面だが、以前描いた電信機と比較すると面食らう程に簡素だ。全ては冒頭で描いた「管制機」に機能を集約させた恩恵……か。特徴的なのは前面に円柱状のものが飛び出しているがこれはバリコンに付けられた可逆性のないウオームギアを保護する覆だ。今回は現物と接することが叶わなかった「管制器」には転把があり、これはフレキシブルシャフトで接続され、この「管制器」の転把をさせることによりバリコンを操作出来る……という物理的な遠隔操作の為だ。出来ればこんな手の込んだことはせずにバリコンは「管制器」内に仕込みたいのだが電源部などの直流部ならいざしらず、こういった微調整が必要な部位を回路から引き出してしまうと電気的、周波数的に悪影響が出てしまうので仕方の無い事だ。堅実簡素を目論む米国の設計を強く感じる部分だと思う。尚、受信周波数帯は170～460khzと450～1200khzになっている。重量は11kgだ。

申し訳程度の小さく薄い防振ゴム。4箇所あり。

電動機部の直径は68mm
中央に電動機があり、それの両端に発電機がある。コネクターのあるほうには『L.V.』と刻印、反対舷には『H.V.』だ。これは『low／high voltage』の略と推定。

入力・出力コネクター。
ピン数は4本。ピン側にネジ山が切ってある。入力と出力を一つに纏めている。本来ならばこのコネクターは直接「受信機」に接続したいのを一つに纏めているが故に「接続箱」を介さないと接続出来ない。

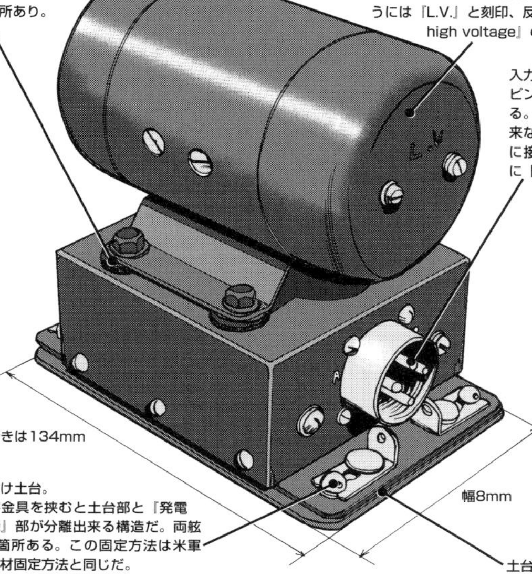

入力・出力コネクター側面。
コネクターよりピンが1mm程出っ張る。繋ながない限り発電はしないのでこういう対処が可能だろうが、でも見ていてあまりよい気分のするものではない。

奥行きは134mm

取付け土台。
Ｌ字金具を挟むと土台部と『発電動機』部が分離出来る構造だ。両舷に4箇所ある。この固定方法は米軍の機材固定方法と同じだ。

土台部

【発電動機について】

残念なことに筐体側面に描かれた名称は経年で剥がれ判読できなかった。形状は判るが、名称が解らないという贅沢なジレンマだったのが本『発電動機』だ。塗粧色は黒色。艶があるテカテカした黒だ。『アナタノ知ラナイ兵器5』で述べた陸軍の車輌用通信機でも述べたが発動機に内蔵された発電機で産出される平滑とは無縁な直流を図の『発電動機』に接続、内蔵される電動機を回転させ発電し昇圧された交流を作り出す。昇圧の理由は「受信機」の真空管に供給する為だ。昇圧は150V・100mAと175V・50mAの2系統。使われる真空管が2種類なのでこれに適合する為だろうか。小型の割には重い。重量計がないので想像でしかないのだが2～3kg程だろうか。この発電動機が作動中は当然だが電動機が回転する音がする。『アナタノ知ラナイ兵器5』92ページで紹介した「直流変圧機」には筐体の彼方此方に熱を逃がす為の孔が多数設けられていたが、本『発電動機』には一切それがなく、異様に感じる。高空になればそんな孔など不要に冷えるから……なのか。「直流変圧機」の話が出たついでに述べるが、これと比較すると『発電動機』は半分くらいの大きさだ。「直流変圧機」がフレーム付きの四角の筐体に収められるのに対し、重量軽減にうるさい本『発電動機』は図のようなダイエットした容姿だ。電動機下の小型筐体内部には昇圧用トランスが入っているだろう。
余白があるので筆者の体験談などを述べたいと思う。筆者が残念ながら「クルシー」は使った事はないが、講習で方向探知機は扱ったことがある。旧日本海軍では『方向探知機』と『方位測定機』と明確に分類されているので似たようなものだが別物、として認識していた。実習棟の屋上に小屋があり、『方向探知機』が収められていた。屋根に付けられた枠形空中線は延長軸を回転させる転把があり、これにより空中線を廻すものだった。これがごろごろという感じで動かす。電気的なものなのに力学的に動かすのはとても滑稽だったが、愛らしく感じたのも確かだ。驚いたのは方向探知用に電波は多数出しており、受信した電波が何処の局か判るように3文字程度の略号をモールスにて間断なく送信していた。2局以上を受信し、チャート上にプロットすれば交差する線の位置で自身の位置も判る、というものだった。作中で紹介した「航路計」は無かったように記憶しているが円形のブラウン管には受信した電波が波形として表示され、開閉器を押すと『がちゃん！』という音がして局のある方向に波形は湾曲するものだった。「クルシー」とは比べ物にならないくらいに新しい機材だったが「クルシー」を感じた瞬間でもあった。

アナタノ知ラナイ兵器6
艦船編

睦月型駆逐艦
防雷具
㊃艇
九メートルカッター
舷門と舷梯

太平洋戦争を戦った61cm魚雷発射管搭載の旧式駆逐艦

睦月型駆逐艦

「アナタノ知ラナイ兵器」は大戦末期に登場した兵器を中心に取り上げるが、ここでは大正時代に就役した旧式駆逐艦を取り上げる。時代遅れの雷撃に特化した駆逐艦を徹底図解していく

睦月型駆逐艦は戦前も戦前、大正14〜15年の1年の間に全12隻、バタバタと揃ってデビューした。産まれが1年の間にとは学校のクラスメートのような駆逐艦だ。竣工から数年は大戦末期に竣工した「海防艦」のような味気ない番号名のフネだったが昭和時代に入ってすぐ「睦月」に代表される艦名に『月』が付くような風流ある名称に改名された。これだけでも充分に古いフネというのが伝わるが、古いのは名称だけでなくその容姿も船首楼と艦橋の間に魚雷発射管がある古めかしいウエルデッキを採用した最期の駆逐艦でもある。

大正時代と云えば『アナタノ知ラナイ兵器4』の機雷を項目でも述べたが、我が国は日露戦争の成功を対米戦で再現すべく、その手段のひとつとして本「睦月」型を竣工させ、システムの中に組み込んだ。具体的に述べるとそれは艦隊決戦前に敵艦隊に「睦月」型を夜陰に紛れ肉薄させ必殺・必中の水雷攻撃で敵艦隊を混乱・漸減させるを目的のフネとして設計された。

同じ頃、対する米国側は艦隊決戦以前に機雷で日本軍艦艇を内海に封じ込める全く新しい戦術を思いつき、それにはどうすれば良いのかを日々研究していた頃でもある。当たり前のことだが戦いとは自分の思う戦術に相手を巻き込むトコロから始まり、最終的には知恵と体力のある側の戦術に巻き込まれる。

周知のとおり、我が国が想定し鍛えた『艦隊決戦』は起きなかった。この戦術の為に作られた「睦月」型に代表される戦前・大戦初期の艦艇らは全く想定していなかった戦い方に巻き込まれ敗戦に到るまでにモガキ苦しみ、また全く想定していなかった別利用の為に激しく、また痛々しく改装されることになっていく。

……「睦月」型は前述のとおり大変に古いフネだ。前述した夢想の戦術にどっぷりと漬ったフネ。自分達が用意していた栄光の軌条から外れた戦いに対応すべく「睦月」型は足したり引いたりしてその姿を変えて行く。本項ではこの辺りについても描いて行く。

包み隠さず申すなら……このフネ、筆者が『ネイビーヤード』で連載を開始した当時は嫌いなフネだった。

その理由だが戦前の、『これで仮想敵国は鎧袖一触だ！』とニヤついて建造していた頃のフネに対し、筆者は憎しみしか抱かなかった。『アナタノ知ラナイ兵器１』の「三菱 零式艦上戦闘機五二丙型」型編でも述べたが筆者は『かつての栄光を取り戻すべく痛々しい改造』、『古いカラダに新しい装備』を施したものが好みの対象だ。いわば「睦月」型も経年とその後に待ち受ける敵側の思惑に対応すべく竣工時には思いもしなかった改装を施したのだ。これを愛さない訳がない……と、これに気付いた次第だ。ではここからは船体と艦首部、そして魚雷発射管とそれを包む楯について述べて行く……と高らかに宣言したアトに恐縮だが、「睦月」型はすべて敗戦前に戦没してしまった不幸なフネの一種だ。故に遺された資料が少ない。多くが筆者の推定による作画だと留意願いたい。

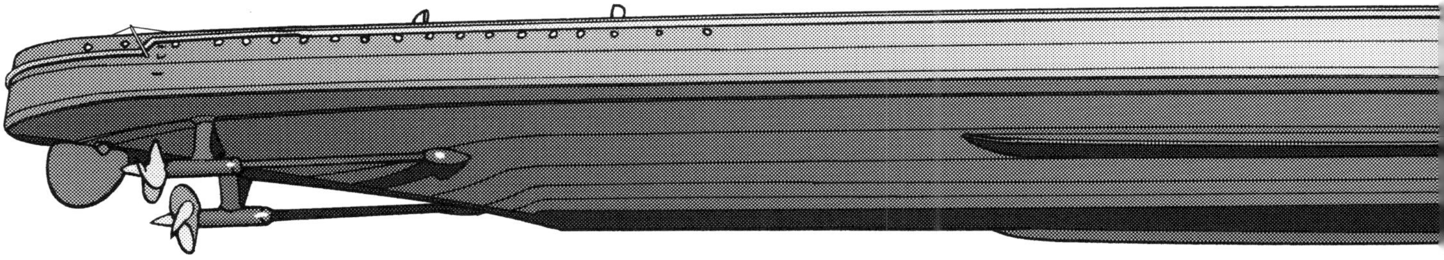

喫水線
このトーンが粗い部分は喫水線の変遷を表現している。
このトーンが粗い帯の下縁が改定前の喫水線だ。
帯の上縁が改定後の喫水線。右図の艦首図も同様の表現とした。
艦艇で見馴れた位置の喫水線は『改定後』側だが、改定前のは幾ら何でも喫水線が浅過ぎる！　艦首側はともかく艦尾側が顕著だ。シャフトブラケットの接合面と舵軸が喫水線となっている。こんなに喫水線が近いと推進器の推力が上に逃げてしまって速度を殺しかねないのになあ……とも思う。

【艦尾部】
艦尾部で特筆すべきは「プロペラガード」だ。「改丁型駆逐艦」では円管を舷側に固定したものだったが、「睦月」型では可動式の竿を前後に展張した索で固定するものだ。この形式は古いフネではよく目にする方法ではあるのだが、変わっているのはその居り畳む方向だ。艦尾側に斜め上に居り畳む。
「推進方向に平行した方法では不味いのか？」と邪推したりするがこれだと操作員の手の届く場所に設置となる。これだとスクリューが岸壁に当たって壊れるのを防ぐという意味が弱くなるので極力スクリューに近い位置の設置とする為と、そして居り畳んだり展張したりするときは迅速に作業出来るよう、折り畳時は甲板上に竿が出るようにとの各配慮からだろう。

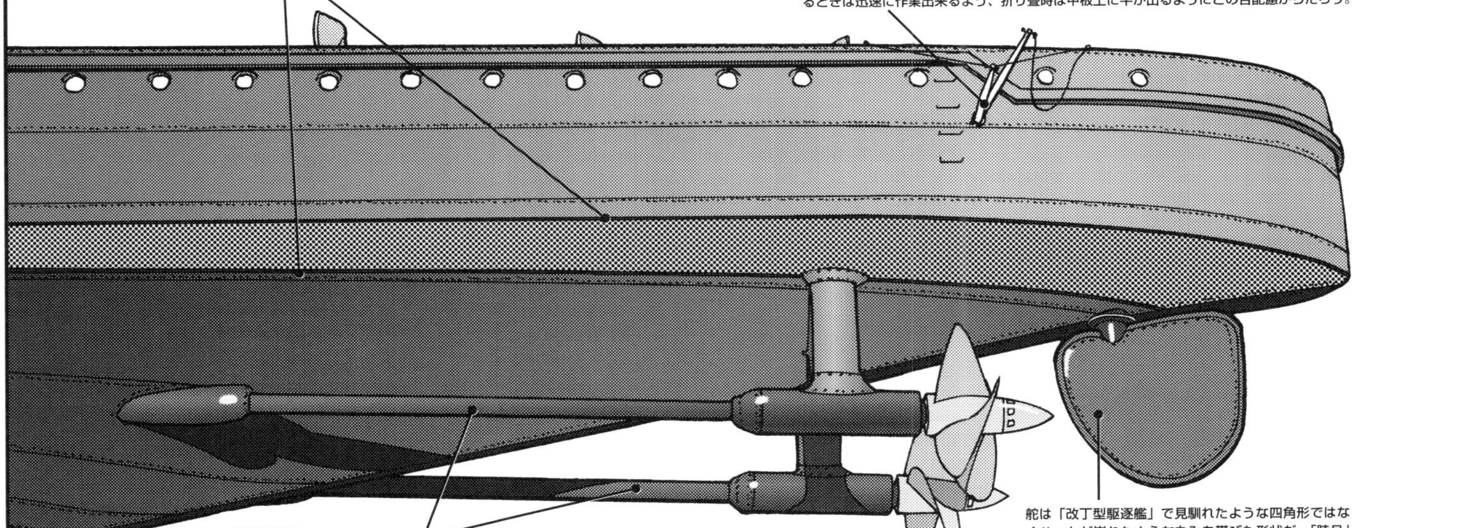

推進器軸は2。
回転方向は前進面（艦尾より艦首を見る）より左舷が反時計回り、右舷が時計回り。シャフトブラケットは毎度御馴染のV字型。主機は3万8500馬力（両舷合計）で、この馬力をこの二軸に伝え37.25ノットを発揮する。

舵は「改丁型駆逐艦」で見馴れたような四角形ではなくハートが崩れたような丸みを帯びた形状だ。「睦月」型前型で採用していた連繋機雷を起爆させないで乗り切る突起の少ない形状の名残があるのだろうか。

「睦月」型船体について

冒頭で大正時代に米国は機雷を用いる戦術を思い立ったと述べたが、日本側も機雷を用いた新しい戦術を考案した。それは「一號機雷」と称する数珠繋ぎになった連繋機雷を敵艦隊進路に敷設し、そこを突っ切った敵艦艇らを一網打尽にする……というものだ。この連繋機雷、特色として海底に沈めた「係維器」からの鋼索で固定されるという代物ではなく水面に浮かび漂っている。故に水深を考えずに敷設出来る利点はあったのだが別問題として敷設後に海流に乗り移動してしまう。今のように人工衛星からの位置情報で数cmの誤差で洋上の物体の位置が判る時代なら良いのだが、大正時代にはそんなものは無い。相手にバレないように工夫したこの連繋機雷が味方艦隊進路に流れ着いてしまっては大惨事となる。

そこでこの連繋機雷を起爆させないよう優しく乗り切る為に凌波性を犠牲にした艦首や舵のデザインを軒並み採用した。……記すのも恥ずかしいが、この連繋機雷は思っていたような効果はなく、莫大な予算と時間を投じて作ったこれらの機雷に対応した艦首や舵達は全て無駄となった。以降のフネ達は本来の凌波性を追求した艦首・舵の形状に設計を改めたのだが、「睦月」型はその連繋機雷の呪縛から解き放たれたフネらしいフネの容姿になっている。「睦月」型に到る前の「神風」型、その前の「野風」型、更にその前の「峯風」型の船体は申し合わせたように102.6mの船体であった。「睦月」型は凌波性を優先した結果だろうか、船体は10cm増え102.7mになっている。

「舷外電路」
磁気に感応する機雷を無力化すべく、船体に帯びた磁気を消磁させる為の装備だ。
「睦月」型が竣工した時は無かった装備だ。対米戦が開戦する前に慌てて装着された後付け装備の筆頭だ。

直流をここに通電すると帯びた磁気を強化してしまうので交流か、もしくは直流を短時間のうちに逆方向電流を通電させ帯びた磁気を打ち消す。「睦月」型に搭載してある発電機が直流か交流かを示す資料がないので通電方法は不明だ。
実際は厚いゴムに覆われた電線を船体に6〜8回程度線輪状に巻き、それが荒波や流氷で破損するのを防ぐ為に金属や木製の樋で全周を覆い保護している。
慌てて装備されたとは前述したとおりだが、その効果は完全無欠なものではなく大戦後期に登場した敵の磁気機雷は次々と想定通りの効果を発揮して行ったのは周知のとおりだ。

船体中央には全く舷窓が無い。それはここに主機が入っているからだ。

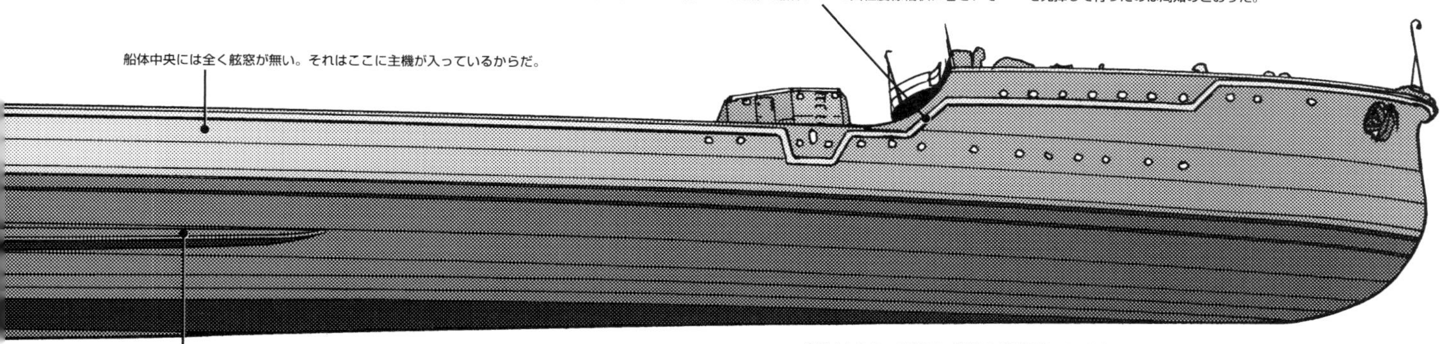

「ビルジキール」
筆者の手元にある資料ではこの部位を示す資料が大変に乏しく長さや幅、角度は筆者の推定によるものだ。
思っていたよりかは短いもののようだ。

船体上にもう一段載せた部分が「船首楼」だ。舷窓が多いことでここは兵員室となっている。船乗りだった筆者の愚父曰く『艦首に波が当たると、ぐっしゃん、ぐっしゃんという音になるんだ』との事だがここに寝起きする兵員さん達は直にこの音とその振動を耳とカラダにしていたのか……と思ったりした。

【艦首側】
艦底からのカーブと一番抵抗の掛かる部分を斧のような形状とし、波を抑える上部のカーブで形成される。
艦尾部と同じく、トーンの粗い部分は喫水線の変遷を著している。
改定前の浅い喫水線時では船体の水流抵抗は少なそうに思えるのだが安定が悪いようにも思え、とても不安になる。

「舷外電路」のこの迂回の意味。
艦首部の「舷外電路」は極力喫水線より遠ざけたい。消磁の面では極力喫水線に近づけたいのだが、それだと波浪で電路が破壊する。因って前述のとおりだ。それを船首楼区域が終わる範囲で船体上甲板側に近づける為に段階を経て下げて行く。
図で描いた一部分が凹んでいる部分だが、舷梯固定具がある為これを「舷外電路」は迂回している。消磁の為には喫水線と平行して線輪を巻く必要が有るのだが何しろ「舷外電路」は後付け装備なのだ。仕方ない。

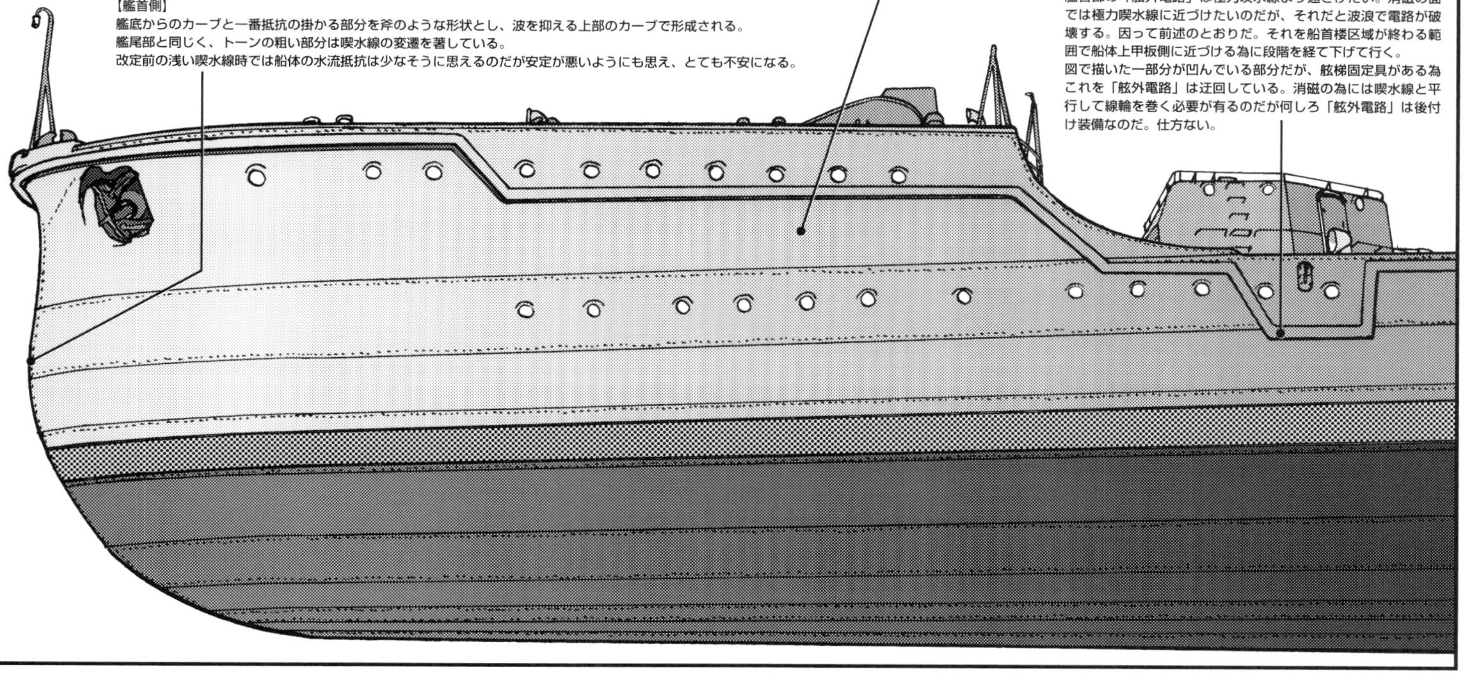

「睦月型駆逐艦」艦首付近

※図説は灰色の部分なり

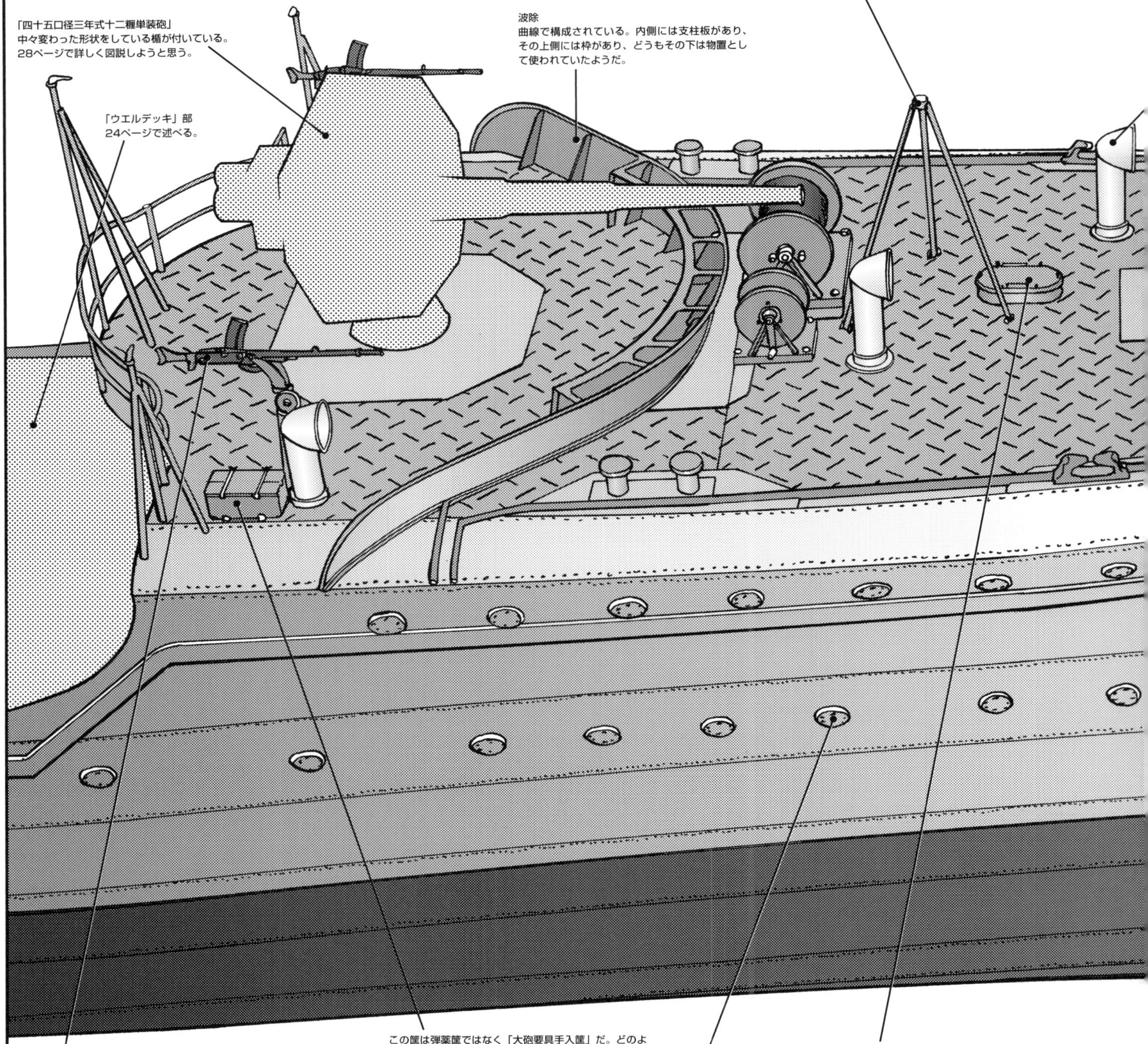
「四十五口径三年式十二糎単装砲」
中々変わった形状をしている楯が付いている。
28ページで詳しく図説しようと思う。
「ウエルデッキ」部
24ページで述べる。
波除
曲線で構成されている。内側には支柱板があり、
その上側には枠があり、どうもその下は物置とし
て使われていたようだ。
この3脚は「ストーブ煙突」
この細い3本から排煙される……というシロモノではな
く、華奢な形状の煙突をこの3脚で吊って固定するとい
うものだ。その吊る煙突の形状は残念ながら不明だ。
「九三式十三粍単装機銃」
舷外電路追加より更に後年、対空火器強化の為に「四十五口径三年式十二糎
単装砲」横の空間に本単装機銃が両舷に追加された「睦月」型が存在する。
これの弾薬筐はどこに追加されたのだろう。
この筐は弾薬筐ではなく「大砲要具手入筐」だ。どのよ
うな工具が入っているのだろうか。
戦訓により、舷窓は全て板で塞がれてしまった。
艦首兵員出入口
左舷に開閉する。ウエルデッキを経ずとも直
接船首楼甲板に連絡出来るが、荒天時はここ
からの出入りは生命の危機を感じるだろう。

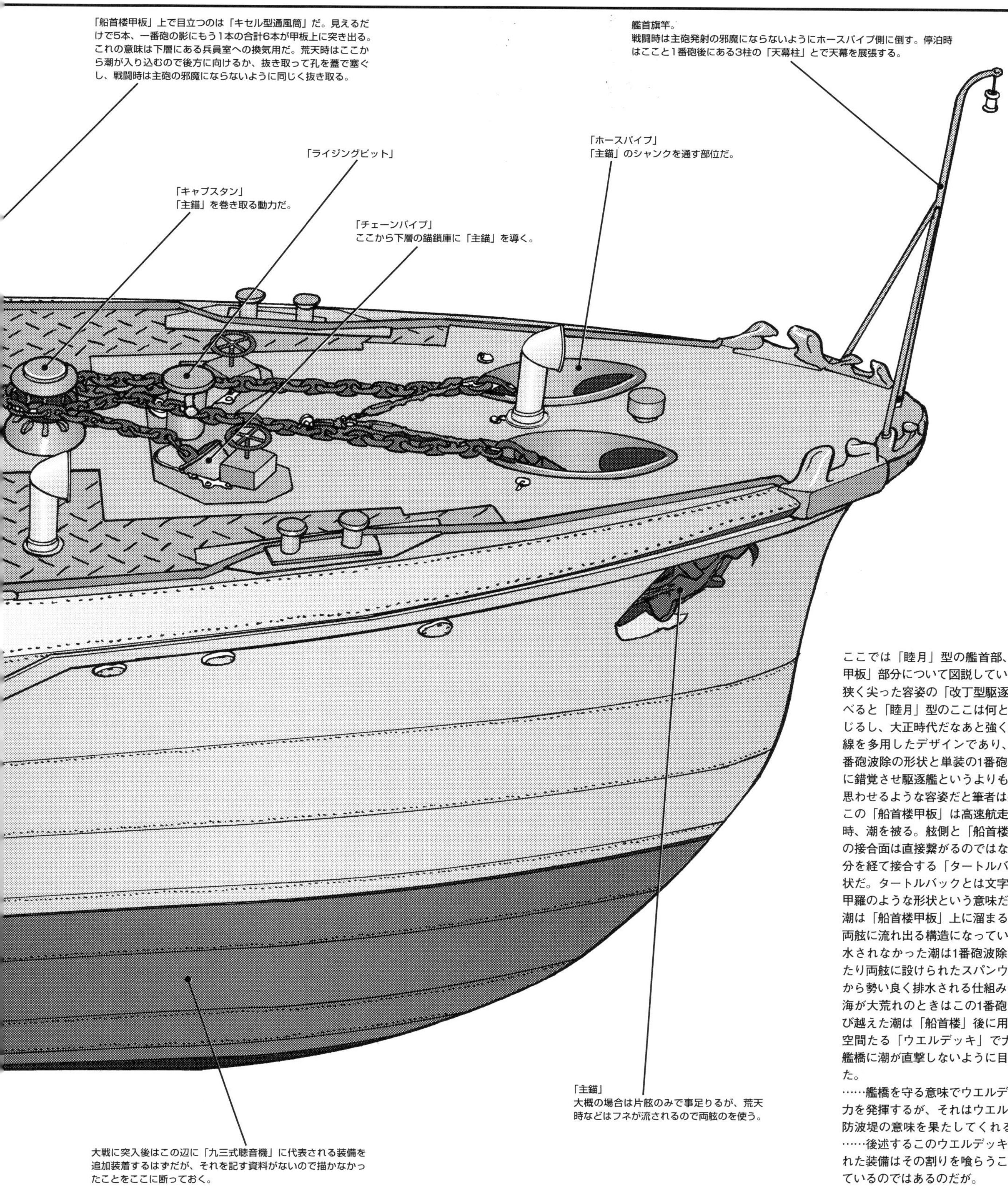

ここでは「睦月」型の艦首部、「船首楼甲板」部分について図説していく。
狭く尖った容姿の「改丁型駆逐艦」と比べると「睦月」型のここは何とも広く感じるし、大正時代だなあと強く感じる曲線を多用したデザインであり、それは1番砲波除の形状と単装の1番砲が銛撃ちに錯覚させ駆逐艦というよりも捕鯨船を思わせるような容姿だと筆者は感じる。
この「船首楼甲板」は高速航走時や荒天時、潮を被る。舷側と「船首楼甲板」との接合面は直接繋がるのではなく曲面部分を経て接合する「タートルバック」形状だ。タートルバックとは文字通り亀の甲羅のような形状という意味だ。被った潮は「船首楼甲板」上に溜まることなく両舷に流れ出る構造になっているし、排水されなかった潮は1番砲波除にブチ当たり両舷に設けられたスパンウオーターから勢い良く排水される仕組みだ。
海が大荒れのときはこの1番砲波除を飛び越えた潮は「船首楼」後に用意された空間たる「ウエルデッキ」で力を削ぎ、艦橋に潮が直撃しないように目論んでいた。
……艦橋を守る意味でウエルデッキは効力を発揮するが、それはウエルデッキが防波堤の意味を果たしてくれるからだ。
……後述するこのウエルデッキに設置された装備はその割りを喰らうことになっているのではあるのだが。

「睦月型駆逐艦」魚雷発射管

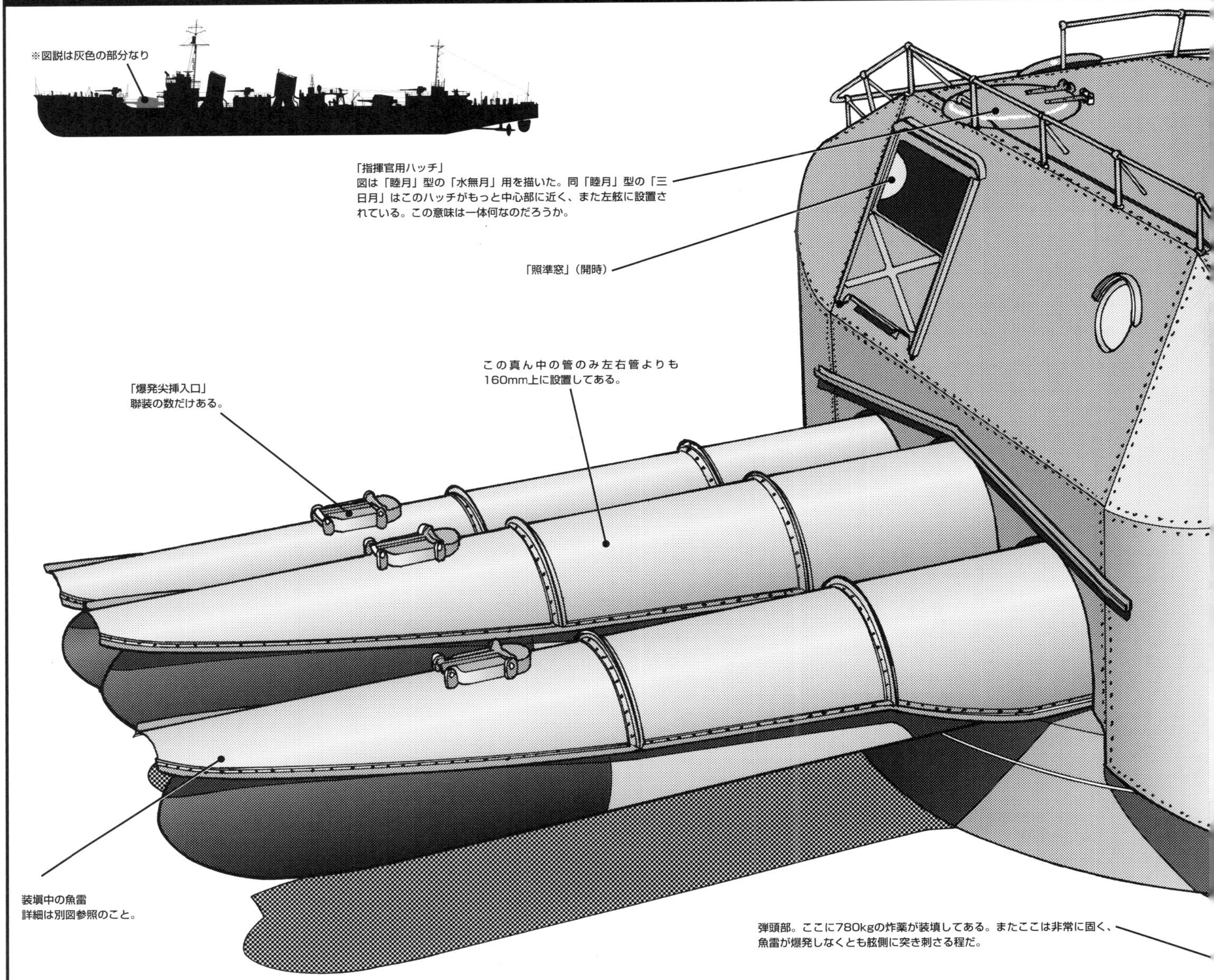

ここでは「睦月」型ウエルデッキ部に搭載された「十二年式三聯装発射管」とその楯について述べる。
前見開きで艦首楼甲板に被った潮はウエルデッキにブチ当たりその威力が減殺され艦橋を守る、と述べた。
その『ブチ当たる』デッキに構えるのがこの見開きで描いた「十二年式三聯装発射管」とその楯だ。
この発射管は色々とネタが多い。
順に述べて行こうと思う。「睦月」型が竣工した当時、図に描いた亀の甲羅状の楯はなく、魚雷発射管も剥出しのままであった。ここは前後が艦上構造物に挟まれていて水雷員達が魚雷発射管上で作業中、潮が見えるときは頭上より莫大な分量の海水が降り注ぐ1秒前……ということだ。筆者は『降り注ぐ』と記したがそれは如雨露（じょうろ）で植木に水をくれてやるような生易しいものではない。確実に津波だ。荒天時などは雷撃はしない……という判断なのか、それとも艦橋も破壊するような大波も操作員の気合と精神力で何とかなると思っていたのだろうか。ともあれ、この楯が無い状態での荒天時の水雷戦は操作員たちにとって命懸であった。文献にはないが、愚察するに水雷員の何人かは流されているだろうと思う。
浮き足立つ荒天時にこそ、勝機はある、ということで荒天時には好んで水雷訓練をしたそうだが……楯が無いとき、また日本海軍が夢想していた夜間水雷攻撃を成功させる為に荒天時の夜間に訓練していた……と考えると胸が締めつけられそうになる。
班長は潮が被る度に『全員居るかーッ！』と確認していただろうが（班長が流されたら誰が確認するのだろうか）、この楯が付いてからは余計な気遣いは減っただろうと容易に想像が出来る。
故に楯もしっかりとした造りになっている。
のちに『魚雷発射管の決定版』と称賛奉られる「九二式四聯装発射管」に被された楯と比べると野暮ったさはあるが頂部に張り巡らされたジャッキステーには斜支柱が追加されていたりと破損しないようにとの強化がされているのは、やはり「睦月」型の排水口みたいな役目を果たすウエルデッキ上に居を構える発射管を守る楯であるなと強く感じるではないか。
「睦月」型前の「神風」型駆逐艦らもウエルデッキを有するデザインだったが、魚雷発射管は聯装で直径も61cmではなく一級下の53cm魚雷だった。
オープニングでも述べたがフネの全長は「神風」型駆逐艦から「睦月」型は僅かに10cm程しか伸びていないのに一回り大きな魚雷に聯装から三聯装に強化されている。幅を少しでも減らそうという魂胆なのだろうか、三聯装発射管の中管のみ160mm上に設置してある。……これは35ページ以降で述べるが、本「睦月」型は我が国帝国海軍で始めての予備魚雷搭載駆逐艦と相成った。高さが異なる発射管に次発装填させるのは正直、とても面倒であったのではないだろうか……と大変に気を揉む構造である、と筆者は考える次第だ

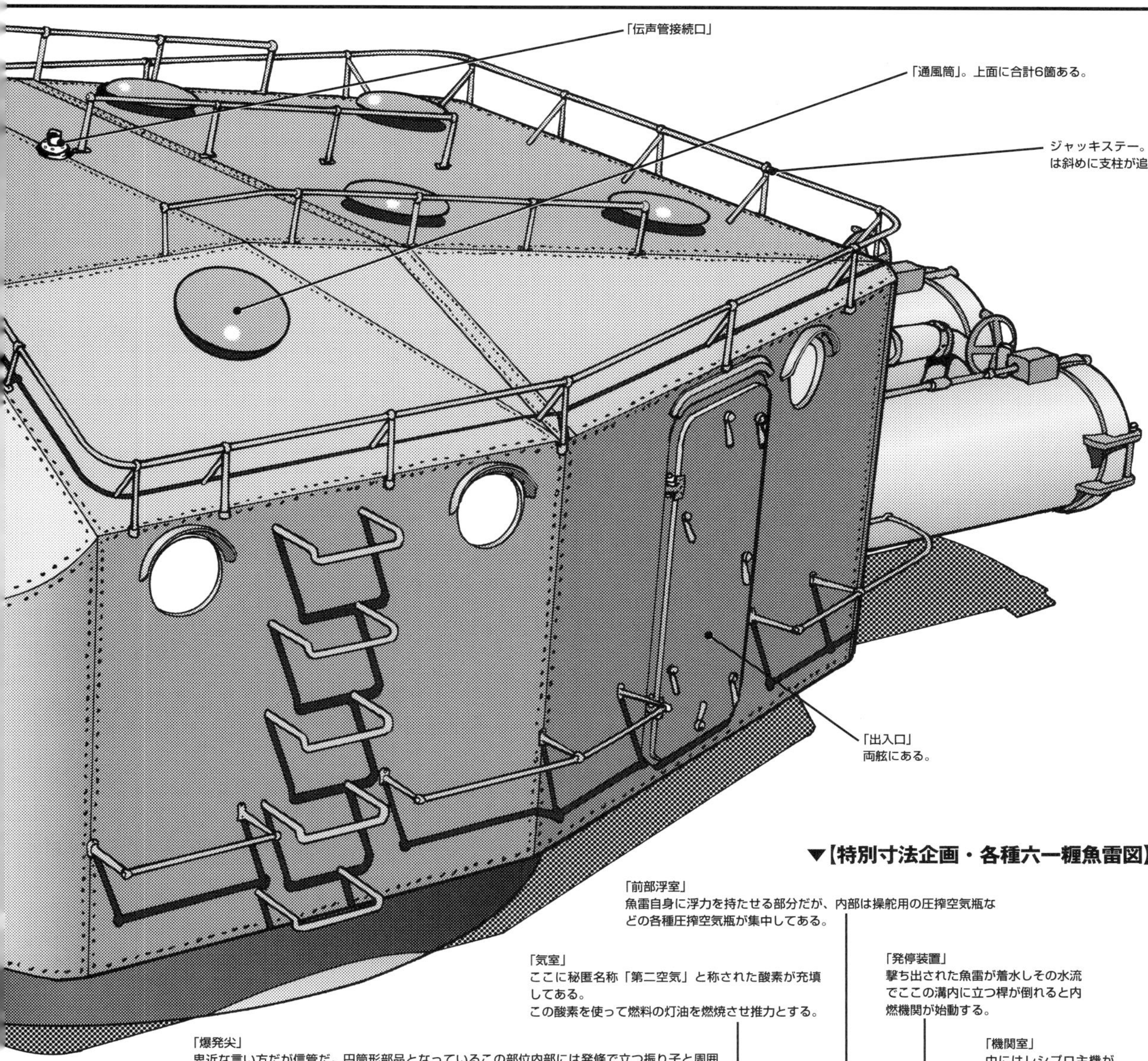

本発射管は『魚雷発射管の決定版』と評される「九二式四聯装発射管」が登場するまで愛された発射管の一つだ。「睦月」型全12隻から採用を始められ、古くさいウエルデッキのフネで敗戦まで長く愛された発射管だ。この間に採用された各61cm魚雷を同縮寸で描いてみた。図のとおり、どんどん長くなって行くのが判ってくださるだろう。故にこの間に採用された全長の異なる各種魚雷達を納めるべくこの発射管先端の匙部分にある「爆発尖挿入口」の位置も換えねばならない対応工事を施したハズだ。「睦月」型には寸法の都合で搭載が叶わなかった我が国の水上艦艇用水雷決定版たる「九三式魚雷」をからめて述べていこうと思う。

▼【特別寸法企画・各種六一糎魚雷図】

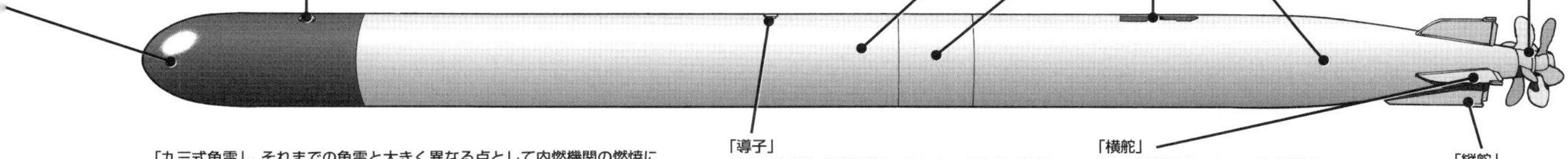

「九三式魚雷」。それまでの魚雷と大きく異なる点として内燃機関の燃焼に用いる給気に純酸素を用いたことにより航走跡が殆ど残らない無航跡魚雷となった。全長は9000mm。重量は2800kg。炸薬量は780kg。

「九〇式魚雷」。形状が不明なのでシルエットとして描いた。全長は8550mm。重量は2540kg。炸薬量は390kg。残念ながら「睦月」型に「九〇式魚雷」を搭載したという資料は筆者の手元にないが「九〇式」までなら何とかイケそうだ……と考えるが皆さんはどう思われるだろうか。

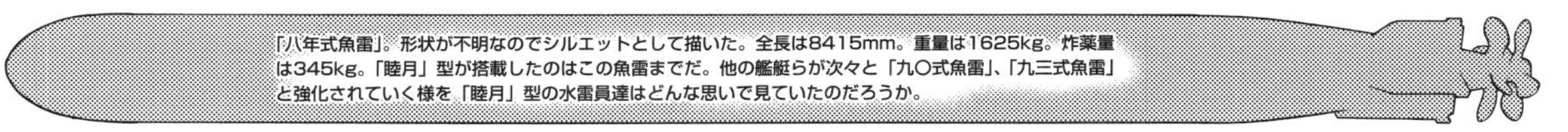
「八年式魚雷」。形状が不明なのでシルエットとして描いた。全長は8415mm。重量は1625kg。炸薬量は345kg。「睦月」型が搭載したのはこの魚雷までだ。他の艦艇らが次々と「九〇式魚雷」、「九三式魚雷」と強化されていく様を「睦月」型の水雷員達はどんな思いで見ていたのだろうか。

「睦月型駆逐艦」艦橋付近

冒頭で「睦月」型を『古めかしい』と述べたがそれもそのはず、「睦月」型は大正14から翌15年までの一年間に「睦月」型全12隻が揃って竣工した。「睦月」型は大正最後の年たる大正15年にまるで駆け込むように全てが竣工し、昭和元年を迎えるに相応しいテカテカでピカピカの新造艦が「睦月」型だった。

この頃の「睦月」型に代表される駆逐艦というのは戦艦が主役の艦隊決戦前に相手艦隊の数を少しでも減らす漸減作戦でイの一番に斬り込む水上艦艇主戦力であり、歌の歌詞ではないが『火の出る錬磨』で技量を積み重ね、自分達の活躍次第で後の艦隊決戦の勝敗が決まると自負した極めて血の気の多い乗員の組合わせでもあった。

この一連の艦隊決戦は帝国海軍が願い夢

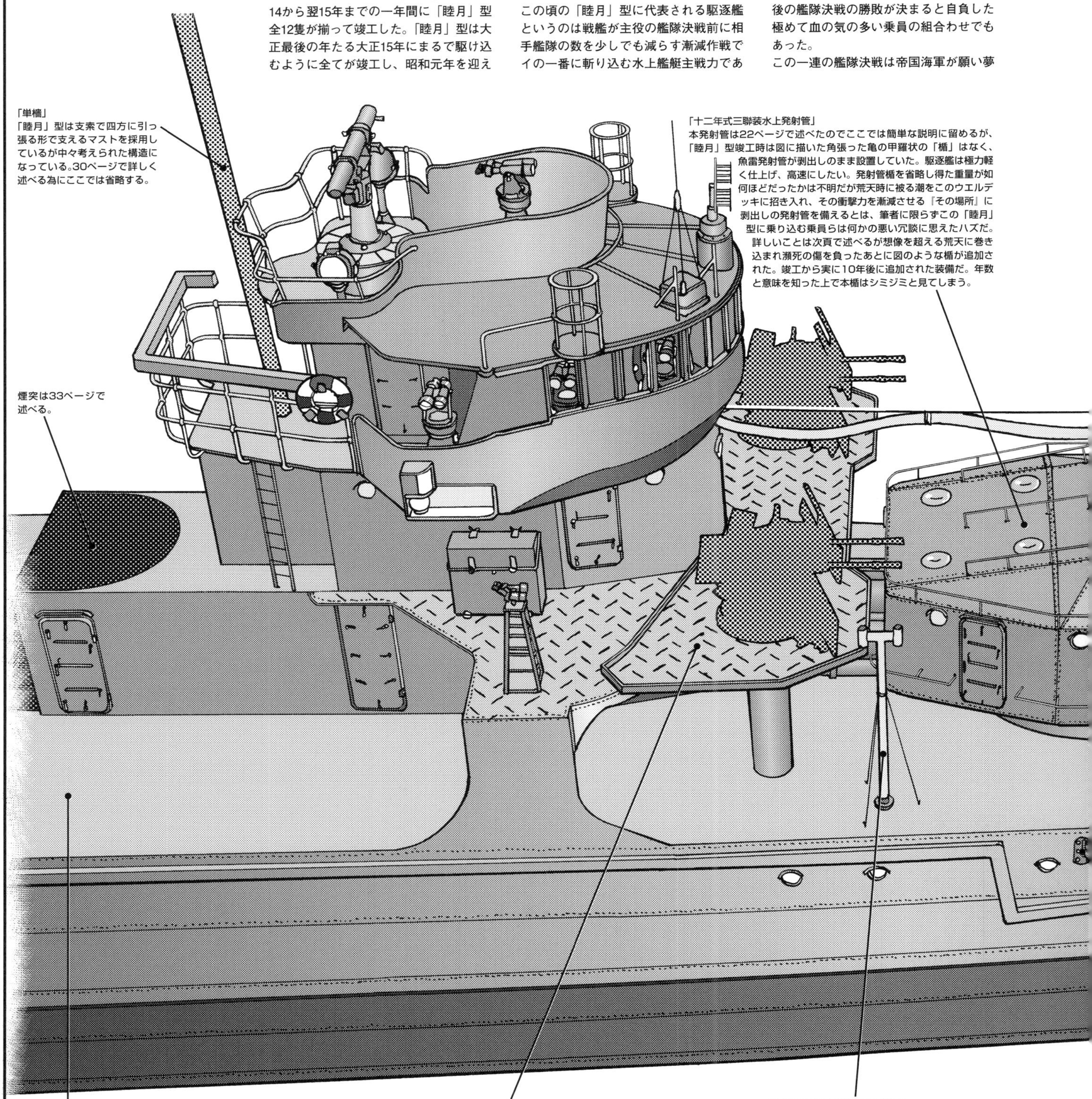

「単檣」
「睦月」型は支索で四方に引っ張る形で支えるマストを採用しているが中々考えられた構造になっている。30ページで詳しく述べる為にここでは省略する。

「十二年式三聯装水上発射管」
本発射管は22ページで述べたのでここでは簡単な説明に留めるが、「睦月」型竣工時は図に描いた角張った亀の甲羅状の「楯」はなく、魚雷発射管が剥出しのまま設置していた。駆逐艦は極力軽く仕上げ、高速にしたい。発射管楯を省略し得た重量が如何ほどだったかは不明だが荒天時に被る潮をこのウエルデッキに招き入れ、その衝撃力を漸減させる『その場所』に剥出しの発射管を備えるとは、筆者に限らずこの「睦月」型に乗り込む乗員らは何かの悪い冗談に思えたハズだ。詳しいことは次頁で述べるが想像を超える荒天に巻き込まれ瀕死の傷を負ったあとに図のような楯が追加された。竣工から実に10年後に追加された装備だ。年数と意味を知った上で本楯はシミジミと見てしまう。

煙突は33ページで述べる。

本来はこの位置に魚雷装填用の軌条があるのだが、本「睦月」型の装填装置は中々に苦労の後が見えるので34ページ以降で述べる。故にここでは省略した。

追加された「機銃操作フラット」
詳しくは艦橋説明部分で述べるがここに「九六式二十五粍聯装機銃」二基が設置される。

「前部士官室暖房用煙突」（推定）
こんなトコロに煙突が突っ立っていたのでは水雷戦時に魚雷発射管旋回の邪魔となる。故に取り外し式だ。支索は3本だ。

見ていた戦術だったが『夢』とは覚めるもの、逆を云えば叶わぬが故に『夢』とも言える。
帝国海軍が夢想していた戦術を大きく迂回するように繰り出す、常に一枚ウワ手で体力のある敵国にしてやられ、艦隊決戦を夢想していた帝国海軍艦艇らは想定外の武装を強化して行く。特に「睦月」型は古く小さいが故に相手に合わせた改装が苦手だったようで随所にモガキ苦しんだ痕跡が見えるフネの一つだ。
魚雷発射管は22ページで述べたので軽く触れるだけに留めるが、この魚雷発射管を挟む形で位置する艦首に設置された単装砲と艦橋を述べていく。
詳しいことやそれに至った推定理由はこのあと述べるが大正時代末期に続々と竣工した全12隻の「睦月」型は敗戦の年、昭和20年を水上で迎えることは1隻たりとも叶わなかった、哀しいフネたちでもある。故に遺された写真を含めた資料は非常に少なく「睦月」型は謎多き駆逐艦の筆頭でもある。
筆者の手元にある資料で不明な部分は推測で描いてあることをここに断っておく。詳しき引出線は次頁よりの拡大図頁を御覧になってくださると幸甚だが、ここでは全体構成説明の引出線に留める。

「伝声管」
艦橋からの指令を船首楼へ伝える為の連絡装置だ。ウエルデッキがあり、しかもそこに魚雷発射管が沈座するので伝声管は最短距離を結ぶ為に図のような空中連絡となる。
伝声管自体はあまり強度がないので支索にぶら下がるように連絡される。
「睦月」型の模型製作時はこの伝声管を追加すると『らしく』見えると筆者は考える次第だ。……無電池型の高聲電話機に改装し、上甲板下に電線通せばよいものを……と考えるのは野暮だろうか。

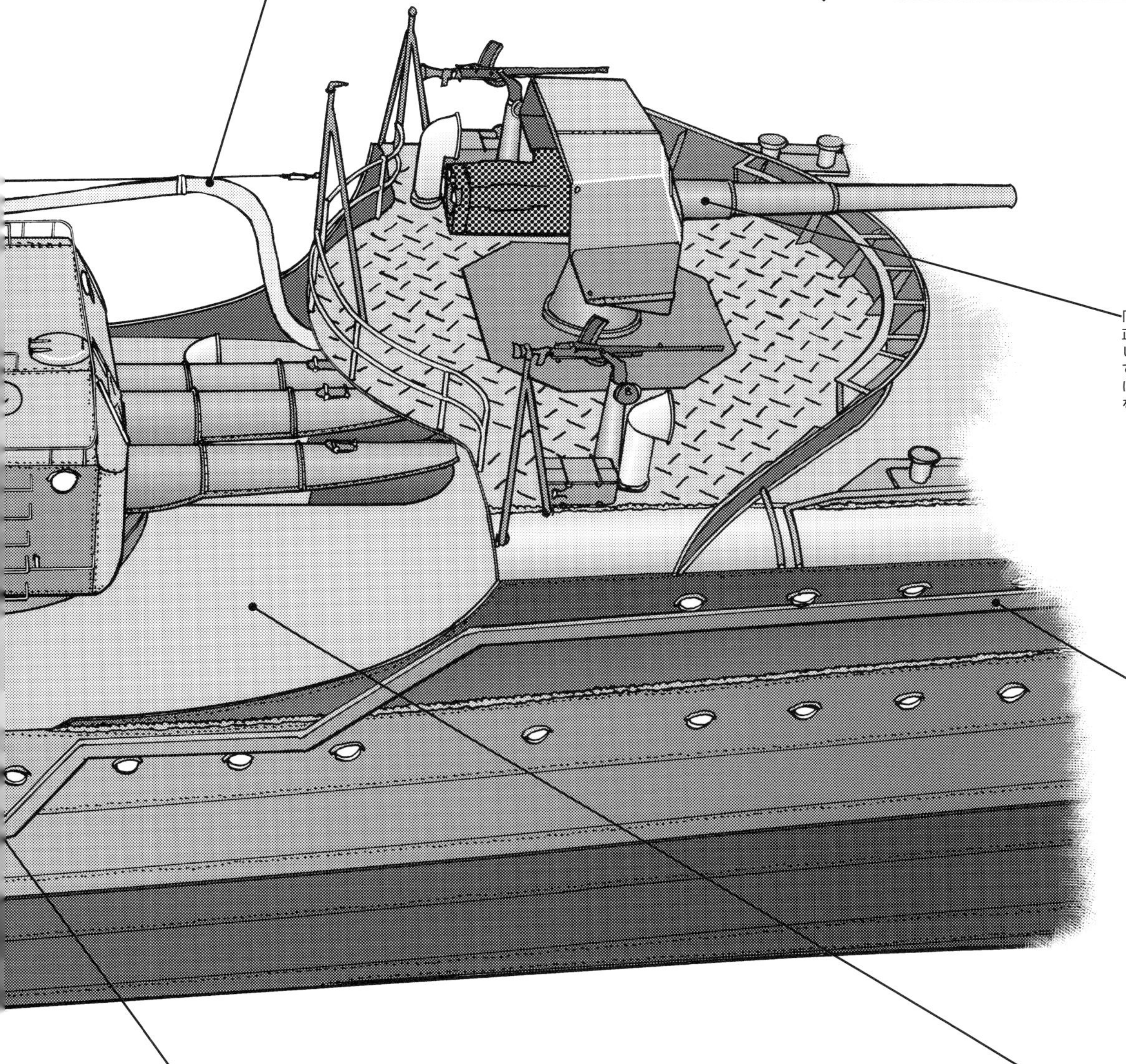

「一番十二糎砲」
正式名は「四十五口径三年式十二糎単装砲」だ。詳しきことは28ページを参照のこと。この砲については色々普通ではない感情が込み上げて来る。故にここでは簡単に、だ。因みに「睦月」型は本砲を3門搭載している。

「舷外電路」
「睦月」型竣工時は無かった装備だ。
対米戦開戦前に海外からの情報を得て慌てて装備した。これは磁気機雷の無力化が装備目的だったが大戦後半になるとこの後付け装備では無力化出来ないほどに感応感度が増した磁気機雷が登場、我が国艦艇らはエライ目に遭う事になる。

「舷梯固定具」(両舷)
停泊中のフネに乗降りする場合は装載艇を接舷する。小さい駆逐艦と言えど装載艇は小さく低いので上甲板に上がれない。
そこで舷梯の出番だ。取り外し式の階段をここに引掛ける形で舷外に固定し、これを使ってフネに乗降りする。
一度に十数人もこの舷梯に乗ることになる。故にこの固定具は非常に強固なものになっている。
……外した舷梯はどこに格納するのだろうか。

「ウエルデッキ」部
船首楼甲板の波除を突破した荒波はこの船首楼甲板と艦橋前の言わば谷たる上甲板に流れ落ち、潮の勢いを殺す……という目的だったが思っていたような効果はなく、このウエルデッキを備えた駆逐艦は「睦月」型が最後となった。

【艦橋後部図】

丸みを帯びた羅針艦橋が目に付いて艦橋後部は単なる箱状の階層構造だと思いがちだが、「睦月」型は他の艦橋同様、中々奇っ怪な形状をしている。旗旒信号甲板下の通信室は左舷に設置された出入口の為に歪な形になっているし、その羅針艦橋後方、旗旒信号甲板との間にある円弧の外壁を持つ個室は「発射発令所」だ。出入口は右舷のみにある、窓はこの出入扉に付けられた丸窓だけの何とも密閉された空間になっている。この「発射発令所」外壁が円筒形の大黒柱となりトップの探照灯や2m測距儀の重い装備を支えているし、何よりも『第四艦隊事件』で酷い目にあったヤワな天蓋と比較にならないくらいに強固な天蓋をこの「発射発令所」外壁は支えている。この構図で描くと艦橋横の操作フラットと艦橋前に増設された機銃操作フラットとは同じ高さではなく、高低差があることに気付いてもらえると思う。

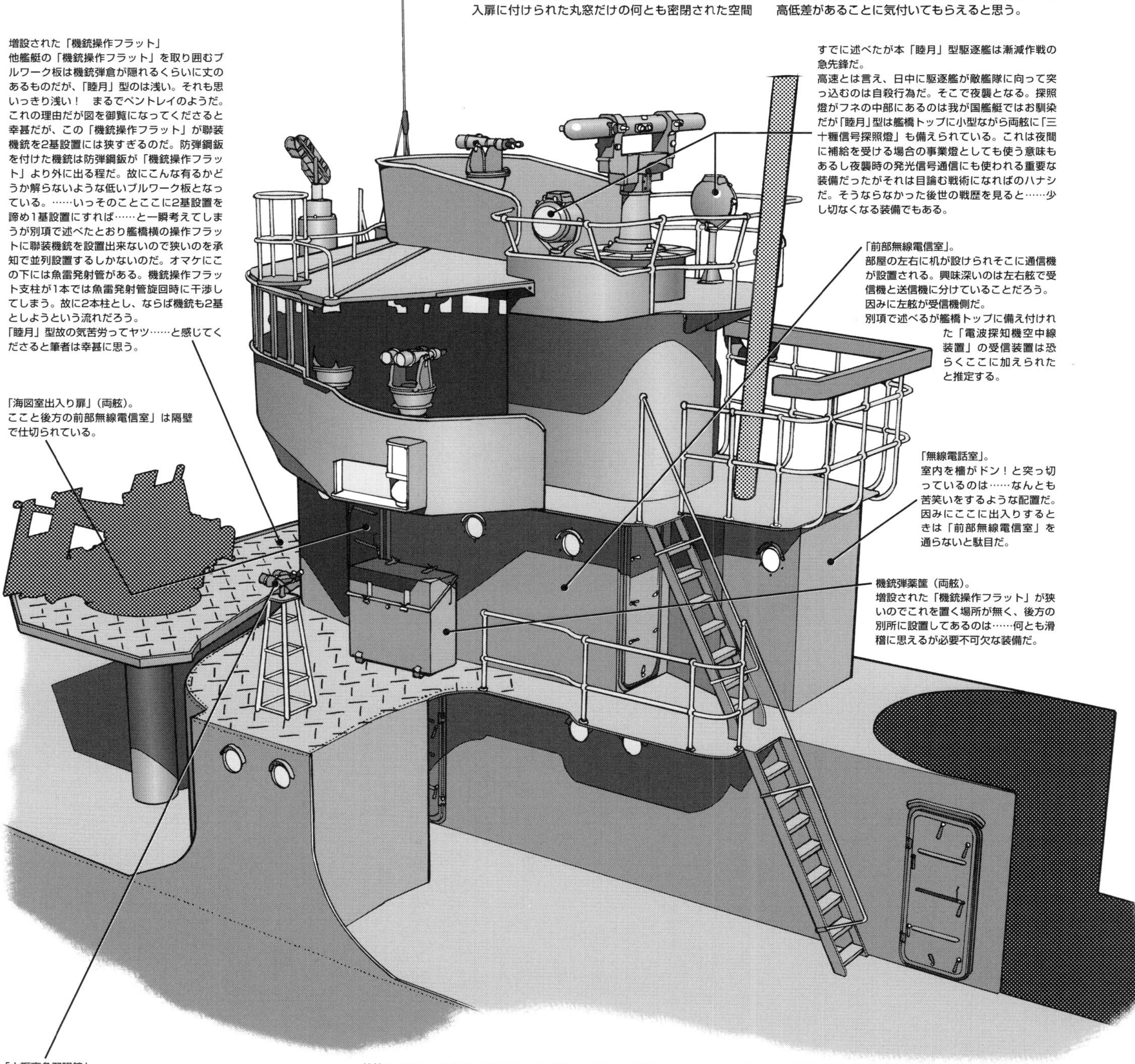

増設された「機銃操作フラット」
他艦艇の「機銃操作フラット」を取り囲むブルワーク板は機銃弾倉が隠れるくらいに丈のあるものだが、「睦月」型のは浅い。それも思いっきり浅い！　まるでペントレイのようだ。これの理由だが図を御覧になってくださると幸甚だが、この「機銃操作フラット」が聯装機銃を2基設置には狭すぎるのだ。防弾鋼鈑を付けた機銃は防弾鋼鈑が「機銃操作フラット」より外に出る程だ。故にこんな有るかどうか解らないような低いブルワーク板となっている。……いっそのことここに2基設置を諦め1基設置にすれば……と一瞬考えてしまうが別項で述べたとおり艦橋横の操作フラットに聯装機銃を設置出来ないので狭いのを承知で並列設置するしかないのだ。オマケにこの下には魚雷発射管がある。機銃操作フラット支柱が1本では魚雷発射管旋回時に干渉してしまう。故に2本柱とし、ならば機銃も2基としようという流れだろう。
「睦月」型故の気苦労ってヤツ……と感じてくださると筆者は幸甚に思う。

「海図室出入り扉」(両舷)。
ここと後方の前部無線電信室」は隔壁で仕切られている。

すでに述べたが本「睦月」型駆逐艦は漸減作戦の急先鋒だ。
高速とは言え、日中に駆逐艦が敵艦隊に向って突っ込むのは自殺行為だ。そこで夜襲となる。探照燈がフネの中部にあるのは我が国艦艇ではお馴染だが「睦月」型は艦橋トップに小型ながら両舷に「三十糎信号探照燈」も備えられている。これは夜間に補給を受ける場合の事業燈としても使う意味もあるし夜襲時の発光信号通信にも使われる重要な装備だったがそれは目論む戦術になればのハナシだ。そうならなかった後世の戦歴を見ると……少し切なくなる装備でもある。

「前部無線電信室」。
部屋の左右に机が設けられそこに通信機が設置される。興味深いのは左右舷で受信機と送信機に分けていることだろう。
因みに左舷が受信機側だ。
別項で述べるが艦橋トップに備え付けれた「電波探知機空中線装置」の受信装置は恐らくここに加えられたと推定する。

「無線電話室」。
室内を檣がドン！と突っ切っているのは……なんとも苦笑いをするような配置だ。因みにここに出入りするときは「前部無線電信室」を通らないと駄目だ。

機銃弾薬筐（両舷）。
増設された「機銃操作フラット」が狭いのでこれを置く場所が無く、後方の別所に設置してあるのは……何とも滑稽に思えるが必要不可欠な装備だ。

「六糎高角双眼鏡」。
艦橋トップに対空見張用の、この双眼鏡が所狭しと設置されるのが大戦末期に於ける我が国艦艇が負う特徴だが「睦月」型は艦橋改装をしたとは言え敵航空機の猛威が発覚する前に設計された古いフネ故に対空見張用の高角双眼鏡はこんな場所に設置するしかなかったのは……なんとも哀しい。

特筆すべきはこの高角双眼鏡の基台形状だ。通常は円錐形だったり、または「改丁型駆逐艦」の特集でも描いたが鋼材を爆弾の尾翼のように十字に組んだ上に、この高角双眼鏡を鎮座が一般的なのだが「睦月」型のは何と円材を4本組んだ櫓状にしている。勉強不足の筆者が述べるのは恐縮だが、こんな形状の基台は「睦月」型だけだ。これの意味だが別項で述べたが設置された操作フラットにキャンバー角が付けられている都合で高角双眼鏡を水平・垂直に設置する必要で図のような4本脚となったのだろう。円錐形で傾斜に合わせての垂直に突き立てるには工作が面倒だ。故の4本脚構造だ。円材なら艦内の工作施設に備えて有る鉄鋸でゴシゴシと切断が容易で微調整が可能だろう。

本来ならば図説は船首楼甲板上に設置された「十二糎砲」から述べるのが順番なのだろうが本砲を述べると哀しくなるので順番を入れ替え艦橋部分から先に述べることにする。
結論からいうと図で描いた艦橋は改装後のものだ。竣工時の艦橋は角張った平面部が多いものであり、天井は支柱に張られたキャンバス地の天幕であった。何度も述べて来たが駆逐艦とは高速を発揮する為に軽くすべきとの配慮からこのような運動会の本部テントのような天蓋となったが、これで稼いだ僅かな重量を得る為に「睦月」型は受難することになった。事件は「睦月」型が竣工、10年後に起きた。「睦月」型を含めた演習艦隊が荒天により発生した大波浪に突っ込んでしまい多大なる損傷を受けてしまった。特に「睦月」型ネームシップたる「睦月」は重篤で三角波が崩れ落ちる莫大な質量の潮が艦橋のこのキャンバス地部分を直撃、艦長以下フネの首脳多数が艦橋諸共に圧壊殉職……という壊滅的な被害を受けてしまった。世に云う『第四艦隊事件』だ。
首脳部全滅で操艦能力を失った「睦月」は波浪で沈没の危機に瀕したが意を決した一水兵さんがこの荒天の中、一人で夜通し操舵し「睦月」を救ったのは有名な話だが、これを単なる美談で結着させずに、修理で同じ構造の艦橋を設置しなかったのが本事件で得た『戦訓』だろう。
具体的に記すなら艦橋は「睦月」型の後輩にあたる特型駆逐艦のアゴの出た艦橋に似た丸みを帯びたモノに交換された。
天蓋は事故の原因となったキャンバス地から補強板を当てた金属製の固定天蓋となった。図では描かなかったがこの丸みを帯びた羅針艦橋も波浪に対する抗堪性はあったが、防弾力という装甲面では甚だ貧弱で窓を半分程も塞ぐ程の丈がある防弾鋼板をぐるりと重なるようにボルト留めをし、増加装甲化をしている。

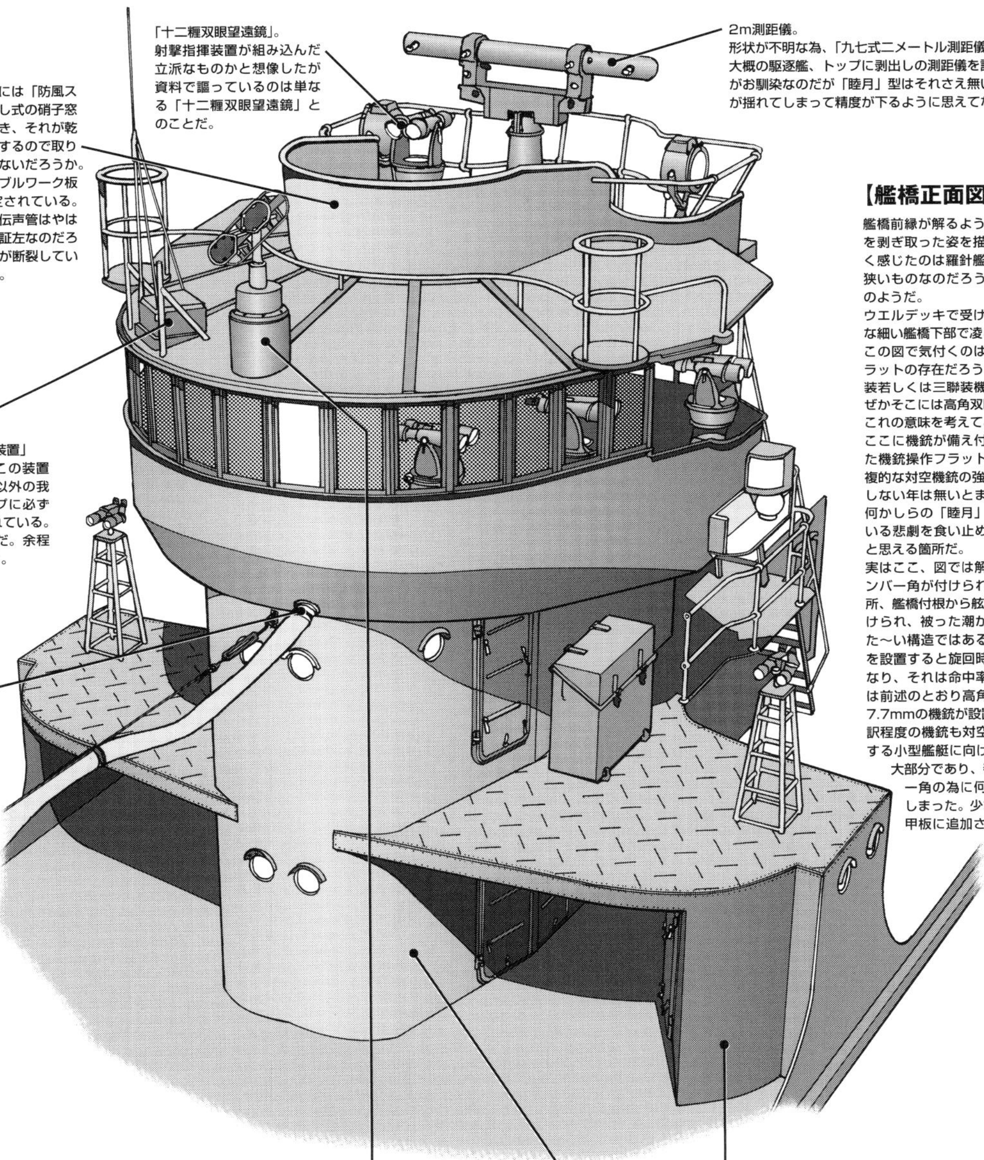

「十二糎双眼望遠鏡」。
射撃指揮装置が組み込んだ立派なものかと想像したが資料で謳っているのは単なる「十二糎双眼望遠鏡」とのことだ。

2m測距儀。
形状が不明な為、「九七式二メートル測距儀」を描いた。
大概の駆逐艦、トップに剥出しの測距儀を設置する場合、風防を付けるのがお馴染なのだが「睦月」型はそれさえ無い。航走で生じる強風で測距儀が揺れてしまって精度が下るように思えてならないのだが……。

この曲線ブルワーク板内側には「防風スクリーン」と称する取り外し式の硝子窓が付くのだがこれに潮が付き、それが乾くと塩が残って視界を邪魔するので取り外した例が多かったのではないだろうか。
図では描かなかったがこのブルワーク板外側に予備の伝声管が固定されている。
艦橋と船首楼甲板とを繋ぐ伝声管はやはり高確率で断裂するという証左なのだろうか。ここからなら伝声管が断裂しているのが良く解るからだろう。

「九〇式無線電話機空中線装置」
無線電話用の空中線だ。この装置は駆逐艦に限らず潜水艦以外の我が国水上艦艇、艦橋トップに必ずと言ってよい程に設置されている。ここまで愛されているのだ。余程完成された装置なのだろう。

伝声管は艦橋アゴ下から引込む。支索を固定する眼鐶も設置されている。

「E二十七電波探知機空中線装置」
通称「逆探」。敵電探波をこの空中線で受信、受音器で警報を発する。この空中線は全周回転、向けた方位で受信すればその方位より敵電探波が発せられている……という電波探知機だ。
後期の「睦月」型ではこのトップに1基、旋回方式という設置方法は姿を消し羅針艦橋前縁に追加装着された防弾鋼鈑外に前／左右と贅沢に3基、固定設置されるようになった。
これの意味だがこの空中線装置を旋回させる電動機の信頼性が乏しいが故に前／左右と空中線を固定設置し、随時この空中線を切り替えて受信する方式ならば信頼性は高まるということだ。
元から方位を精密に測定出来る空中線ではないので大ざっぱな方位測定だけで事足りるという哀しい意味も混ぜ込んだ方法でもある。

ウエルデッキに招いた潮を凌ぐ為に前縁は航空機の主翼前縁のように薄く滑らかになっている。

左舷のここは「士官用厠」、つまり士官用のトイレだ。「睦月」型新造時はここはこんな大開口はせず、ここを塞ぐように隔壁と扉があったが受難した例の『第四艦隊事件』でここも厠諸共圧壊したのだろう、事件後の改装ではウエルデッキに招いた潮はここを素通りするような形状に、また厠も狭いものに改められた。……では右舷のここは兵用の厠かというとそうではない。右舷のここはウエルデッキに装備された魚雷発射管へ魚雷を装塡すべく運搬用の軌道用となっている。従って舷窓が付くのは右舷だけだ。

【艦橋正面図】

艦橋前縁が解るように艦橋前の機銃操作フラットを剥ぎ取った姿を描いた。この図を描いていて強く感じたのは羅針艦橋下階層の海図室は何と幅の狭いものなのだろう！　まるで航空機の主翼前縁のようだ。
ウエルデッキで受けた潮をこの主翼の断面のような細い艦橋下部で凌ごうという強い意図を感じた。
この図で気付くのは艦橋両舷に設置された操作フラットの存在だろう。「海防艦」ではこの部分に聯装若しくは三聯装機銃を設置すべき箇所なのになぜかそこには高角双眼鏡が設置されている。
これの意味を考えてみた。
ここに機銃が備え付けられたら艦橋前に追加された機銃操作フラットは不要だったか、もしくは重複的な対空機銃の強化と相成り、「睦月」型が戦没しない年は無いとまで思える敗戦までの年で毎年何かしらの「睦月」型が敵航空機により戦没している悲劇を食い止めることが叶ったのではないかと思える箇所だ。
実はここ、図では解り辛いが上甲板と均しくキャンバー角が付けられている傾斜部なのだ。この箇所、艦橋付根から舷側までの間に3度程の傾斜が付けられ、被った潮が滞りなく排水される、ありがた〜い構造ではあるのだがこの傾斜部に聯装機銃を設置すると旋回時に機銃の角度が異なることになり、それは命中率の低下に繋がる。故にここには前述のとおり高角双眼鏡設置と、申し訳程度に7.7mmの機銃が設置されていた場所だ。この申し訳程度の機銃も対空機銃に使うというよりも接近する小型艦艇に向けての自衛火器としての役割が大部分であり、善かれと思って付けたキャンバー角の為に何とも後味の悪い結果となってしまった。少ない資料ではこの部分に船首楼甲板に追加された13mm単装機銃が追加されたとあるがどうせなら「九六式二十五粍単装機銃」にして使用する弾丸の共用を計って欲しかったとも強く思う。

「睦月型駆逐艦」砲塔

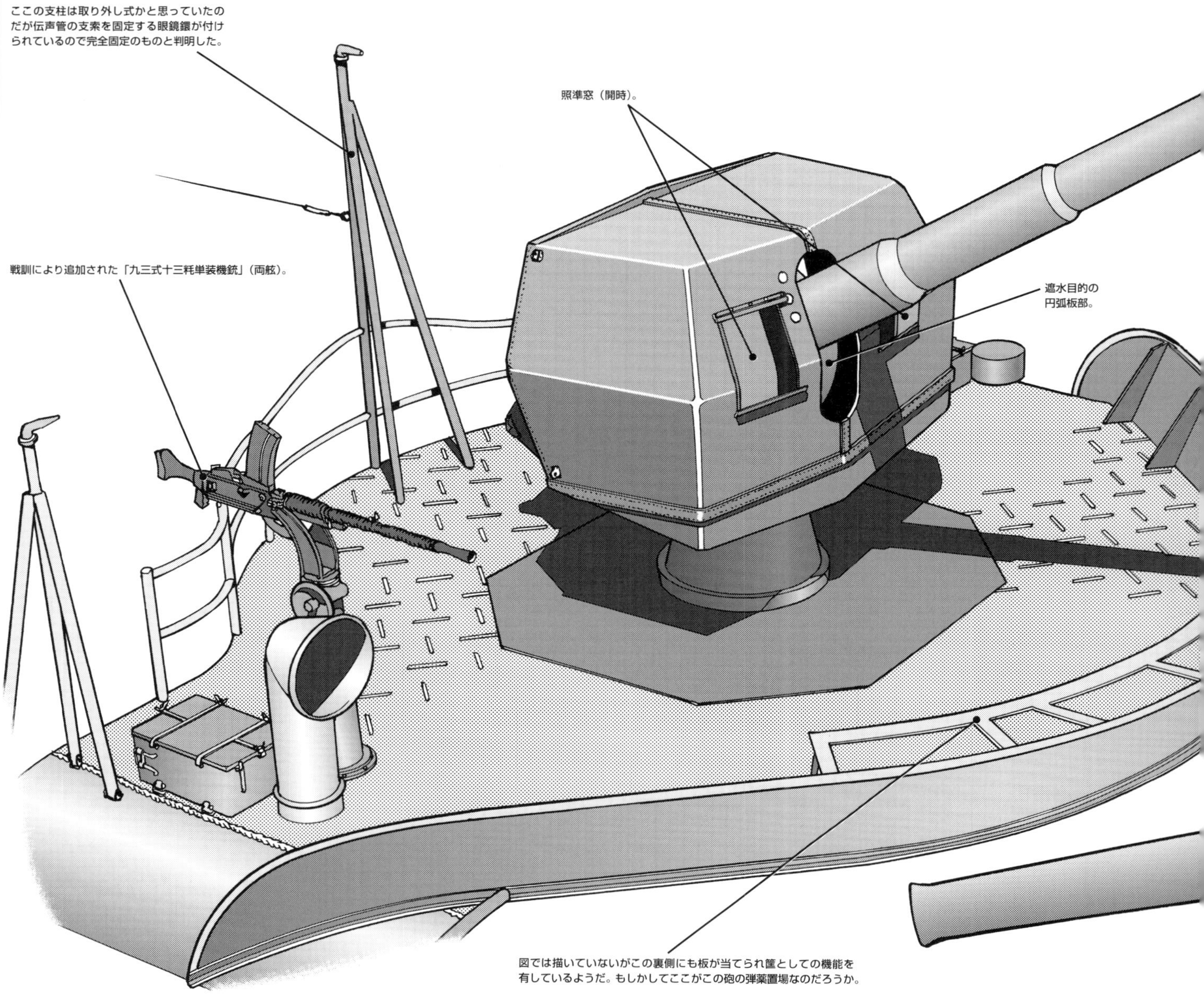

【仰角時】

この砲を具体的に述べる資料はとても少ない。それ以上にこの楯を示す資料は少ない。故に大部分が推測で描いた。
楯と言ってもそれは敵弾を防ぐという性格のものではなく船首楼甲板に被さる波浪から砲と砲手を守る『波除け楯』だ。故に小銃弾でも貫通するような薄鋼鈑で構成しているものと推定する。
前部には摺動する照準窓が左右にひとつずつあり図のように外舷に向けて開ける。
他の砲と楯の組合わせでは砲身と楯の隙間は「砲身防水布」と称するキャンバス地で塞ぐのが基本だが、本砲はそれが無い。変わりに砲身根元に円弧状の板が装着されており「砲身防水布」程ではないがある程度の遮水を狙っている。詳しい資料が無いので以下は推測だが発砲時に砲身が後退してもこの円弧状の板は砲架に固定されているようで後退しない構造のようだ

【俯角時】

本文で述べたとおり、本砲はマイナス5度の俯角をとることが可能だ。砲を俯角で撃つのは敵が間近に迫ったというような余程の時だけだ。
因ってこの角度の最大の理由は砲身内の掃除時となる。
尾栓を開放しボロキレ巻いた、さく杖を筒先より差し込み旋条を綺麗にして砲弾に心地よい旋回が掛かるように整備する為だ。
この砲は判らないことだらけだ。
「睦月」型の船首楼に設置された「一番砲」の弾薬はどこから持ってくるのかも解らない。発砲中の数少ない写真を見るとこの砲は10～11人程で扱うようだ。

ここでは「睦月」型の『主砲』である「四十五口径三年式十二糎単装砲」について述べる。（図は「睦月」型一番砲を描いた）……しかしながらこの砲の尾栓付近の資料が乏しく、述べるのは主に「楯」部分になることをここに断っておく。
正直、この砲について述べると哀しい想いだけになりそうだ。
左図は砲を最大仰角とした状態を、右図は最大俯角図とした状態を描いた。
俯角はマイナス5度という毎度見馴れたものだが、仰角に関しては全く戴けない。
最大仰角が33度だ。オマケに装填と旋回仰俯角は人力だ。緩慢な射撃の砲だ。

余程の好条件が重ならなければ対空射撃には使用できない砲だ。
「睦月」型が設計されたのは大正時代だから砲で航空機を撃つことは想定外、だから仕方ない……と言ってしまえばそれっきりだが、そんな時代による言訳は相手の敵航空機には『毎度！　御馳走になります』ということでしかない。「睦月」型の主兵装は駆逐艦では初搭載と相成った61cm魚雷だ。『主砲』は雷装の添え物……という見方もあるが余りに制約が多い砲だ。
事実、竣工した「睦月」型全12隻中、戦没した理由の大部分が敵航空機攻撃によるものだ（12隻中なんと10隻）。

この鈍くさい砲を機敏な8cm高角砲に換装していれば航空機による被害を少しは減らせたのではないか……と哀しい後知恵を夢想をするのは筆者だけではないはずだ。口径の小さい機敏な高角砲への換装が無理ならば本砲を改良し高角砲化した「四十五口径十年式十二糎高角砲」にせめて換装して欲しいとも強く思う！
この砲の楯を見て『何かに似ているなあ』とずっと思い続けてきたが今回の作画で何に似ているかが解った。「九七式中戦車」の砲塔を取り去り「三式七糎半戦車砲」と楯を追加した「三式砲戦車」だ。こんなことに意識を向けないとやっていられない程に哀しく残念な砲だと思う。

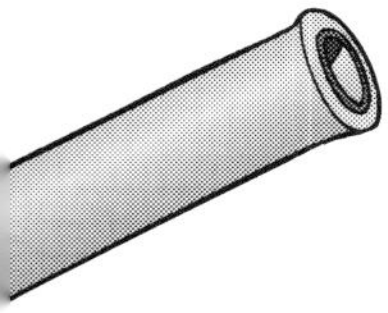

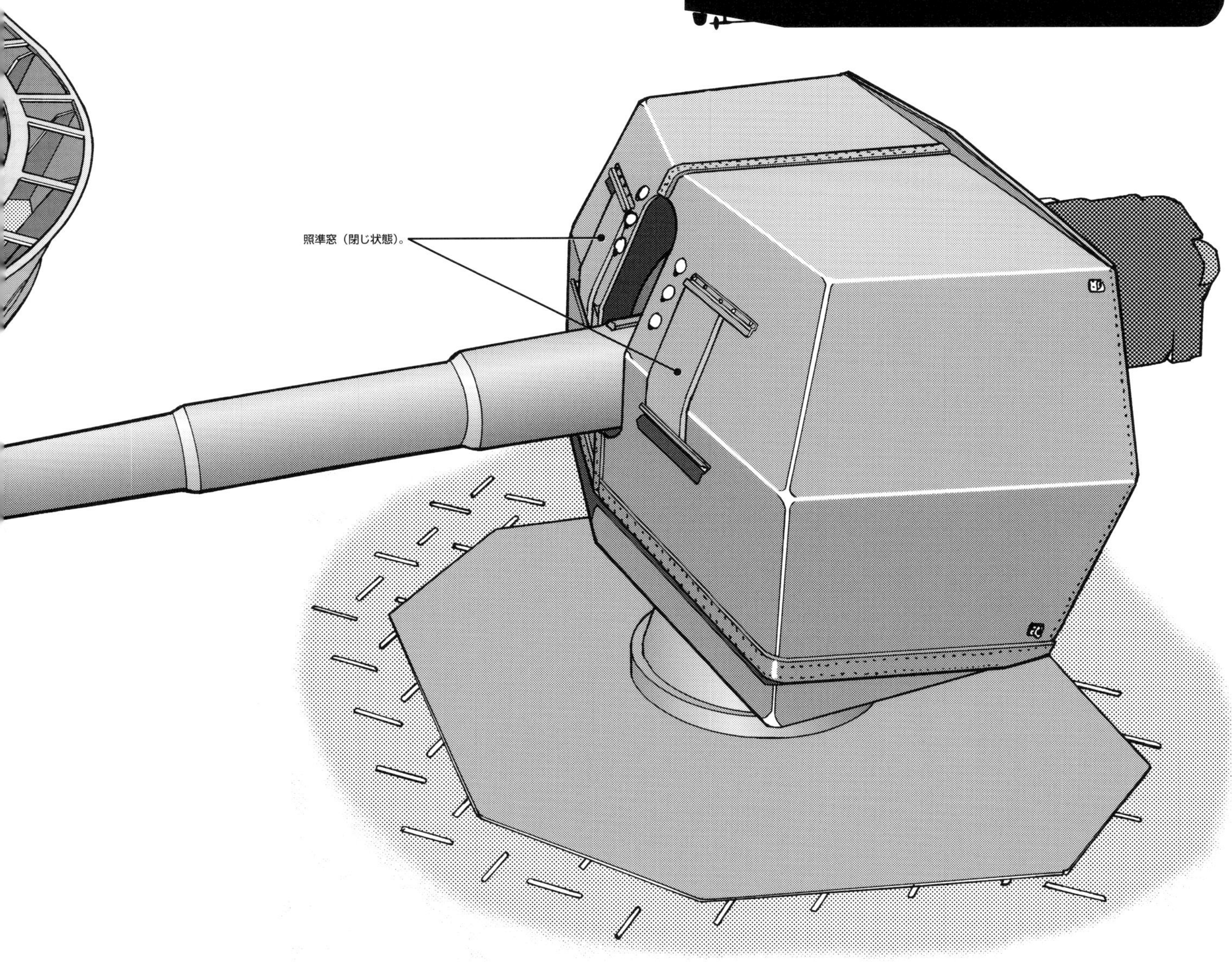

「睦月型駆逐艦」単檣

「睦月」型駆逐艦は大正時代の終わりから昭和に入る過渡2年ほどの間にバタバタと短期間に12ハイ誕生したフネであることはすでに述べた。
そして……生きて敗戦のその時を「睦月」型姉妹12ハイどれも迎えることが出来なかった哀しい全滅したフネであることもここで述べておきたい。
これらの悲しい結果への原因は何だろうと筆者は常々考えていた。苛烈な戦局に好んで投入されたからかもしれないし、28ページで述べた対空射撃は苦手……というよりも殆ど不可能にちかい主砲のせいかもしれない。だがここまで描いてきて「睦月」型として誕生したフネたち全てが海底に叩き込まれてしまった幾つかある『原因』のひとつを知ってしまったのだ。それが何かという、その辺これ以降のページで述べて行こうと思う。
大正時代の我が国のフネは駆逐艦に限らず巡洋艦も前檣は『単檣』と呼称される1本の檣を4〜8本の支索で支える構造のものが多かった。御多分に漏れず「睦月」型の前檣も『単檣』だ。その主檣の材質も古き良き大正時代の設計ということで木製となっている。
木製にする利点を述べると軽いということ、そして入手しやすく加工も楽……と、こんなトコロだろう。
この当時の『檣』の役目とは何だろうと考えた時に自分の位置を示す各種信号燈を設置する場所、そして短／長波の無線空中線展張のため、そして艦隊行動をするときに他のフネたちに自らの速度を伝達する速度信号標を掲げ……そして原始的な光通信である信号旗を掲げる為……と、『檣』の役目を全て揚げたら誌面が尽きてしまいそうなぐらい列挙できる重要な部位なのだが「睦月」型は艦艇だ。これら前述の保安的な用途の他に敵を真っ先に見つける為に『見張所』としての役割がある。
図を御覧になってくださると幸甚だが三分の一ほどの高さに紙コップのようなものが付いているが、ここに目の良い見張員が入り文字通り『見張る』。地球は丸いので極力高い場所で見張をしたほうが視程は大きくなる。故にこんな場所に見張所を設けるのは利に適っている。しかし、だ。前述のとおり、複数本の鋼索で支えているとは言え木製の柱だ。具体的な寸法は手許にないが水面から16m以上も上に60kg以上の人間が集中力を保ったまま、この紙コップのようだと揶揄される狭いところで見張る。ギシギシと常時、檣は撓るだろうし駆逐艦は高速航走をするフネだ。それによって生ずる激しい風も、そして高速航走による動揺も全て加算され、この『見張所』はとても過酷な配置であると思う。そもそも論になってしまうが元来ここに人間が常駐するような構造ではないと筆者は考える次第だ。

【単檣前面図】

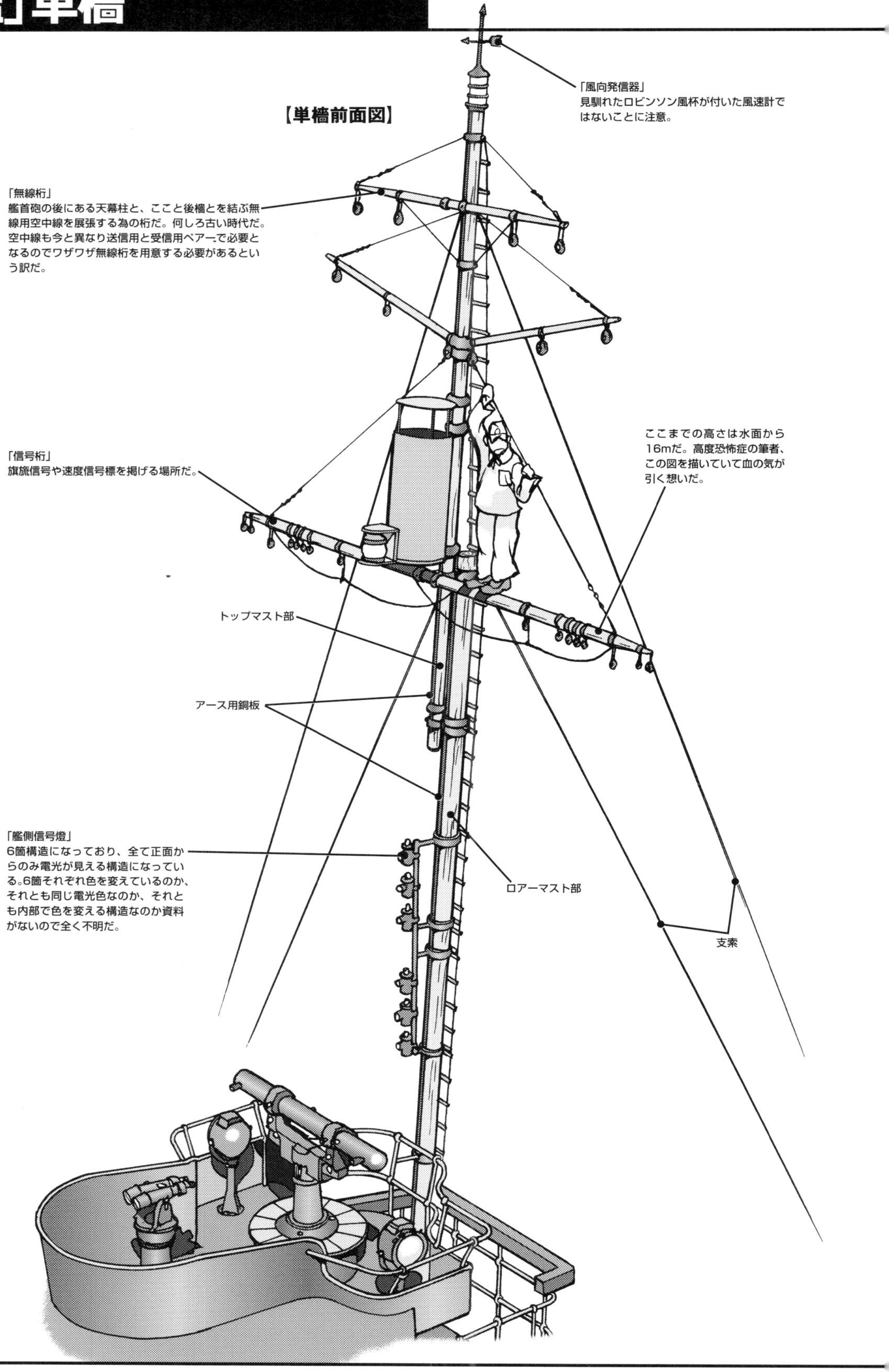

【単檣背面図】

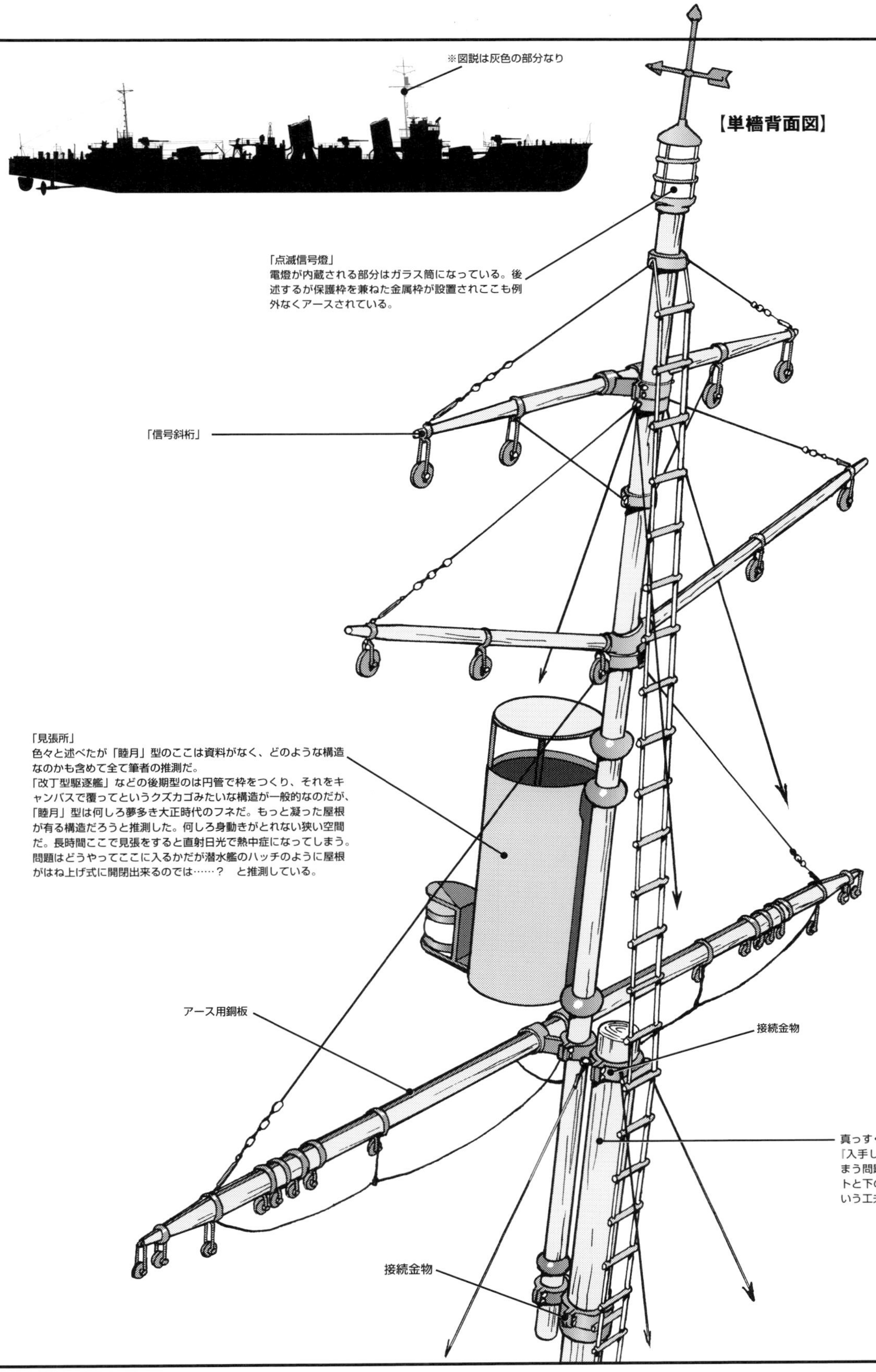

背面で特筆すべき点は梯が設置されていることだろう。
それは当然だ。頂部の点滅信号燈や風向発進器の交換や整備、また見張所への連絡の為に必要だからだ。
問題は単檣が受風抵抗を減らす為に4度ほど後に傾斜している点だ。つまり4度ぶら下がるような形で梯を昇り降りするということだ。爪先が梯に掛かるのを注意しなければ大変なことになるのはどの梯も同じだが「睦月」型のここは特に注意せねばならない。これはかなり怖い構造だ。

単檣は木製だと述べた。
知られていないことだが、フネには高い頻度で落雷する。何も無い洋上で20m以上もある檣を突き立てているのだ、当然と言える。
そこで落雷した場合、低抵抗で海面にアース出来るように木製檣には銅板を打ち付けて通電しやすい工夫がされている。
トップマストとロアーマストは艦首方向に、また信号桁や無線桁は上面に銅板を打ち付け接続金物で電気的にも接続されている。
……もし、これらの銅板が無い状態で落雷したらどうなるか。
単檣内に含まれている水分が落雷により一瞬で沸騰、水蒸気となりこれが外に逃げる為に単檣が破裂する。これは一大事だ。
以下は余談だが、立ち木に落雷しこれが縦に真っ二つに裂けたのを筆者の愚母が幼少時に間近で見たとのこと。愚母はそのとき腰を抜かした……とのこと。

「睦月型駆逐艦」支索と煙突

【支索と煙突について】

ここでは「睦月」型単檣の支索展張方法と煙突について述べる。
単檣頂部付近にある無線桁下にあるヤードリフト固定金具とトップマスト・ロアーマストとの接続金物に追加されている眼鏡鐶に支索を締結、艦首側は艦橋横の「舷燈」後部分にある固定鐶に、艦尾側は煙突左舷の上甲板に、右舷は煙突横の支柱頂部とで締結する。
これは余談だが右舷のは左舷と同じく上甲板の眼鏡鐶に締結する「睦月」型もあるようだが「睦月」型の右舷上甲板は魚雷運搬用軌条があるのでこれの通行妨げにならぬようワザワザ支柱を設けるのが普通だ。
煙突についてだが「睦月」型は煙突数は2だ。本数こそ2だが図を御覧になってくださると幸甚だが前後にふたつの煙路を直列にした誘導型だ。右舷には烹炊所などからの排煙をする為に小煙突が2本追加されている。左舷にはこれがない。頂部には円管を曲げた格子が付くがこれは「雨覆管」。別名「雨除け格子」。フネが停泊中、ボイラーに火がないときに降雨があると罐に雨水が入り込む。これは大変に罐の健康によろしくない。故にここに防水キャンバスを張る為に使う。

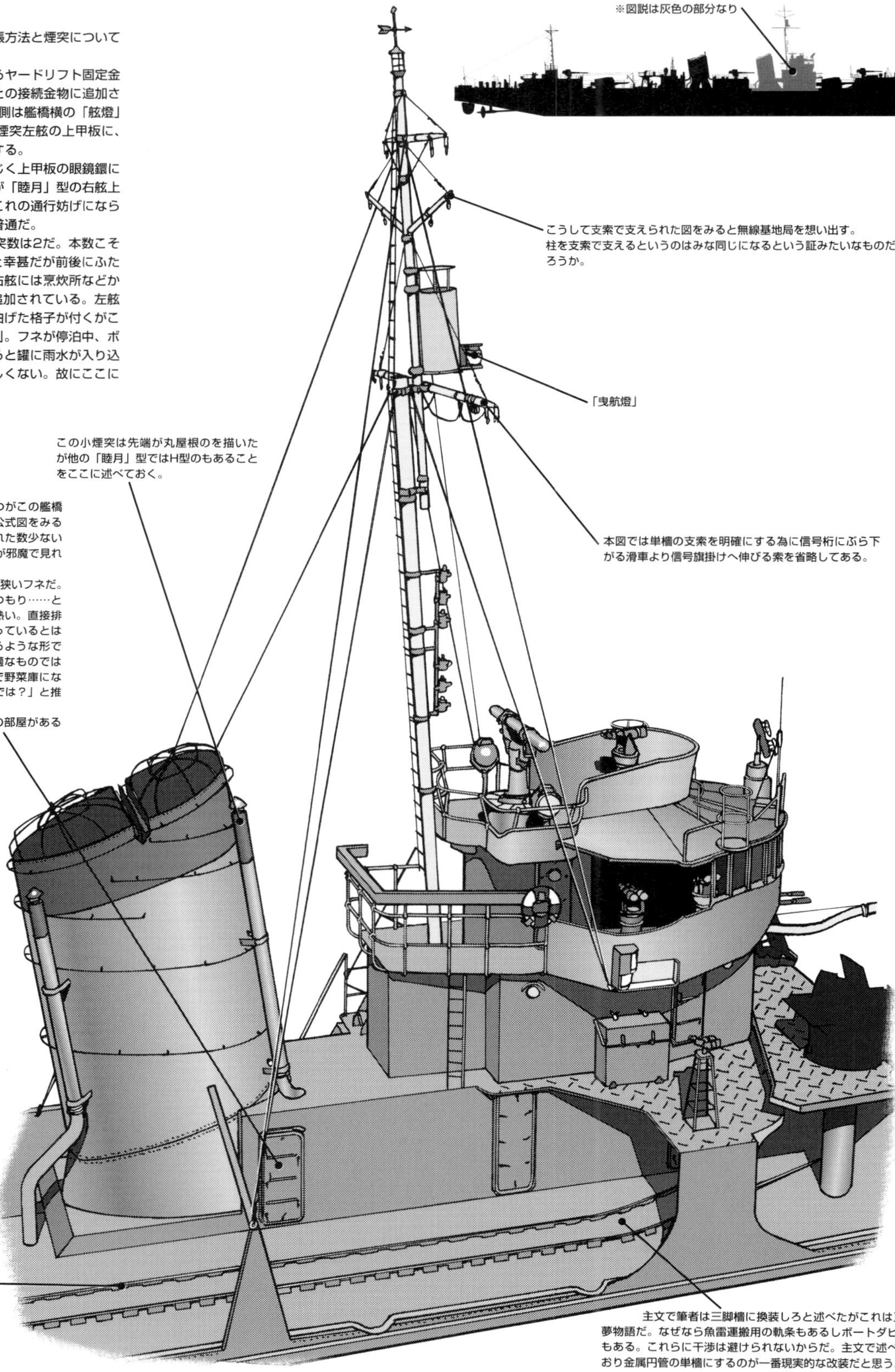

前頁で単檣に設置された見張所について述べた。
そんな過酷な場所を重用していたのには訳がある。我が国の目視による見張り能力は、それはそれは高度で、ここでこんな表現は正しいかどうかは不明だが、常軌を逸するほどのスゴイものだった。これが突き抜けて優れているから電探などの電波兵器開発が二の次になってしまったという拭いきれない大きな副作用があったのだが敵側が電波兵器を有効活用し、その効力を身をもって知った我が国艦艇らは大戦中期以降は慌てて電探とその空中線装置を追加していったのだが「睦月」型は前述のとおり単檣でしかも材質は木製だ。見張所にひとり、見張員を常駐させるだけでも檣としてはかなり過負担なのに、更に旋回電動機を含めた数百キログラムもある電探空中線装置をこの華奢な単檣に追加するのは無理とのことで26ページの艦橋部分で述べたとおり艦橋トップに申し訳程度の逆探空中線装置を追加するのがやっとというのが「睦月」型の電波兵器事情だった。「睦月」型が設計された当時に『ゆくゆくは檣に装備を色々追加するから発展性の無い単檣はやめろ』と口にするのは卓越した先見性のある賢者か、それとも預言者くらいだ。駆逐艦とは速度を発揮する為に外板も限界まで薄くし、文字通り身を削っているのだ。軽い単檣選択というのも理解は出来る。だが……それで浮く重量って僅かなものではないだろうかとも思える。
思いきってこの単檣を三脚檣に換装するか、それともあと2本しっかりとした柱を追加し、三脚檣化するか、それが無理なら木製の単檣を金属円管の単檣に換装、これが適ったらそこに重いが探知精度は高い「二二號電探」の空中線装置を追加していれば「睦月」型は全滅せず少なくとも数ハイは生き残ったのではないか……と筆者は愚考する次第だ。同じ単檣構造だが見張用と高度計測用の各種電探空中線装置をこれでもかと備え付けた米駆逐艦の「ギアリング」級の爪の垢でも煎じてやりたい衝動に駆り立てられる。
当時の関係者らの弁護をすると大戦末期となると後檣に軽量な見張用電探の「一三號電探」空中線装置を追加した「睦月」型が出て来る。もっと早くやって欲しかったなあと思う次第だ。

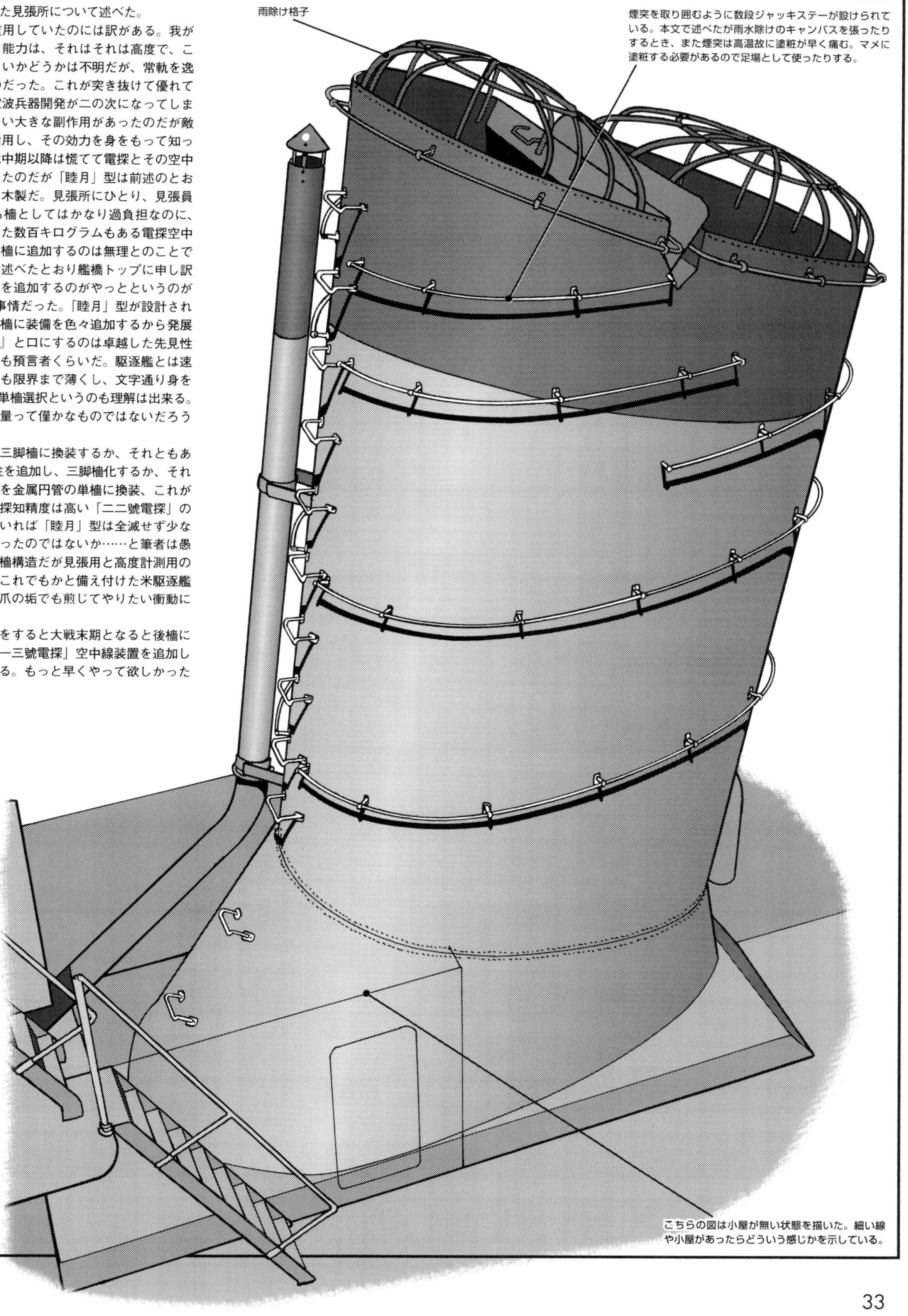

「睦月型駆逐艦」船体前部右舷

【これまで描いてきた図説箇所全体図】

ここまで描いてきた図説箇所をまとめて一枚図として描いてみた。その際に気付いた点についても記して行こう。
本図でも装載艇と装載艇を抱く「ラッフィングボートダビット」を省略し描いていないのが恐縮だが本図を描いてみて気付いた点として魚雷を艦首魚雷発射管に装填すべく、魚雷運搬用軌条を使う場合、装載艇があってはここを通ることが出来ない。「睦月」型は後部煙突両舷に魚雷格納所があり、ここから予備魚雷を運び出し前後の魚雷発射管に再装填することにより雷撃力が復活する仕組みになっているのだが戦闘中、これを行う場合は当然高速航走中、ボートダビットを舷外側に振り出し魚雷運搬軌条を確保する姿を考えると……何とも冷や汗が滲む思いだ。
装載艇を全て卸さない限り魚雷運搬軌条すら使えない「改丁型駆逐艦」と比べたら遥かに水雷戦を考えたフネであると思えるのだが……かなり条件付きのフネなのだなあと感じた次第だ。

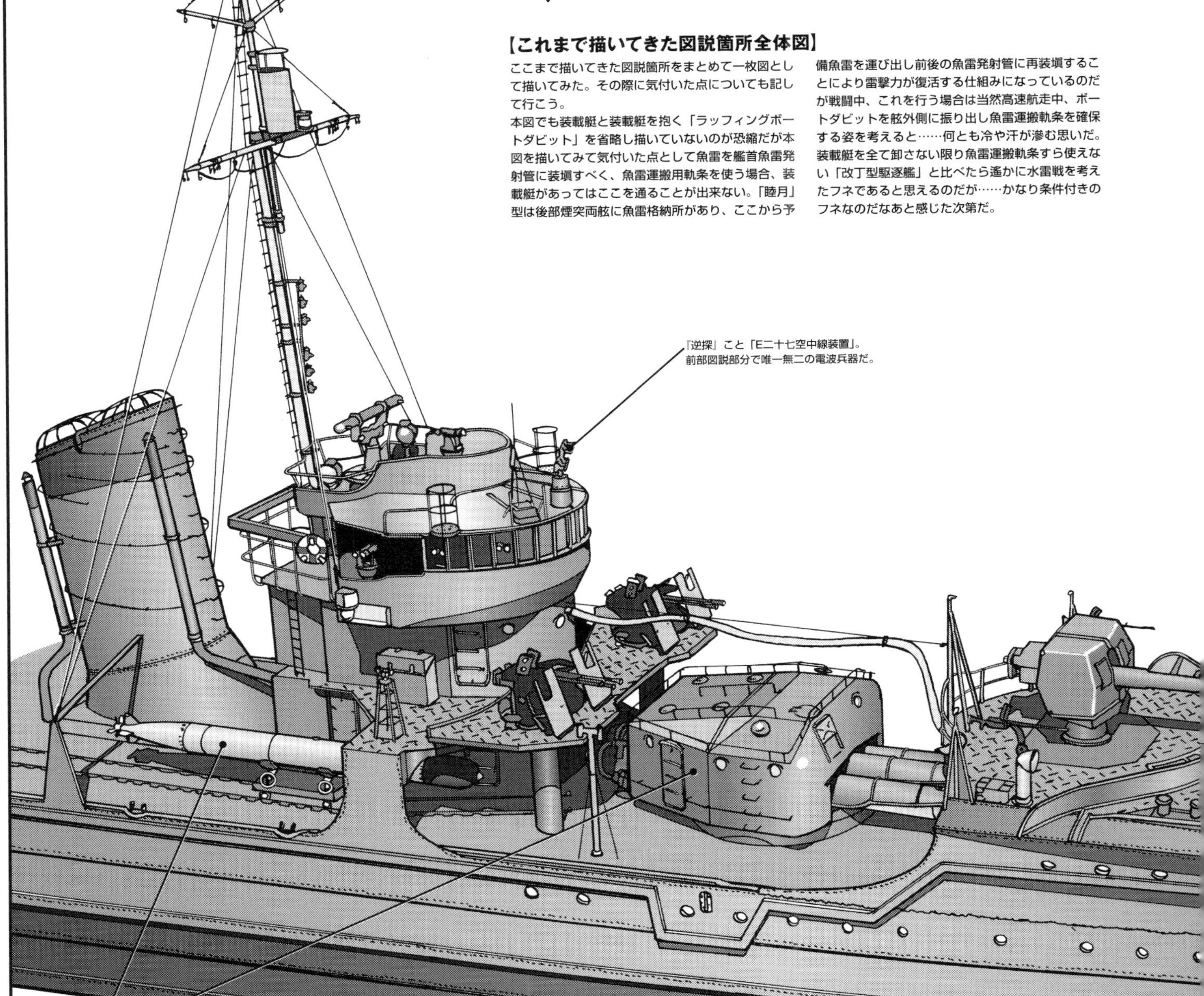

図に描いた魚雷は「八年式六十一糎魚雷」。
この魚雷の他に「九〇式六十一糎魚雷」も撃てるように改造された……と資料にはある。このふたつは直径こそ同じ61cmだが九〇式の方が14mm長い。『たかだか十数ミリだろう、改造だなんて』と冷笑するものではない。艦首ウエルデッキに設置された魚雷発射管はウエルデッキ前に立ちふさがる船首楼と左右の補強板内の限られた狭い区域を旋回する。これらに干渉せずに旋回出来るように障害物を撤去する必要がある。その為の『改造』だ。
「九〇式六十一糎魚雷」の後に登場した、水上艦艇用61cm魚雷の完成形「九三式魚雷」は全長が9000mmもある。こんな長いのを装填したら艦首魚雷発射管では弾頭がつっかえて旋回は不可能だ。
一部資料では「九三式魚雷」が撃てるように改良した……とあるが……これは余裕ある艦尾側発射管にのみ与えられた特権なのかもと思う次第だ。

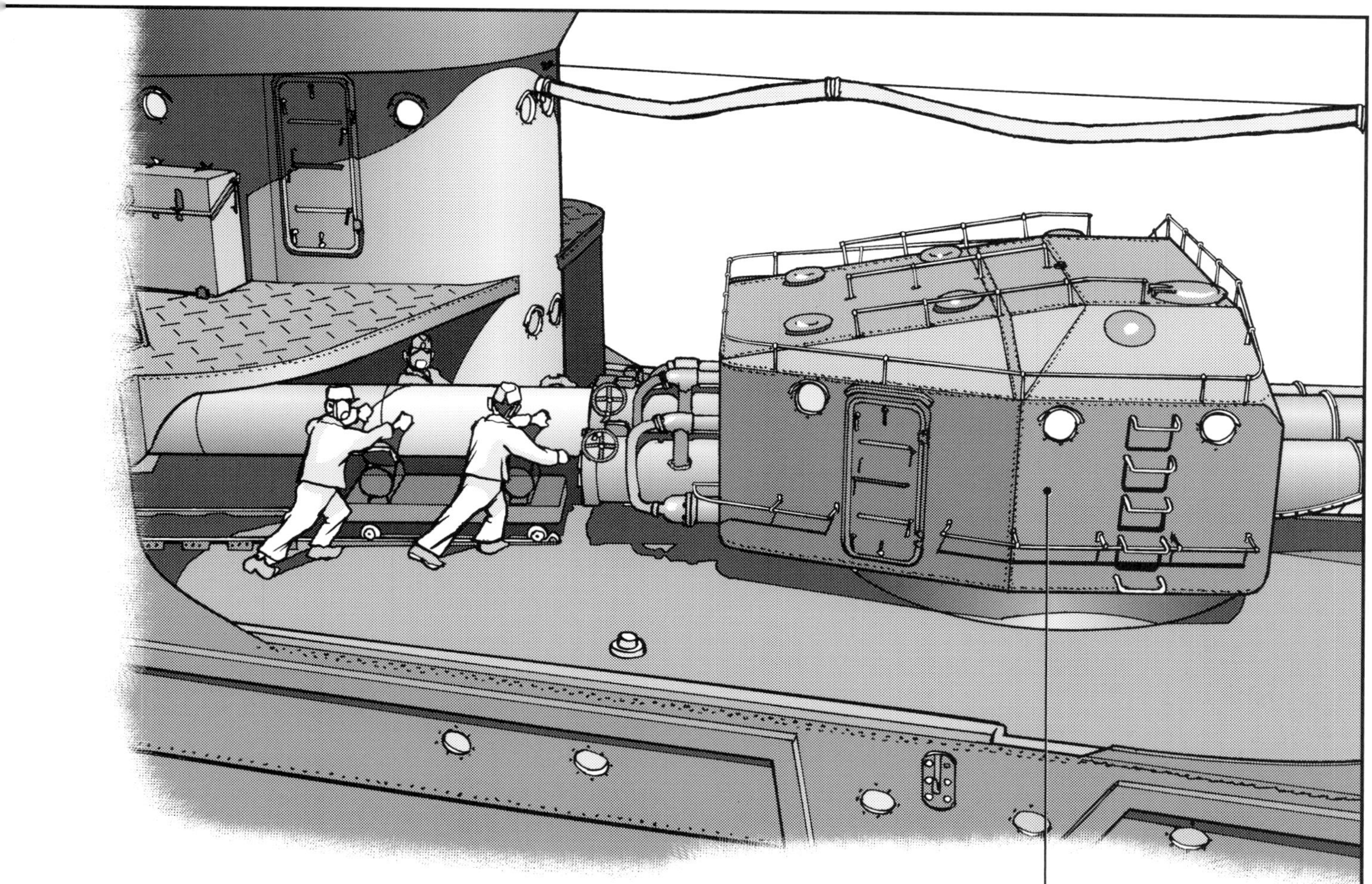

魚雷装填時は魚雷発射管を左17度ほどに旋回させる必要がある（この値は中管のもの）。僅か1度でも角度が異なれば魚雷はつっかえて装填出来ない。時計の歯車みたいな正確な動きがここ、魚雷装填の場でも必要だ。

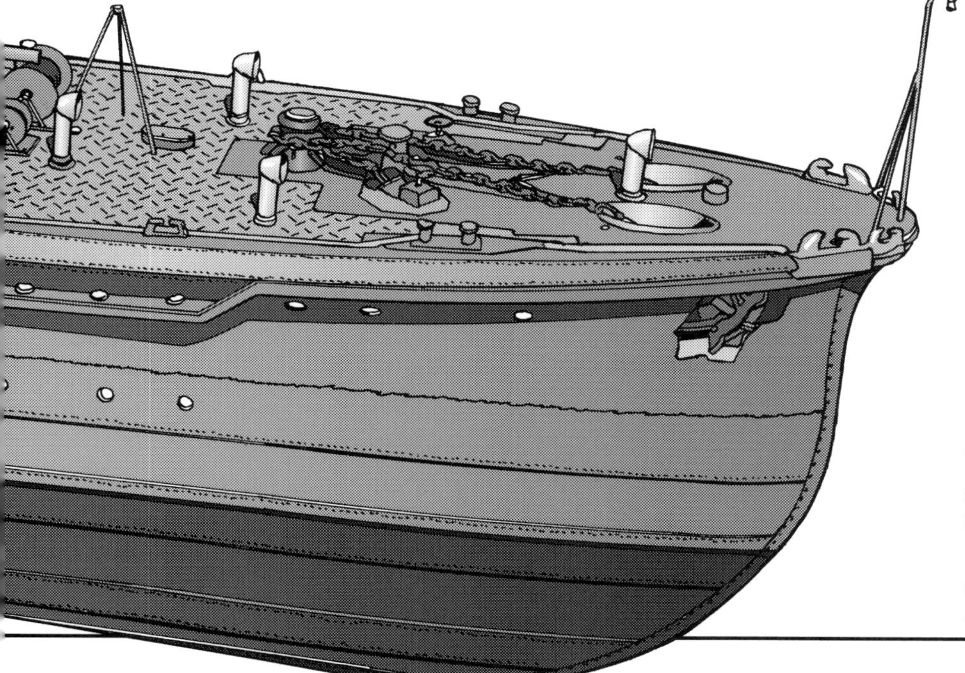

「睦月」型に搭載された魚雷発射管は「十二年式三聯装発射管」と称するもの……と、ここまでで述べてきた。真ん中の魚雷発射管が160mm高くなっている、という特殊性も述べた。

今回、その魚雷発射管に魚雷を装填している姿を描いたのだが、人間と魚雷との対比を描き、改めて魚雷とは巨大な兵器なのだなと感じ入るのと同時にこんな巨大なものは運ぶのは大変だろうなとも感じた次第だ。上甲板上にこの巨大な魚雷を労力少なく運搬する魚雷運搬軌条があると図でも描いたし、説明をしてきたのだが前述のとおり、本魚雷発射管は真ん中の管だけ他の発射管と高さが異なるのだ。魚雷は重い！　とても人間の手で持ち上げられるような重量ではない。魚雷を運搬する台車「魚雷運搬車」にこの発射管高低差を調整するジャッキ機能が付いているものと推測した。何しろこの運搬車の資料が無いのだ。推測でしか述べる事が出来ないのがもどかしい。

主文でも述べたが発射管装填の魚雷を撃ち切ったら魚雷格納所から魚雷を運び出す必要が出て来る。艦首魚雷発射管に向うには装載艇を舷外に振り出す必要があり、これを恙なく通過した先では魚雷発射管高に合わせて運搬車上の魚雷位置を変えねばならないという面倒が待っている。これを発射管数の3回、繰り返す必要がある。敵艦の位置が魚雷発射に相応しい絶好の瞬間というのは物凄く短い。そんな数秒を争うときにこんな面倒な移動と装填はふざけるなという思いしか出ない。

「睦月型駆逐艦」船体中央部

ここでは「睦月」型に設置された前後の煙突とそれらで挟まれる「二番十二単装砲」を図説する。筆者が好んで描くもう見馴れた構図である見開き図で描いてしまうと、とても簡素な上構に感じ、何故これが作画に手間取ったか疑問に感じてしまう。実際筆者も下描き時にそう思っていた。下描きを始めて奇っ怪さや、とても凝った構造に気付き、描いては直すの繰り返しで、とても時間がかかってしまった。

前後の煙突だが、一見、同じものに見えてしまうがそれは間違いだ。この前後の煙突は『似て非なるもの』だ。前／後煙突は各､2つずつの罐からの排煙を「外筒」で一見1本の煙突に纏める、というスタイルは我が国艦艇では見馴れた煙突であり、またシステムであるのだが排煙効率や前煙突からの排煙が後煙突にブチ当たって排煙が乱れるのを避けるために後煙突は低くなっている。更に前後部煙突「外筒」前後には「蒸気捨管」が基本装着されているのだが前後部煙突ではこれの位置が異なる上に後部煙突では更に2本、小煙突が追加されている。追加のは士官用烹炊室煙突と兵員用烹炊室煙突だが、これの設置角度はフネの進行方向に対し平行ならばまだ赦せるのだが妙な角度で設置してあったりと、実に描き甲斐のある煙突たちであった。「睦月」型竣工90年後に『烹炊室煙突の角度があって描くのが大変だ』と筆者が叫び悩んでいるのを「睦月」型駆逐艦設計者たちは草葉の陰で『まだ尻が青いの〜、苦しめ！』と腹を抱えて笑っていることであろう。

そして……「二番十二糎単装砲」が乗る操作フラット部分だ。てっきり筆者は射界と射程を確保する為に上甲板より一段高い場所に設置しているものとばかり思っていたが……別図を御覧になってくださると幸甚だが、単装砲を支える支柱を兼ねた主機への「通風筒」であることが判明、面白いことを考えたなあ……と思う反面、後述するが、ここがネックにもなったのかな……とも思えた。何しろ、「睦月」型はのちに登場する多種多様な艦隊随伴・艦隊決戦用駆逐艦の先駆けとなったフネだ。筆者が好み愛する大戦末期艦艇らとは大きく異なり連合国側に宣戦布告前の、艦隊決戦にどう持ち込むかを夢想する希望に満ちた時期のフネだ。冒険的な設計箇所があっても良いと思う。

本見開きでは引出線は部位配置説明に留め、細部は次ページにて述べる。

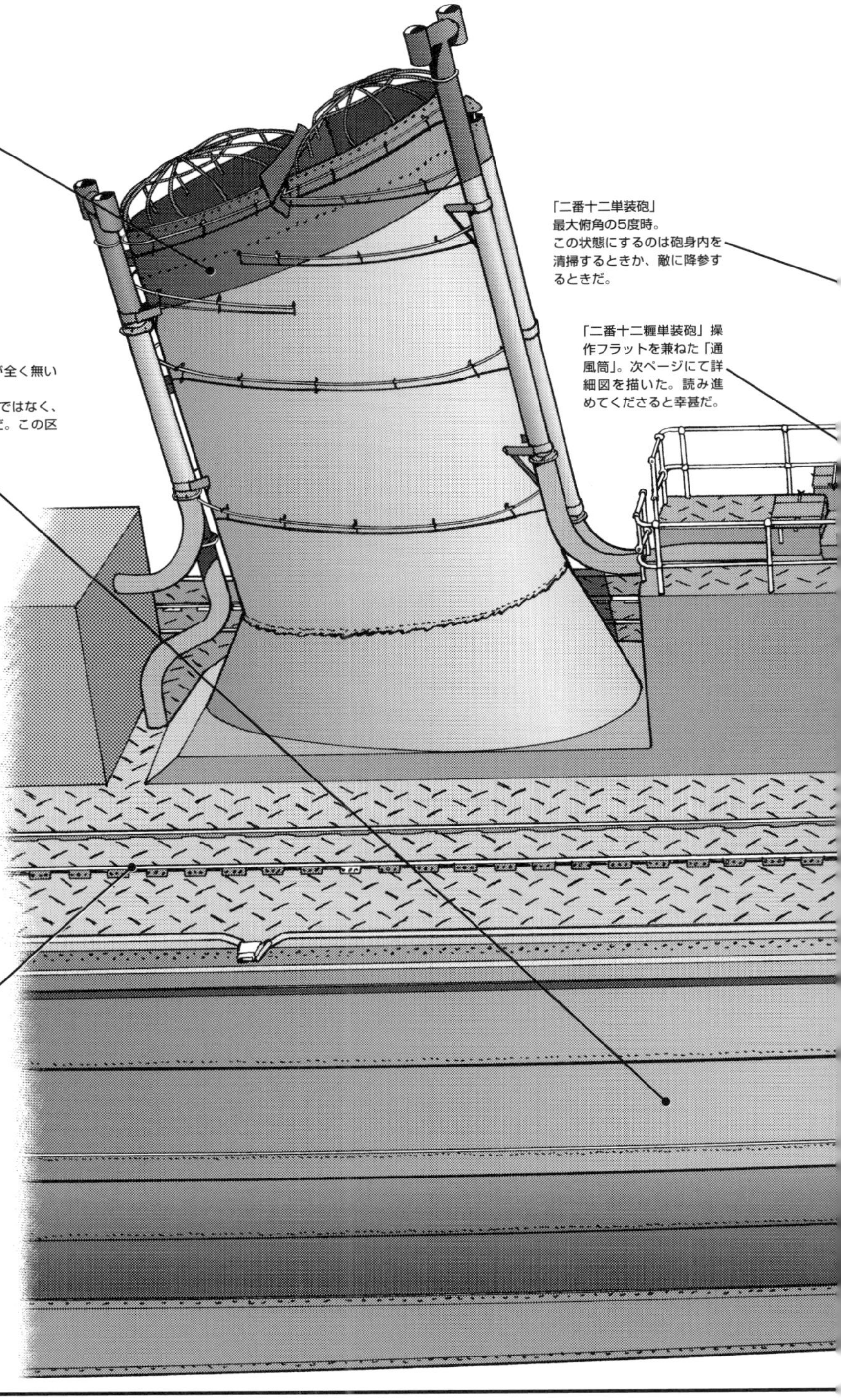

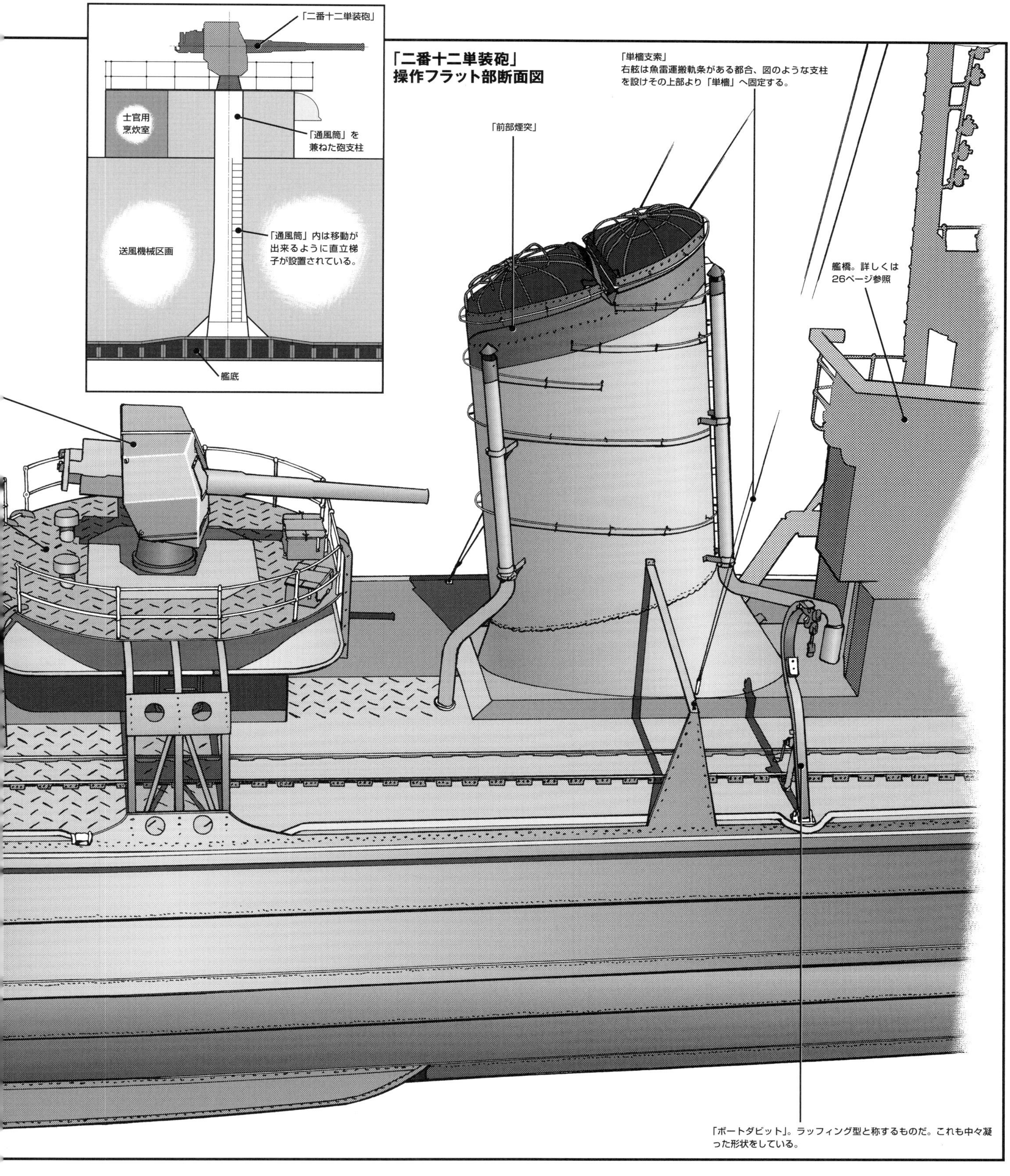

「二番十二単装砲」
操作フラット部断面図

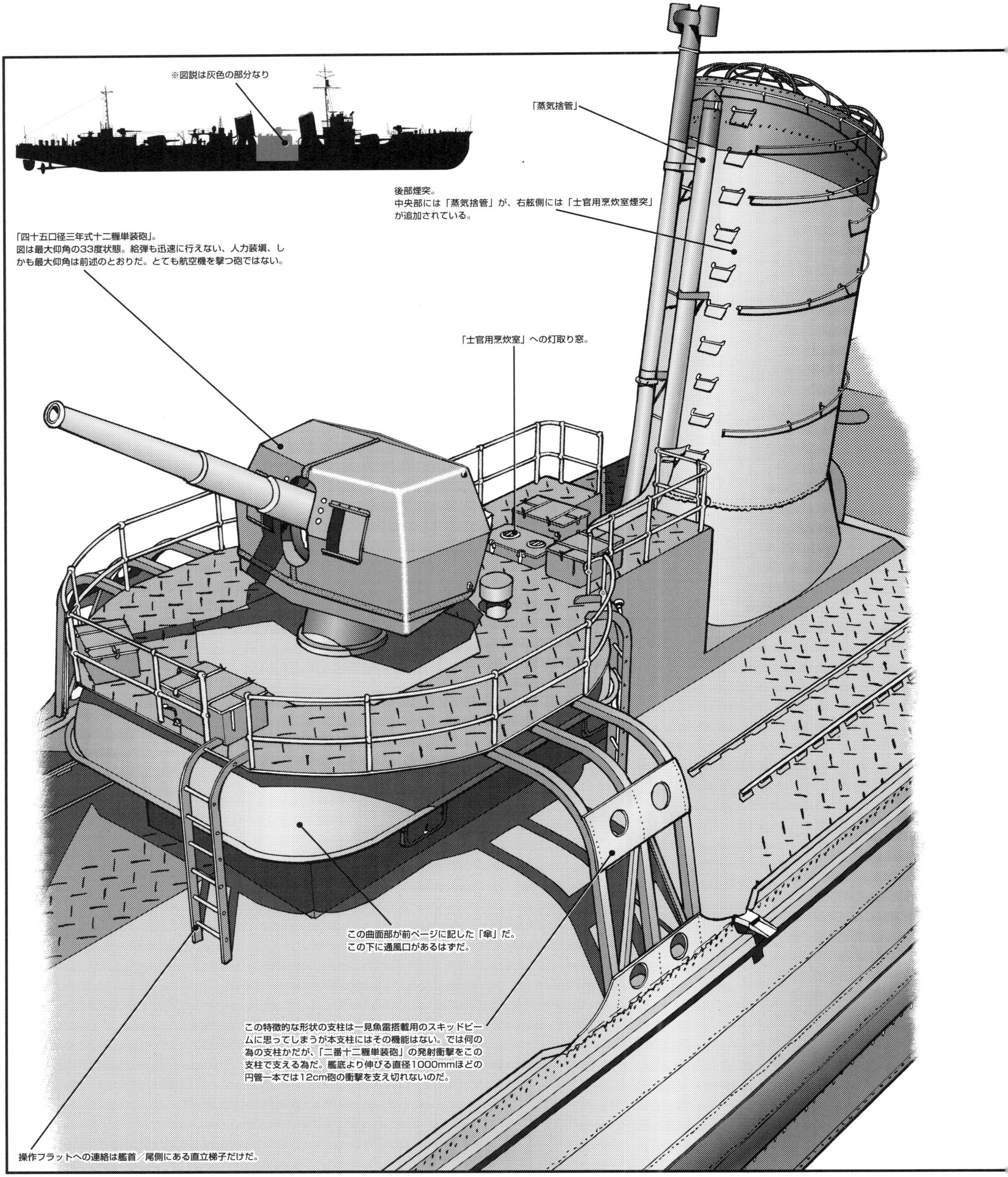
※図説は灰色の部分なり
「蒸気捨管」
後部煙突。
中央部には「蒸気捨管」が、右舷側には「士官用烹炊室煙突」が追加されている。
「四十五口径三年式十二糎単装砲」。
図は最大仰角の33度状態。給弾も迅速に行えない、人力装填、しかも最大仰角は前述のとおりだ。とても航空機を撃つ砲ではない。
「士官用烹炊室」への灯取り窓。
この曲面部が前ページに記した「傘」だ。
この下に通風口があるはずだ。
この特徴的な形状の支柱は一見魚雷搭載用のスキッドビームに思ってしまうが本支柱にはその機能はない。では何の為の支柱かだが、「二番十二糎単装砲」の発射衝撃をこの支柱で支える為だ。艦底より伸びる直径1000mmほどの円管一本では12cm砲の衝撃を支え切れないのだ。
操作フラットへの連絡は艦首／尾側にある直立梯子だけだ。

この見開きでは前／後部煙突に挟まれた「二番十二単装砲」操作フラットとその下の上構部「通風筒」について述べる。一般的には「通風筒」というと文字通り筒を思い浮かべるが､「睦月」型のそれは図のような凝った小屋だ。恐らく「睦月」型のここをしつこく述べるのは本項だけだろう。それくらいに資料が少ないので細部はいつものとおり筆者の推測が入っていることをここに断っておく。

前ページで前／後部煙突の高さが違うと述べたが詳しい寸法を示す資料がなく、写真判定等、筆者の目測で恐縮だが300～320mmほど差がある。こんな差ならば大して排煙効果には差がないだろうに……と苛立たしく思うが先人たちが何度も模型等で検証し導き出した値だ。畏敬の念を持とう！

「二番十二糎単装砲」真下、砲架真下より直径1000mmほどの円管が艦底まで達し、「通風筒」と砲を支える支柱を兼ねている……というのは前ページの断面図で述べたとおりだがこの円管に面積は不明だが大きな面積の切り欠きを設け、ここより主機のボイラーへ給気をする。支柱を通しての通風は理解したが、上構よりどうやって通風する『方法』だが、何とも凝っている。

図の「二番十二糎単装砲」操作フラット下に部屋になった上構があり、その上構前・左右面に電燈の傘のように下向きに開口した覆が取り付けられここより給気をする。既に操作フラットがあるので雨水などは入り込まないだろうが、「睦月」型はフネなのだ。防風もあるだろうし、不意の潮などが入り込まないように気遣った結果だろう。

残念ながらこの下向きに開口する覆の下がどうなっているかを示す資料がないのが実に悔しい。

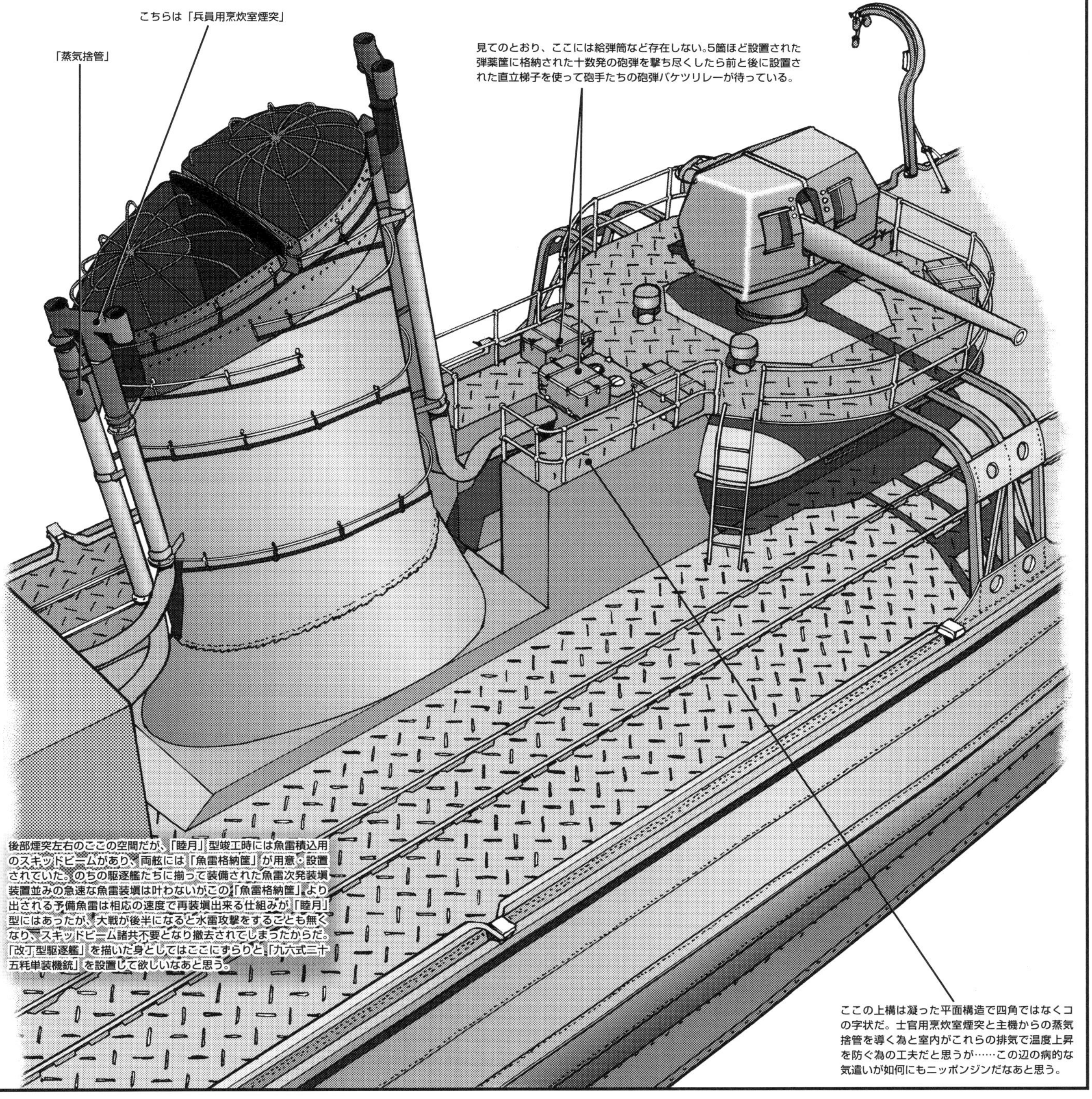

「睦月型駆逐艦」船体前部左舷

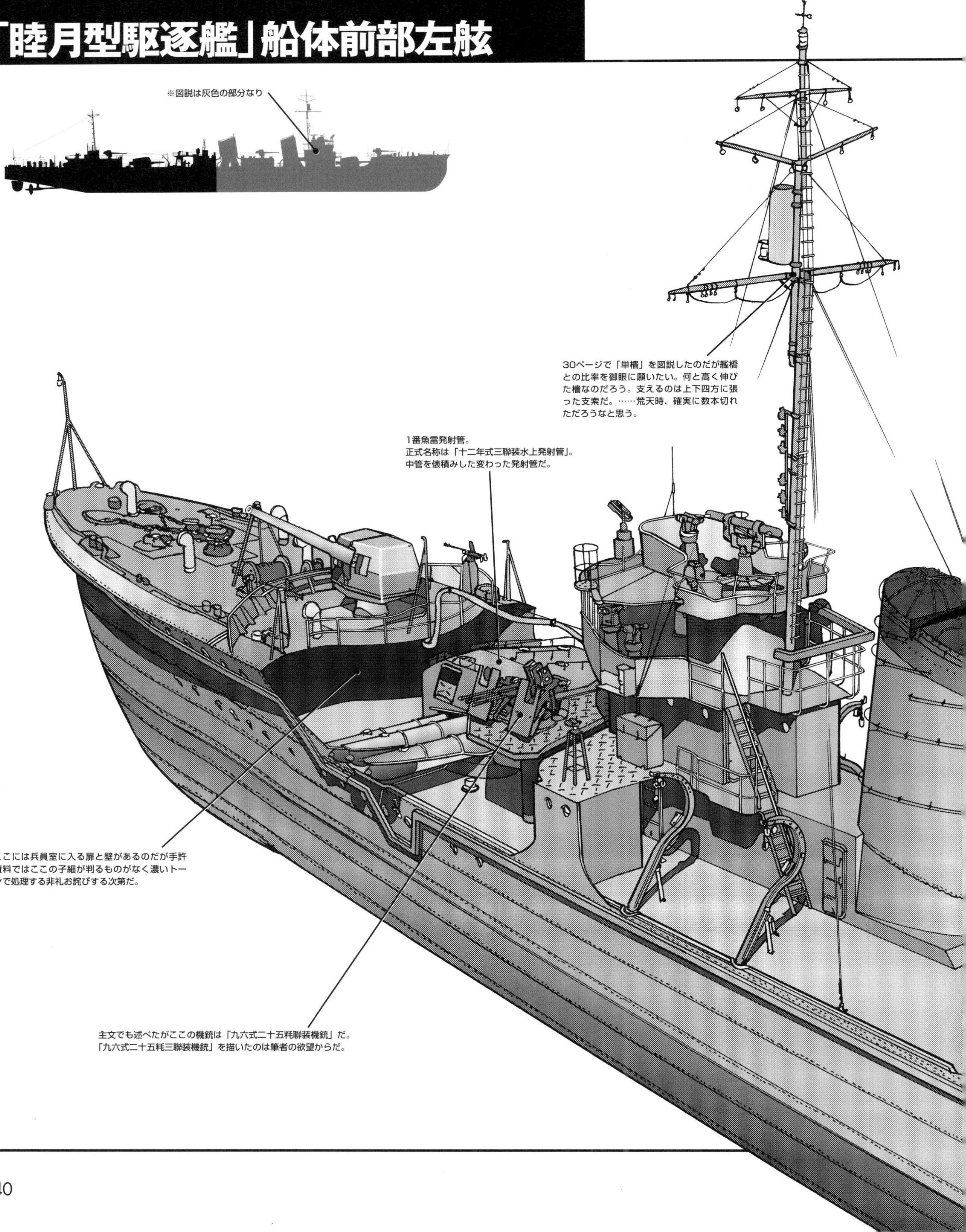

ここではこれまで描いてきた「睦月」型の細部を一枚に纏めた見開きを描き、色々と筆者が思うことを述べて行こう。
36～37ページで「二番十二単装砲」と「通風筒」を兼ねたその支柱について思うトコロがあると述べたが、それをここで記そうと思う。
前見開きにて、その支柱には面積は不明だが通気用の開口部がある、とも述べたがこの開口部にて直径1000mm程もある頑強な円管も強度が大分落ちているだろうと推測する。それを裏付けるように操作フラット左右に設置された特徴的な支柱が存在するのだが、支柱円管頂部に乗る「四十五口径三年式十二糎単装砲」が仰角が33度、オマケに人力装塡、駄目押しに給弾方法も人力という対空砲能力が無いに均しい砲故に29ページではこの砲を単装高角砲に換装してはどうだろうかと提案をしてきたし、何故こんな偏った砲を「睦月」型は使い続けてきたのだろうか？　と……ずっと疑問だった。その一つの理由が前述の「通風筒」を兼ねた支柱円管強度の都合でそれが叶わなかったのではないか……と思えてきた。円管支柱の強度を高める為にこの円管をもっと厚みのあるものに換装するというのは莫大な手間が掛かるものと推測する。それは戦闘艦艇に搭載された砲バーベッドをそっくり換装するに近い大改装に思えてくる。
こんな「通風筒」と砲の支柱を兼ねた凝った構造を採っていなかったら……と一言言いたくなってしまった。
艦艇の敵が航空機になるという未来予想が大正時代の設計者たちの思慮になかった故の設計で「明日、何を食べようか」という予測すら出来ない筆者がこれを責めるのは……全く詮無い事だが、この汎用性が無い砲のせいで12ハイも居た「睦月」型が自衛出来ず全て戦中に戦没してしまったように思えてならない。この「四十五口径三年式十二糎単装砲」を「九六式二十五粍三聯装機銃」に換装したほうがずっと有効に思えるし、折角強度ある特徴的な左右に設置された支柱があるのだから左右にぶち抜いて「九六式二十五粍三聯装機銃」を並列に設置して欲しかったとも思ったりもした。
そのやりきれない思いを小出しに達成すべく本見開き図の艦橋前に設置された「九六式二十五粍聯装機銃」を「九六式二十五粍三聯装機銃」に置き換えて描いてみたがイケそうな雰囲気だ（笑）。
「睦月」型は大正時代のフネだと述べた。
別図で描いた魚雷だが、これは「八年式六十一糎魚雷」だ。
この時代の魚雷というのは戦艦さえも1発でも被弾したら戦闘能力を奪う程に強力なものなのだが反面、魚雷本体の強度は弱く、極力低い位置から射出しないと海面に叩きつけられる衝撃で魚雷が破壊してしまう。
前述の「四十五口径三年式十二糎単装砲」が設置された操作フラット上から本魚雷を撃とうものなら確実に着水の折りに破壊してしまう。
低い位置のウエルデッキに魚雷発射管を構えるというのはこういう理由もあったからだ。

「八年式魚雷」
全長8415mm。直径は61cm。重量は1625kg。炸薬量は345kg。射程は27ノットで20km 、最大速度の38ノットで10km航走する。石油を空気で燃焼させ、レシプロ機関で推進する為に二重推進器回転軸より見事な航走泡を残す為に相手に発見されやすい。
寸法だけ記しても大きさがピンと来ないだろうということで身長169cmの人物を描いた。……え？　何故この身長だって？　筆者がこの身長だからだ。

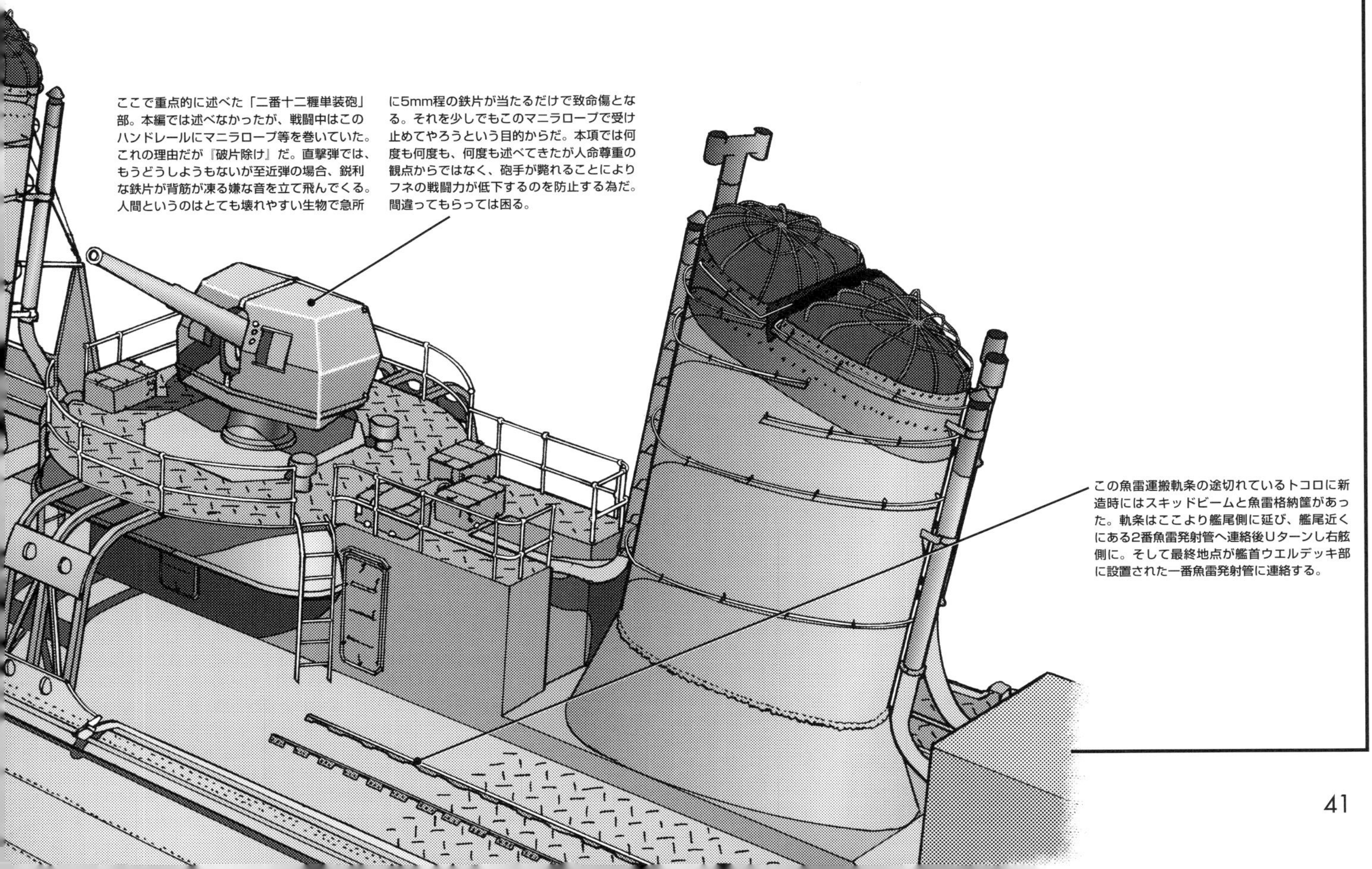

「睦月型駆逐艦」後部魚雷発射管・兵員用烹炊室

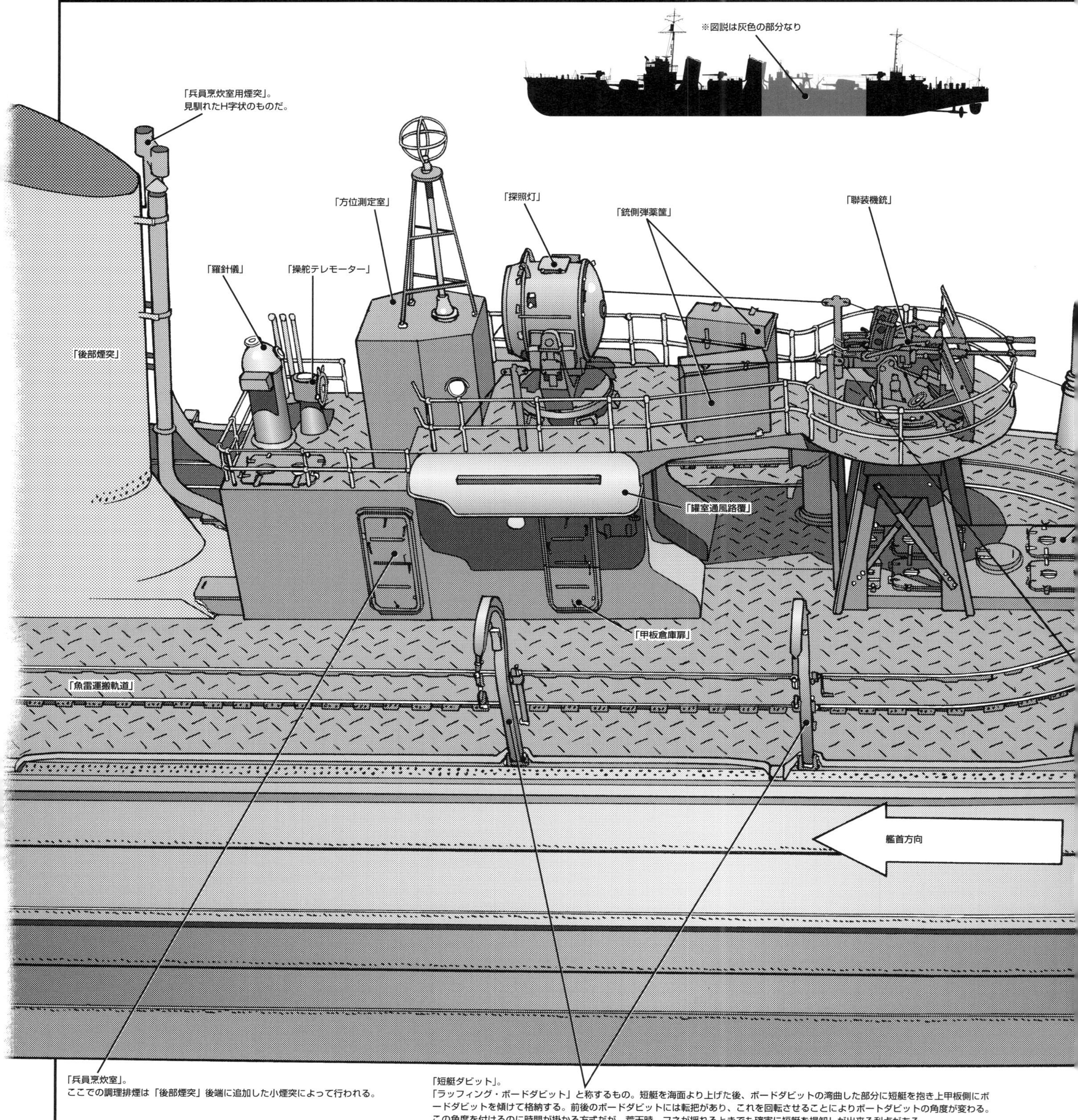

「兵員烹炊室」。
ここでの調理排煙は「後部煙突」後端に追加した小煙突によって行われる。

「短艇ダビット」。
「ラッフィング・ボードダビット」と称するもの。短艇を海面より上げた後、ボードダビットの湾曲した部分に短艇を抱き上甲板側にボードダビットを傾けて格納する。前後のボードダビットには転把があり、これを回転させることによりボートダビットの角度が変わる。この角度を付けるのに時間が掛かる方式だが、荒天時、フネが揺れるときでも確実に短艇を揚卸しが出来る利点がある。

一発でも命中すれば撃沈、それが叶わなくとも戦闘能力は確実に失わせる大威力61cm魚雷発射能力を持った我が国初の駆逐艦「睦月」型。艦隊決戦前にこの大威力大型魚雷で相手艦隊を漸減・混乱させる言わば我が国が目論んでいた艦隊決戦成功への足がかりとなる重要なフネであった。高速航走を達成すべく主機に仕方なく船体を付けたと揶揄されるオマケみたいな華奢な船体に強力な主機の組み合わせたる駆逐艦とは実に血の気の多いフネだ。こんなフネに乗る駆逐艦乗りは、とにかく熱い。魚雷さえ敵に命中させることが叶えば死んでもいい、言い換えれば魚雷を当てるまでは何が遇っても死なないぞ、と、宗教的要素が入った考えを抱くのも駆逐艦乗りだ。そんな『自らの命と引き換えに命中を願う』ほどの魚雷第一と考える魚雷発射管などについては22ページで紹介した。ではその魚雷をどうやって「睦月」型に積込むのかをここでは述べて行こうと思う。

ここから図説する箇所はこの見開きに描いた「後部煙突」より後、「二番三聯装魚雷発射管」までの上部構造物区画図説だ。図に描いたこの区画は艦首より次々と配置されたテッポウ等の砲熕兵器や魚雷発射管らを押込んだ相手艦艇に引導を渡す血の気の多い物騒な区画とは異なり「方位測定室」や「探照灯」など、フネの航行や保安に関する備品や夜戦時に相手を照らす装備を集めた区画であり言わば武装の中休み的な区画とも言える。「後部煙突」後、この武装の中休みは我が国駆逐艦の特徴であるのだが、この『特徴』が大正時代の設計・建造された『古いフネ』である「睦月」型にも取入れられている、というのは意外に感じたりする。とは申せ、この『武装の中休み区画』配置を取入れたのは「野風」型からであり、次々型となる「睦月」型では我が国駆逐艦デザインが確立してきたというべきだろうか。「睦月」型が建造された大正時代から改元、昭和に入り、それも各種戦訓を盛り込んだ末期型駆逐艦や「一等輸送艦」に代表される戦時急造輸送艦などはこの区画周辺に隙間を見つけては稲作のようにびっしりと単装機銃を配置するのが基本。しかし「睦月」型は、それに逆らうように艦隊決戦を夢想していた時代のままであるなとも思う。この『サッパリした区画』であるが故に作画は簡単だろうと油断したのではあるのだが。

トコロがだ、この『武装の中休み』区画に「睦月」型が一皮剥けることなく次々と斃れて行った原因があるように感じた。それが何かなのは後述するが配置形式がどんどんと踏み固まって行く、研ぎ澄まされて行く中で「睦月」型は先を見据えることが出来なかった悲しいフネであるのだなあという強い思いを抱いた。

それらを順に述べて行こうと思う。

本見開き図の引出線は装備の位置理解と名称説明とし、次ページ以降で解説しないものに関しては解説文を付けることとした。それら以外の説明解説は次ページよりとしたい。

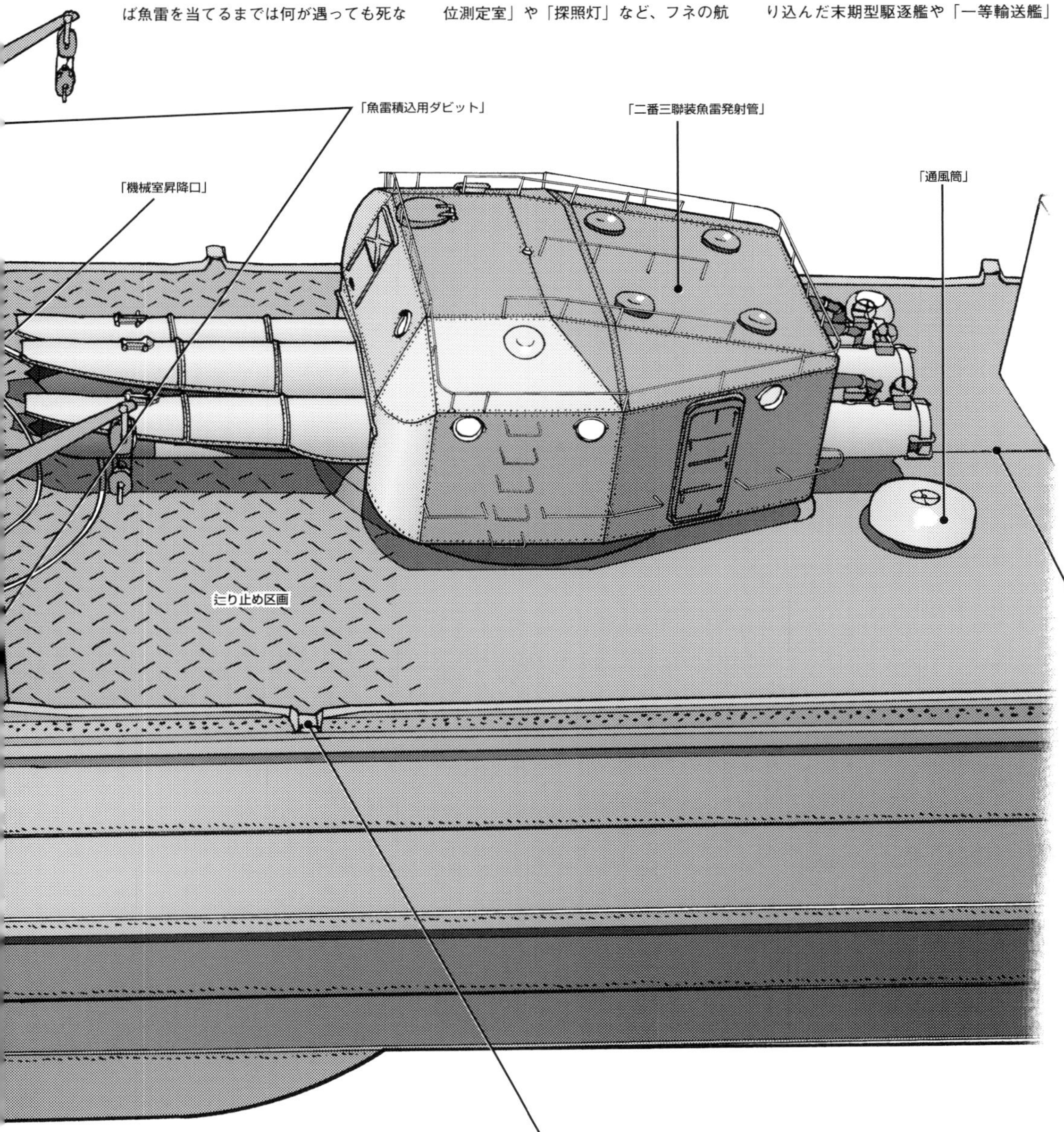

上甲板にはキャンバー角が付いている。潮を被っても迅速に排水される構造だ。
明確な資料がないのだが「睦月」型のキャンバー角は他の駆逐艦より大きいものに感じる。

「スパンウオーター」。
上甲板の水はけを良くする為のキャンバー角によって上甲板に被った潮は舷外側に流れるが、そのまま舷外に無秩序に垂れ流しとすると舷窓に掛かってしまうので決められた箇所から纏めて排水するための工夫だ。図は樋を格納状態。

【兵員用烹炊室並機銃操作フラット周辺図】

本見開きで特筆すべき箇所は「方位測定室」と、「後部操舵所」のふたつだ。これらは後述するとして、この上部構造物についておおまかに述べておく。上甲板上に構えた兵員用烹炊室と上甲板倉庫、そして各種通風路を合体、一纏めにしたのがここの構成だ。その天蓋上に7角柱という何とも奇っ怪な形状の小屋と闇夜を煌々と照す探照灯が設置され、渡り廊下調に上構天蓋を延長した先に頑丈そうな台形支柱上に聯装機銃が備え付けられる……というものだ。まずはその天蓋上で一際目立つ7角柱の小部屋から述べたい。その小屋の天蓋上部には3脚の櫓が立ち、地球儀みたいな形状の物を掲げているが、ここが「方位測定室」だ。その「方位測定室」と「後部煙突」との間にある空間が「後部操舵所」だ。

戦前、我が国海軍が大変な目に遇った「第四艦隊事件」は様々な小説などにより広く戦後に周知された大規模な海難事故だ。台風で大荒れになった海域で艦隊訓練を強行し参加艦艇が大被害を蒙ったものだがここで図説する「睦月」型駆逐艦も参加、被害を受けた。具体的に記すとフネの頭脳たる艦橋に高波が直撃、華奢な船体の駆逐艦、それも「睦月」型の艦橋は軽量化の為にキャンバス地天蓋だったので高波直撃により艦橋は瞬間的にかつ、無抵抗に圧壊、艦橋配置要員は艦長を含め圧死や流され操舵力が一瞬で失われてしまった……と、これは27ページの艦橋部の図説でも述べたが、一水兵さんが咄嗟の判断でこの後部操舵所に就き、艦首を波に向ける操舵を続けることにより沈没は免れた逸話は有名だが、その操舵を続けた場所がこの図に描いた「後部操舵所」だ。

筆者が割愛し屋根を描かなかった訳ではなく、文字通りここは吹きっ曝しの空間で照明も何もない上に巨大な煙突が立ちふさがり前は見えず羅針儀と舵輪が付いた「操舵テレモーター」、申し訳程度の伝声管があるだけで、前も後ろも判らない程の暗闇で、叫び声も聞こえないほどの猛烈な風雨と艦橋を易々と圧壊させる途方もない大波浪が次々と押し寄せる。そこでひとりで小さい舵輪を握りつづけるその献身さは有難くて後光が差すほどだ。冒頭に駆逐艦乗りは宗教要素が入ると冗談半分で述べたが、この状況下では宗教的な要素がなければ為し得ない操艦だと思う。

オマケに舵輪と伝声管の位置が離れている。操舵を続ける水兵さんが他要員を喚ぼうにも伝声管に向うには舵輪から手を放さねばならない配置だ。本来ここは操舵員と伝令と羅針儀を睨む要員の3人が絶対に必要な場所だが……よくもまあ、そこをひとりで踏止まったよなあと感心する。荒海で艦橋が圧壊時に艦橋より発せられた「応急操舵！」の一言があったからここに水兵さんが馳せ参じ急場を凌いだ幸運もあるが、周囲が艦橋圧壊で茫然自失する中、フネが波に艦首を立てるのを見て気付いた乗員らがこの後部操舵所に駆けつけ、

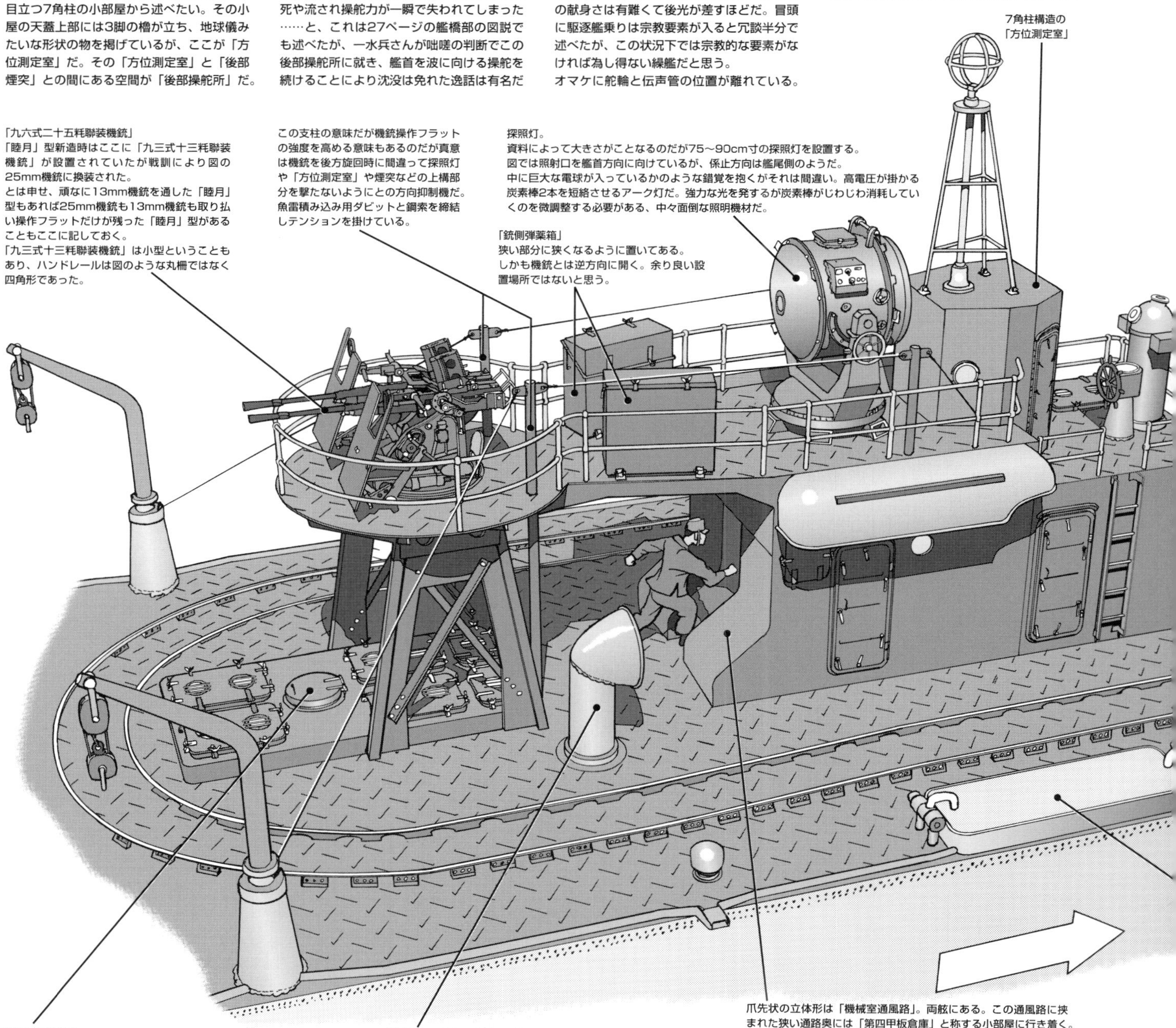

「機械室昇降口」。
機械室の灯取り機能も兼ねており、丸窓が10もある。それらに挟まれる形で丸形のハッチがある。

機械室へのキセル型「通風筒」。人が入れそうな大きなものだ。キャンバー角に沿った設置をしているので外舷に3度ほど傾いた状態だ。
荒天時は取外すか後ろに向けるのだろう。

爪先状の立体形は「機械室通風路」。両舷にある。この通風路に挟まれた狭い通路奥には「第四甲板倉庫」と称する小部屋に行き着く。これは上構両舷にある「上甲板倉庫」とは区切られた別倉庫だ。そこまでして小部屋を作りたいその意図はやや不明だが、ここの存在を描いたのは恐らく筆者は初めてだろうとニヤついている。

やっと連繋のとれた配置になった……とのことだ。助け合いの精神とかシーマンシップとか……コトバは色々出るが自分はどうなってもいい、という滅私奉公な思いが根底にあるからこういうことが出来たんだろうと筆者は思うし、この考えの延長線上には43ページで述べた『魚雷を当てるまでは死なない』という精神論に行き着くんだろうと思う。……正直、こういう熱い考えに筆者は包まれたいと思う。

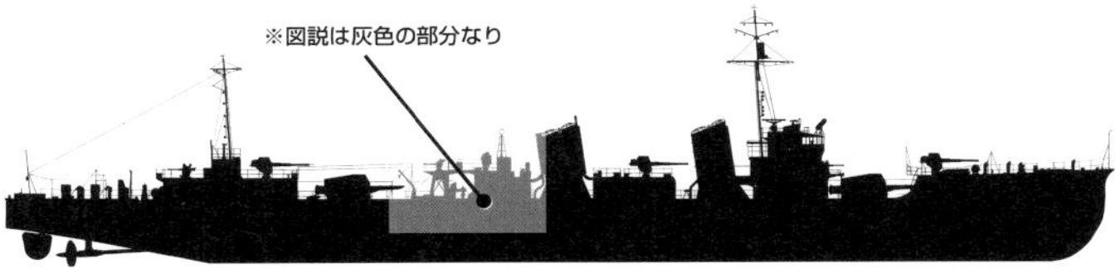

上構天蓋、「方位測定室」より、一段高い構造になっているのは高くなっている部分に海水タンクが入っているからだ。この高所に設置された海水タンクの落差を使って「流し場」へ勢い良く海水を流し込むことが出来る。洗濯物や野菜、使い終わった食器などをここで洗っただろう。当然、すすぎには真水を使わないとダメだが。

「方位測定室」。
具体的な寸法を示す資料がないのだが、幅は1400mm角の空間となっている。出入口は右舷傾斜部の扉のみ。別記した海水タンクの段差を机として使う為、座る方向は艦尾方向へだ。
大変に狭い空間だ。2人入ったらもう狭くて暑くて堪らない空間だろう。
ここの目的は電波灯台より輻射される電波を受信し、自らの位置をチャート上に記す為ものだ。確実に自らの位置を測定するには2局2波以上の電波を受信する必要がある。戦中の電波灯台はどうなっているか不明だが、筆者が実習で扱った戦後のものは電波灯台の名称を3文字のモールスとし、これが常時輻射されており、枠形空中線を旋回させ電波の一番強い角度を計測、チャートに記入する、というものだ。2局からの交点が自らの位置となる。荒天時で天測が出来ない時などの現在位置を知る為の大変重要な装備だ。

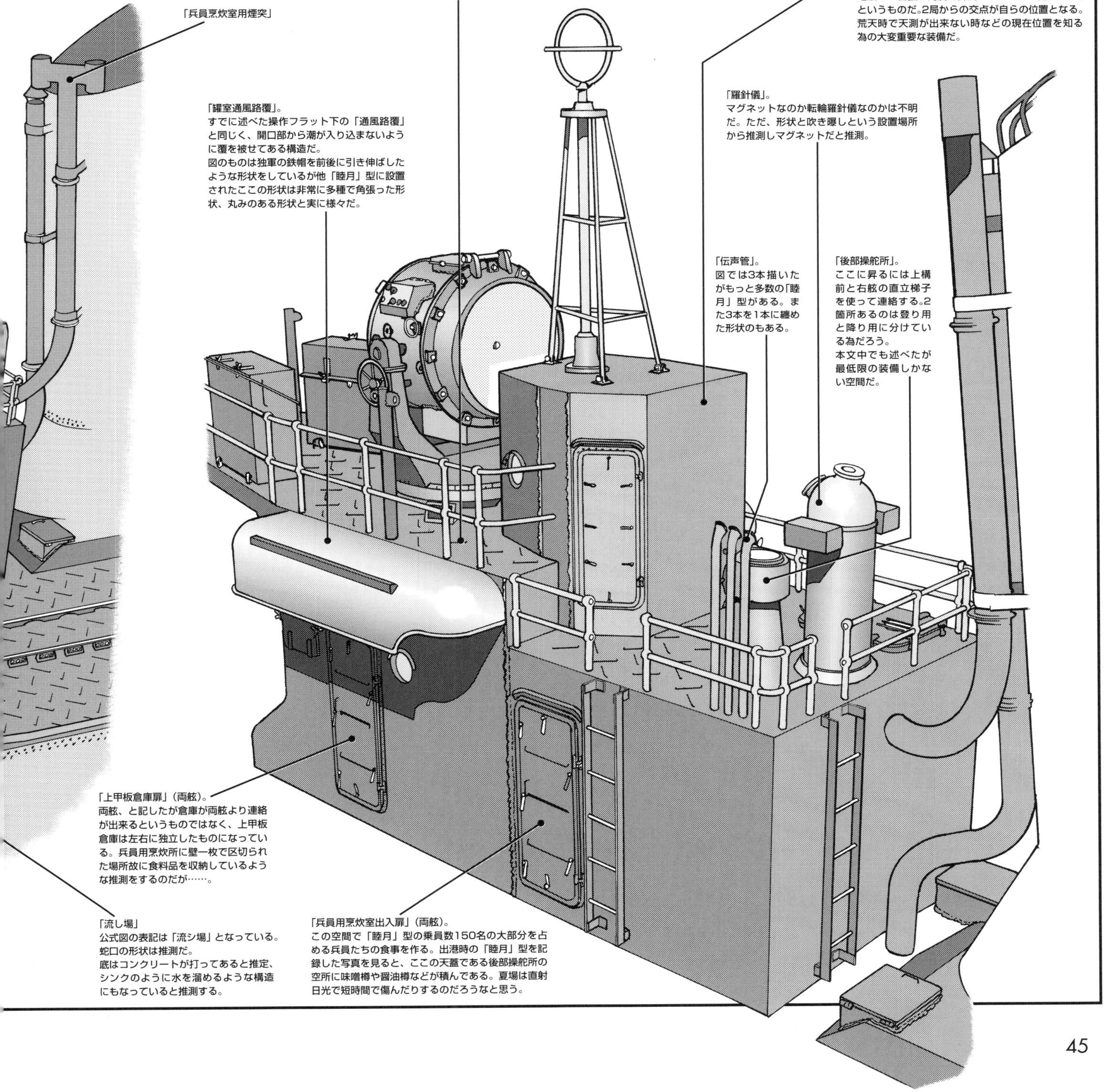

「兵員烹炊室用煙突」

「罐室通風路覆」。
すでに述べた操作フラット下の「通風路覆」と同じく、開口部から潮が入り込まないように覆を被せてある構造だ。
図のものは独軍の鉄帽を前後に引き伸ばしたような形状をしているが他「睦月」型に設置されたここの形状は非常に多種で角張った形状、丸みのある形状と実に様々だ。

「羅針儀」。
マグネットなのか転輪羅針儀なのかは不明だ。ただ、形状と吹き曝しという設置場所から推測しマグネットだと推測。

「伝声管」。
図では3本描いたがもっと多数の「睦月」型がある。また3本を1本に纏めた形状のもある。

「後部操舵所」。
ここに昇るには上構前と右舷の直立梯子を使って連絡する。2箇所あるのは登り用と降り用に分けている為だろう。
本文中でも述べたが最低限の装備しかない空間だ。

「上甲板倉庫扉」（両舷）。
両舷、と記したが倉庫が両舷より連絡が出来るというものではなく、上甲板倉庫は左右に独立したものになっている。兵員用烹炊所に壁一枚で区切られた場所故に食料品を収納しているような推測をするのだが……。

「流し場」
公式図の表記は「流シ場」となっている。
蛇口の形状は推測だ。
底はコンクリートが打ってあると推定、シンクのように水を溜めるような構造にもなっていると推測する。

「兵員用烹炊室出入扉」（両舷）。
この空間で「睦月」型の乗員数150名の大部分を占める兵員たちの食事を作る。出港時の「睦月」型を記録した写真を見ると、ここの天蓋である後部操舵所の空所に味噌樽や醤油樽などが積んである。夏場は直射日光で短時間で傷んだりするのだろうなと思う。

【魚雷積込状況図】

本見開きでは「睦月」型艦上に魚雷を積み込む作業を描いた。43ページで勿体付けて述べた『核心』部分でもあるこの部分を図説しようと思う。
この図を描いていて驚いたし、あきれ返ったりもした。というのも「睦月」型というフネはギリギリの設計だったのだな、ということを思い知ったのだ。
図に描いたのは直径61cmの「八年式魚雷」を「睦月」型に積込作業をする場合、左右舷に設置された「魚雷積込用ダビット」で魚雷を吊る前に「二番三聯装魚雷発射管」の筒先を艦首方向へ向けた係止位置から図に描いた右舷後方に向けないとデリックで吊った魚雷が「魚雷運搬軌道」上に回転出来ないのだ。一連の積込作業で発射管の向きを変えるというのは「睦月」型の「一番三聯装魚雷発射管」もそうだし、他駆逐艦でも行う一般的なものだが「睦月」型はもっと苦しく面倒だ。
具体的に記すとこの作業中、「八年式魚雷」弾頭部は機銃操作フラット右舷支柱と、「八年式魚雷」推進器部分は「二番三聯装魚雷発射管」左舷と、ほんの僅かな余裕しか無い、文字通りここを撫でるような感覚の実に際どい配置なのだ。そう。「八年式魚雷」のみを運用する寸法で機銃操作フラット位置、魚雷積込用デリック、魚雷運搬軌道、そして魚雷発射管が設置されているのだ！
23ページの魚雷発射管の紹介で「睦月」型は「九三式魚雷」の運用は出来ないとする通説を紹介した。筆者は「無理すれば出来るのではないか？」と深く考えずに述べたが、全長8415mmの「八年式魚雷」でも際どい余裕しかないのだ。全長9000mmの「九三式魚雷」を積み込もうとすると弾頭は支柱に激突、推進器は魚雷発射管の楯にこすりつけ破損する運命が待っている。
どうしても長い「九三式魚雷」を「睦月」型に積み込むんだと何かに取り憑かれた欲求を実現するには弾頭を外し短くした状態とし、障害物の無い区画に到った後に魚雷本体と弾頭を再結合させるか、魚雷運搬軌道の障害物が無い区画に港湾施設の大型デリックで「九三式魚雷」を卸すしかない。
「八年式魚雷」が世に出たとき、もう魚雷はこれが決定版だ！ ということでこれを運用する為だけに「睦月」型の雷装は決定・完成してしまった。故にこの魚雷より数センチ長くなるだけでもう、搭載は諦めるか前述したように弾頭を再装着させるという従来の積込作業の何倍もの手間になるのだ。「睦月」型はすでに述べたとおり、備砲が対空射撃が大変に苦手なものであり、それを高角砲に換装するにはフネの強度と構造の為に難しいこと、そして今回の魚雷積込の全く余裕のない発射管と軌道位置の問題でどんどん大型化する新型魚雷運用が不可能となる発展性が全く望めない悲しいフネなのだ……と、理解することが出来た。余りにギチギチの余裕がない設計で、確かに小型高速を得たが結果として用途が恐ろしく限られたものになってしまったのだ。
将来魚雷は威力が高まるにつれ魚雷の大きさも長くなるという素人でも想像が付く簡単な未来予測が欠如し、発展性の無いフネに至った……と言ってしまえばそれっきりだが武装の中休み区画たるこの部分の、余りにタイトな配置がボトルネックとなり新型魚雷搭載すら出来ないということに陥るのは余りに切ない。
……そこで古い「睦月」型を何とか有効活用しよう！という用途探索が始まった。夢想した艦隊決戦前に殴り込みは夢のまた夢、目に映る戦局は孤立し餓えと病で蝕まれる友軍拠点ばかりだ。では、そこに補給する輸送艦として使うか、ということになり問題の「二番三聯装魚雷発射管」を撤去、その空間に補給物資をドラム缶に浮力が付く分量を上限に詰め、補給地目前の海域に投げ入れる『鼠輸送』用高速輸送艦として改装することになった。
大正時代、大型魚雷により戦局を良き方向に切り開く尖兵として期待・誕生した「睦月」型はその存在理由である魚雷発射管を撤去という死刑宣告みたいな改装を受けることになったのは……時代の流れなのか。それとも発展性の無いフネにした戒めなのか。
目先のものに飛びついて全てのものを失うという愚行は筆者だけかと思ったが「睦月」型もそれに近いものだったのか。切ない。本当に切ないフネだ。

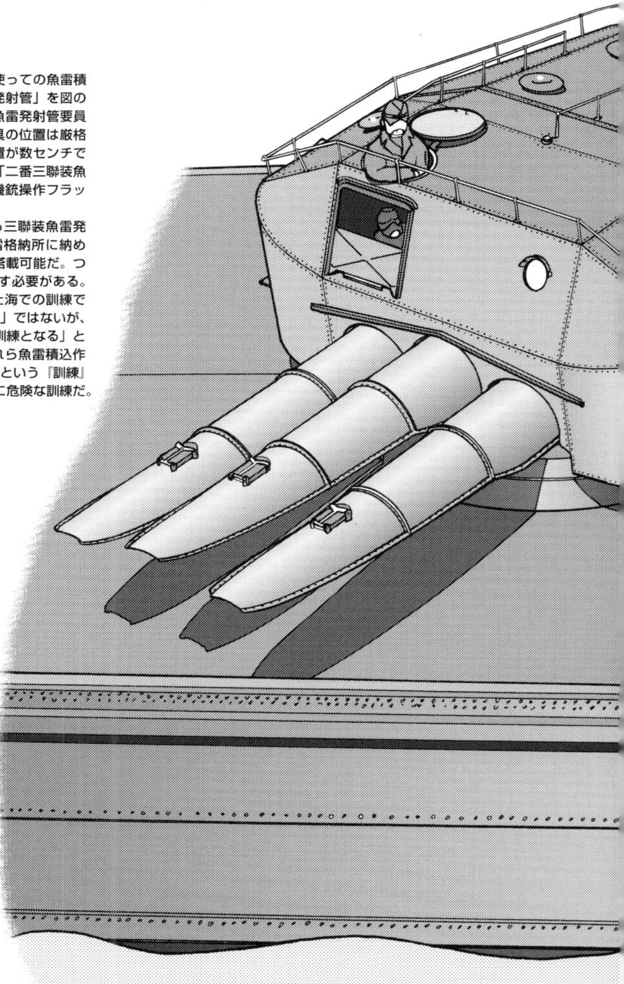

自艦の魚雷積込用ダビットを使っての魚雷積込作業中は「二番三聯装魚雷発射管」を図の角度に係止する。係止しても魚雷発射管要員は安心出来ない。魚雷吊下金具の位置は厳格に指定されているがこれの位置が数センチでも間違えると魚雷推進器側は「二番三聯装魚雷発射管」楯側面に、弾頭は機銃操作フラット支柱に激突する事故になる。
新造時の「睦月」型は2基ある三聯装魚雷発射管、全管装塡分の6本に魚雷格納所に納める予備魚雷6本の合計12本を搭載可能だ。つまり、積込作業を12回繰り返す必要がある。大作業だし、重労働だ。荒れた海での訓練で大被害を出した「第四艦隊事件」ではないが、「緊急状態で作業したからこそ訓練となる」とのコトバを信じるならば、これら魚雷積込作業も夜、限られた照明の中やるという『訓練』もあったのかもしれない。非常に危険な訓練だ。

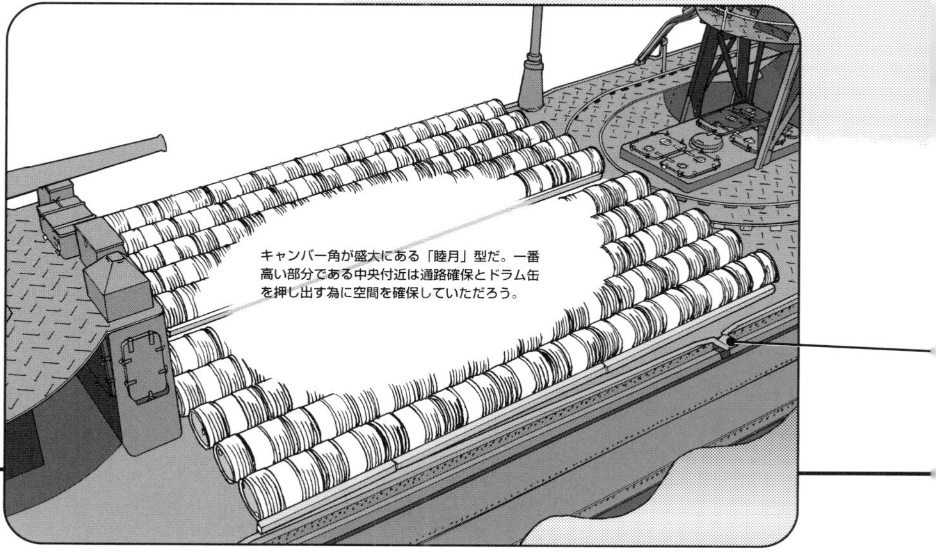

キャンバー角が盛大にある「睦月」型だ。一番高い部分である中央付近は通路確保とドラム缶を押し出す為に空間を確保していただろう。

「二番三聯装魚雷発射管」を撤去した空間にどれくらいのドラム缶が積めるかを描いてみたのがこの図だ。何しろ、「睦月」型にドラム缶を搭載した『鼠輸送仕様』を示す資料が筆者の手許に無い。因って搭載方法に付いては全て筆者の推測であることを断っておく。
敵航空機が活動を休止する日没後に現地到着するよう出港時刻を決める『鼠輸送』だ。物資を詰めたドラム缶は極力短時間で海中投下完遂させたい。この判断からドラム缶は立てずに寝かせた状態で積載しただろうと推測した。この場合、敷き詰めるようにして80本が限界だ。照明を点ければ徘徊中の敵魚雷艇が寄ってくる。したがって殆ど無灯火でこの数のドラム缶を海中投下する必要性があるので、ドラム缶は俵積みをするのは危険と判断、上甲板上に留め木で挟む形で敷き詰めた。現地部隊が回収しやすいようにドラム缶は（資料によってその箇数は大きく異なるが）索で数珠繋ぎにした状態で投入される。

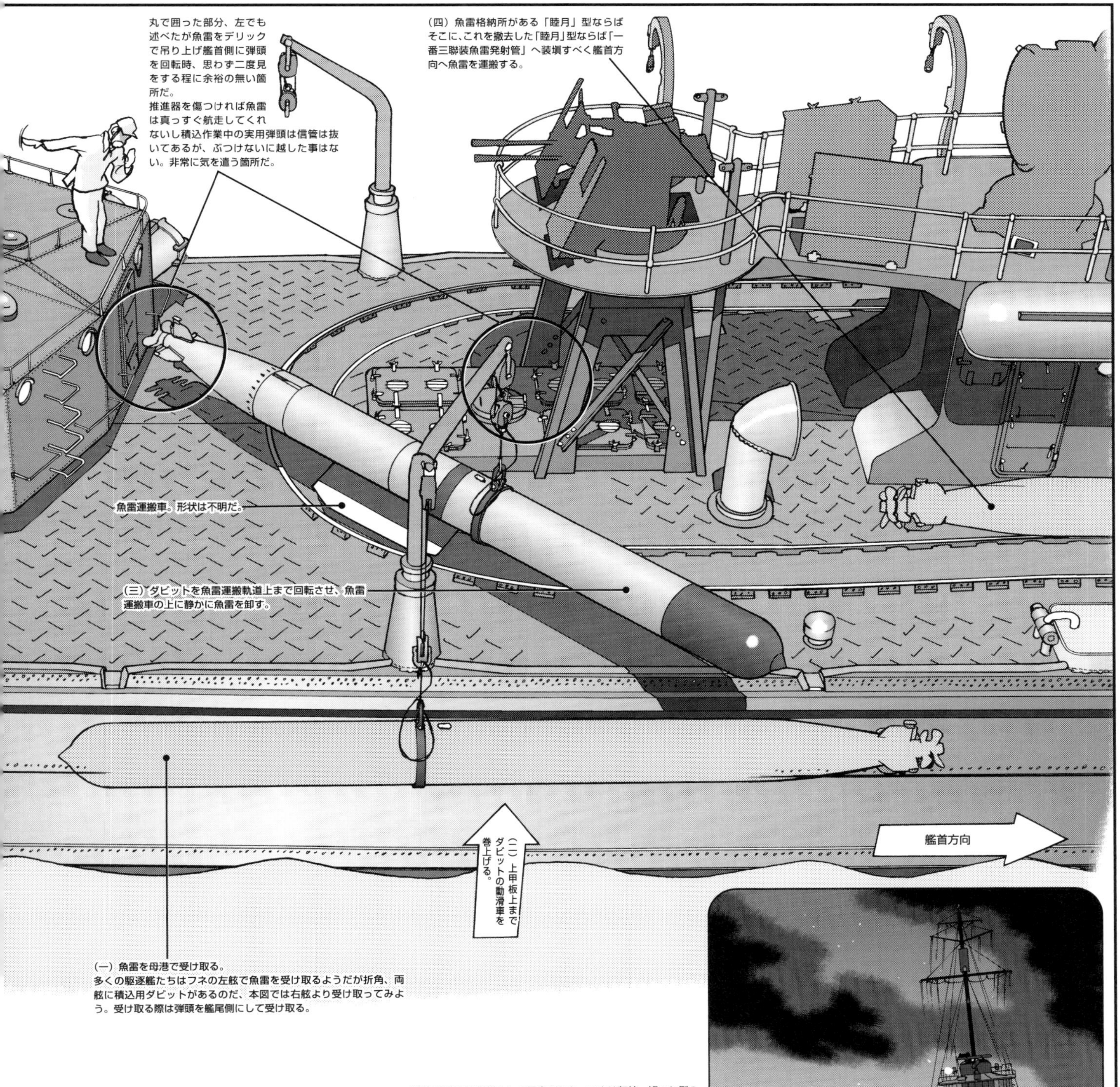

この任務遂行後、縁に貼ったスパンウオーターは原型を留めないくらいに破損するのだろうな、と推測する。「投入しやすいようにこの区画のスパンウオーターは撤去しているのでは？」と予測し数少ない写真を見たのだが……スパンウオーターは残ったままだ。

『ドラム缶投下準備！』の号令のあと、フネは転舵、傾いた側のドラム缶から投下する方がキャンバー角も手伝って迅速に海中投下出来るように思える。
これにより、船脚を停めることなく物資を迅速にフネから卸すことは叶う、良き案ではあるのだが投下したドラム缶を回収する側が栄養失調などの体力不足、また徘徊する敵魚雷艇の妨害行動により5割かそれ以上の割合で物資の入ったドラム缶たちは虚しく海没や沖に流されてしまった。成功率は1割を見込んでいた、とのことだ。80本流しても……8本が現地部隊の手にとは……切な過ぎて腹立たしいだけだ。しかしこれを行わなければ現地部隊の兵隊さんの何割かは確実に死ぬ。これも事実だ。

「睦月型駆逐艦」後部上部構造物

ここでは「後檣」を頂く上部構造物と後部甲板を述べる。
「睦月」型駆逐艦とは大威力の大型魚雷を敵艦に放つための駆逐艦として大正時代に計画・設計、大正末期から昭和初期に掛けて我が国の艦艇の中では纏まった数が建造されたと述べてきた。ダメなフネは量産はされない。海軍水雷戦力の中核と期待されたフネであり、さぞや汎用性の高い使い勝手の良いフネかと思いきや豈図らんや、その実情は設計当時の魚雷や砲熕兵器を基準に考え、極端に余裕の無い切り詰めた設計であったが故に年々進化発展し長く重くなる魚雷を「睦月」型は搭載運用が困難となり、また砲熕兵器も自在に飛び回る航空機を撃つにはとても不向きな砲、これを改めようにも船体構造により換装も出来ない、進化したくとも出来ない悲しいフネになったことも述べた。
これら八方塞がりな「睦月」型は後部魚雷発射管を撤去、そこを輸送物資積載所とし高速輸送艦として改造を施したとも述べた。
……これら「睦月」型に施された改造は制約だらけの「睦月」型を『どうにかして使えるように』との改造であったが、ここから述べる図説箇所ではもっと運命の根幹に近づく『何とかして生き残る為』の改造箇所だと言える。
ではそれが何かを述べて行こうと思う。

【後部上部構造物】

「睦月」型の新造時は「後檣」を挟む形で「三番十二糎砲」と「四番十二糎砲」の操作フラットが設置されていた､「睦月」型上部構造物の中では最も血の気の多い区画だったがここまでで述べたとおり、汎用性に乏しい砲故に「四番十二糎砲」と、これの操作フラットごと「九六式二十五粍三聯装機銃」とその操作フラットに換装した。大正時代の優美な丸い右側の操作フラットと大戦末期の直線的で角張った操作フラットの組合わせが面白い。面白い／面白くない、という筆者の主観はさておき、「四番十二糎砲」こと「四十五口径三年式十二糎単装砲」より「九六式二十五粍三聯装機銃」2基の方が遙かに対空戦闘能力は高まる。実戦的な換装だし、当然の換装とも言える。一見、戦力は低下するように思えてしまうが「睦月」型の命を永らえる換装だ。元来､45口径ある12cm砲を振り回す空間であったが故に操作フラットごと換装とはいえ、他艦艇に施した「九六式二十五粍三聯装機銃」の並列配置と比べ「睦月」型のここは広く感じるのは「四十五口径三年式十二糎単装砲」の罪滅ぼしと言ったら辛辣か。では言い直そう。怪我の功名による恩恵か。ここへの連絡は艦尾側に垂直梯子が操作フラット中央両舷に2挺用意されている。

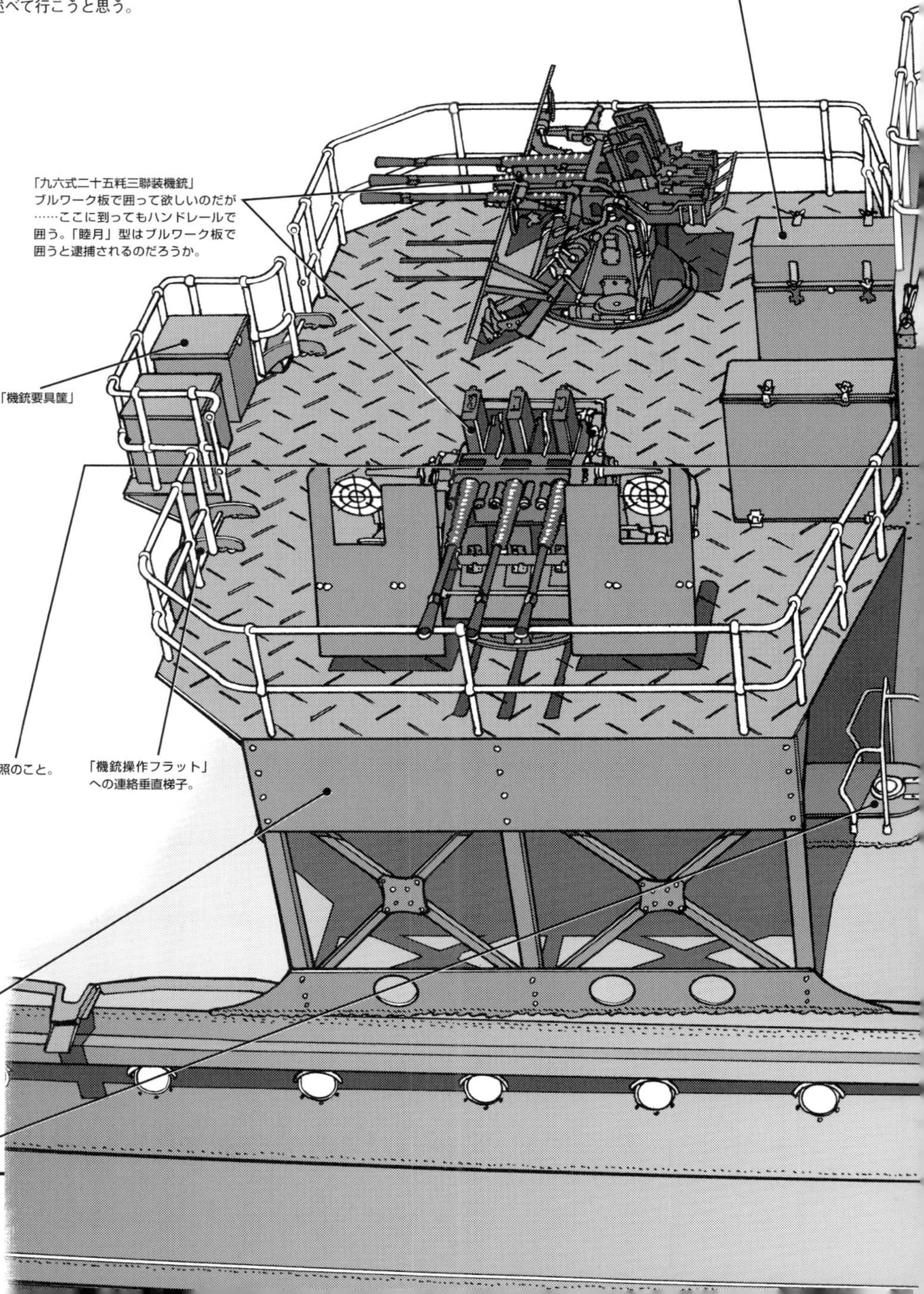

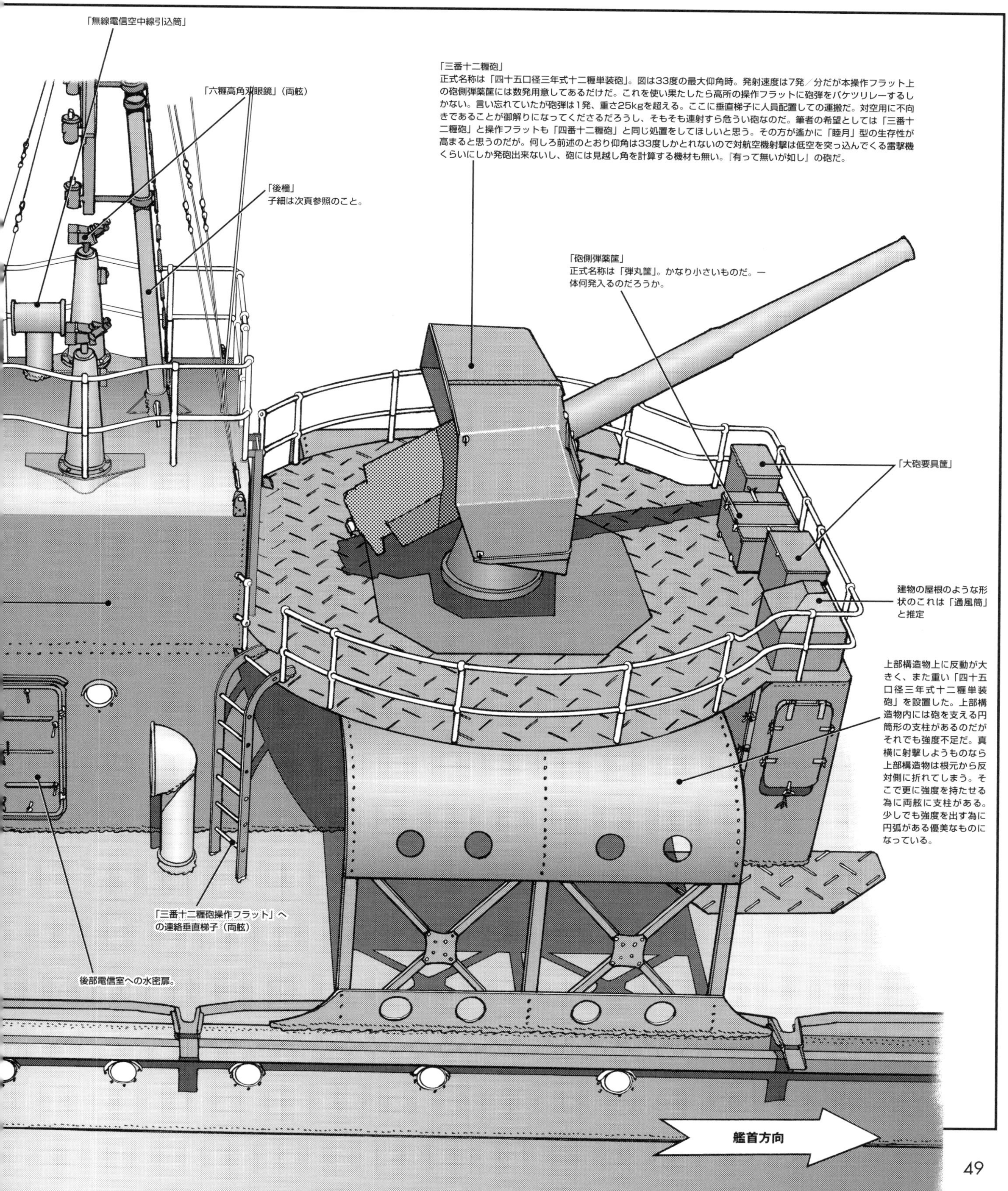
「無線電信空中線引込筒」
「六糎高角双眼鏡」（両舷）
「後檣」
子細は次頁参照のこと。
「三番十二糎砲」
正式名称は「四十五口径三年式十二糎単装砲」。図は33度の最大仰角時。発射速度は7発／分だが本操作フラット上の砲側弾薬筐には数発用意してあるだけだ。これを使い果たしたら高所の操作フラットに砲弾をバケツリレーするしかない。言い忘れていたが砲弾は1発、重さ25kgを超える。ここに垂直梯子に人員配置しての運搬だ。対空用に不向きであることが御解りになってくださるだろうし、そもそも連射すら危うい砲なのだ。筆者の希望としては「三番十二糎砲」と操作フラットも「四番十二糎砲」と同じ処置をしてほしいと思う。その方が遥かに「睦月」型の生存性が高まると思うのだが。何しろ前述のとおり仰角は33度しかとれないので対航空機射撃は低空を突っ込んでくる雷撃機くらいにしか発砲出来ないし、砲には見越し角を計算する機材も無い。『有って無いが如し』の砲だ。
「砲側弾薬筐」
正式名称は「弾丸筐」。かなり小さいものだ。一体何発入るのだろうか。
「大砲要具筐」
建物の屋根のような形状のこれは「通風筒」と推定
上部構造物上に反動が大きく、また重い「四十五口径三年式十二糎単装砲」を設置した。上部構造物内には砲を支える円筒形の支柱があるのだがそれでも強度不足だ。真横に射撃しようものなら上部構造物は根元から反対側に折れてしまう。そこで更に強度を持たせる為に両舷に支柱がある。少しでも強度を出す為に円弧がある優美なものになっている。
「三番十二糎砲操作フラット」への連絡垂直梯子（両舷）
後部電信室への水密扉。
艦首方向

筆者なりに大戦末期艦艇を考えると対艦見張用と対空見張用電探、敵電探波を受信し警報を発する通称『逆探』を追加、そして隙間を見つけ徹底的に単装機銃増設という流れがあるように思える。この言わばテッパンな流れを記憶した上で「睦月」型を見ると艦橋頂部に旬を過ぎた、もう旧式になりつつある逆探を装備、単装機銃も威力ある「九六式二十五粍単装機銃」ではなく、余剰品となりつつある「九三式十三粍単装機銃」が僅かに2挺という『明確な差別』を感じ筆者は怒りと焦燥感があったが、本図説部位に到ってやっと他の艦艇並みの装備があり筆者のイライラが少し減ることになった。ここではその『追加された』装備について述べて行こうと思う。

さて、仰々しい導入部で恐縮だが図説する箇所はここでは「睦月」型「後檣」だ。「睦月」型の「後檣」の基本構造は「前檣」同じ単檣構造だ。ただ「前檣」ほど高くはないので途中で檣を接ぐというものではないし、「信号桁」付近に設置された『鳩の巣』と揶揄された人が入って周囲を見張る高所の「見張所」も無いので構造は到って簡単なものになっている。しかし、だ。ここを示す資料は大変に少ない。単なる棒の集まりでしかないのだが作画には大変な時間が掛かってしまった。「睦月」型のここを執念深く描いたのは筆者だけだろうという欲望だけで描いた。故に推測が多く入っていることをここで断っておく。さて冒頭で述べた『装備』が大戦末期に生き残った運良き「睦月」型のここに追加された。

それは対空見張用電探の「一三號電探」とその「空中線装置」だ。「一三號電探」は『アナタノ知ラナイ兵器』で何度も紹介している『装備』だが、ここでも簡単に説明をしたい。元々は地上用の対空用見張電探だが使用する周波数が低いということで全体は軽量軽便に纏められ、電探移動の際はリヤカーに搭載されごろごろと移動されたほどであった。ならばこれを艦艇に搭載しようじゃないかという流れだ。一部資料では全体重量は110kgと抜きん出て軽い。同じ地上設置型の「一四號電探」は300倍近い重量があるっていうのに。一口に『電探』と称してもその内訳は送信機、受信機、それらの結果を示す表示器、高圧が必要なので電源器、そして電波輻射をする空中線装置らとなるが前述した資料で述べた110kgという値はこれら全て含めた値かどうかは調べる術がないのだが「後檣」に固定する「空中線装置」は幅2m、長さ4m程のトラス構造で相当に軽く仕上がってはいるが、それでも40kgはあるだろう。これを「後檣」に固定するのだ。少々不安になるのだが……「後檣」は頂部に点滅信号燈や避雷針が設置してあり、これを手入れする必要から縄梯子が設置され人間が登ることを想定しているので電探の空中線装置追加ごときではビクともしないだろうが、問題はこれを追加したあとに縄梯子を使って要員が昇り降りの手入れとなると重量超過が心配だ。また、その固定方法も資料がない。「一等輸送艦」に装着されたものを参考にしたことをここに断っておく。トラス構造の物体を吹きっ曝しの「後檣」に追加したのは図のとおりだが、「睦月」型は旧式とは言え、それは腐っても鯛。30ノットを超える高速航走が可能だ。時速変換すると55kmとなる。この風圧でグラグラと檣が揺れることになる。こんな状況で「一三號電探」は動いてくれたのだろうか。キチンと敵機の接近を見張ってくれたのだろうか。「睦月」型の寿命を延命してくれたのだろうか。色々と心配になってしまうが……無い装備の心配よりも有った装備への心配の方が『良い心配』だと筆者は考える。

後檣がある上部構造物は色々とフネでの生活を支える施設が入っている。檣真下の区画は電信室だと述べたが、折角なので他の箇所に何が入っているかを述べたい。

『イ』の部分は機械室への昇降施設と通風施設が合わさった部分だ。故に開閉式の通気孔がこの薄い部分の四壁と12cm砲操作フラットを突き抜けた部分にまである。

『ロ』は甲板倉庫だ。資料には何を保管する箇所かを記していないので以下は想像でしかないのだが……「三番十二糎砲」の弾薬が蓄えられている筈だ。ここは両舷に出入口がある。舷によって物品を分けているように思える。

『ハ』は電信室だ。ただ、後檣に電探が追加されたのでこれの装備とこれを操作する電探員が入る部屋が必要となる。電信室に間借したのだろうか。これは筆者の推測なのだが、電信室直上の側面に「海水タンク」が設置されている窓の無い上部構造物内を電探室に改造していたのではないだろうか。

『ニ』は兵員浴室だ。左舷側は士官用厠となっている。

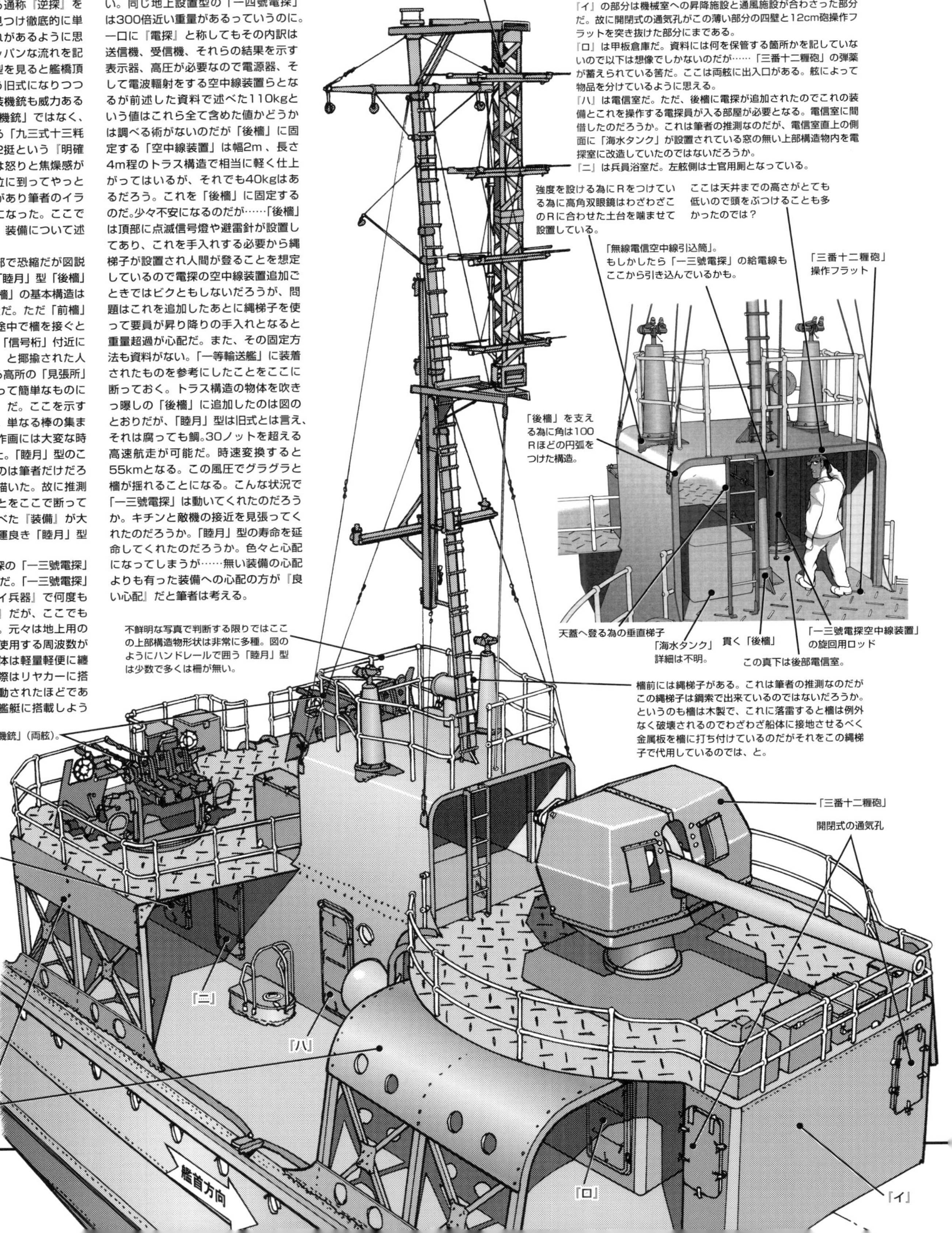

左頁では「後檣」に追加された「一三號電探空中線装置」ばかりについて述べてしまった。右頁では「後檣」本来の装備について述べて行こうと思う。
「後檣」は高角双眼鏡がある甲板を貫き、後部電信室天井横材に2箇所でしっかりと固定される訳だ。さらにこれを支えるべく、「後檣」頂部近くと中程の2箇所と高角双眼鏡がある甲板と外壁に付加された眼鐶にターンバックルを経て都合8本の「支索」が展張される。ここまで念入りに固定するのは9.3m程も突き立つ檣故だ。「後檣」の具体的資料が無いので推測値で恐縮だが太さは140mmほど、艦尾方向に5度程の傾斜が設けられている。

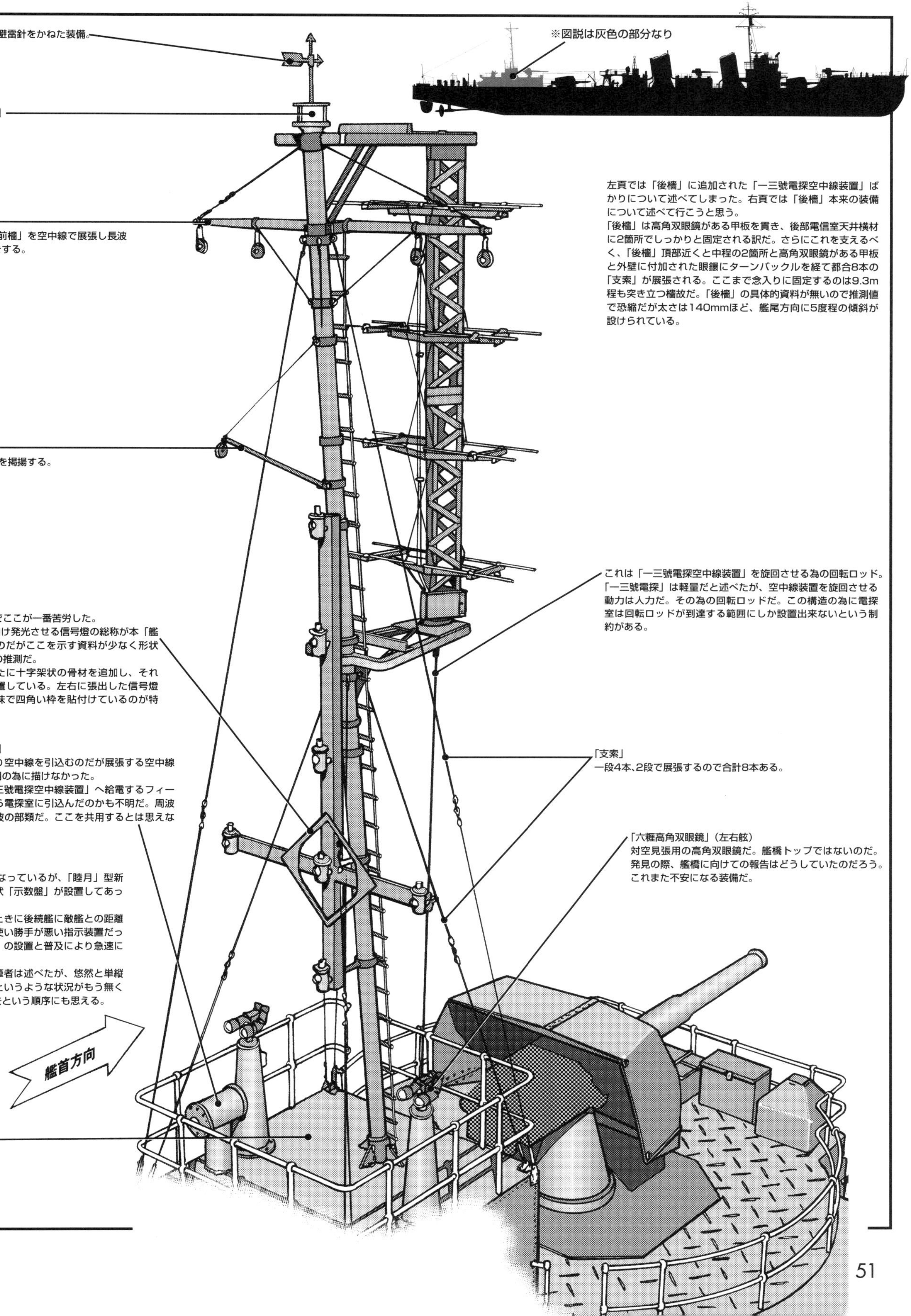

風向発振器と避雷針をかねた装備。

「点滅信号燈」

「無線桁」
「後檣」と「前檣」を空中線で展張し長波の無線通信をする。

「揚旗斜桁」
ここに軍艦旗を掲揚する。

「艦尾信号燈」
実はこの作画でここが一番苦労した。
7燈を後方に向け発光させる信号燈の総称が本「艦尾信号燈」なのだがここを示す資料が少なく形状も位置も筆者の推測だ。
後檣後面に新たに十字架状の骨材を追加し、それに信号燈を設置している。左右に張出した信号燈を補強する意味で四角い枠を貼付けているのが特徴的だ。

「無線電信空中線引込筒」
本来ならば筒の両端より空中線を引込むのだが展張する空中線のどれを引込むのか不明の為に描けなかった。
また、追加された「一三號電探空中線装置」へ給電するフィーダー線、これをどこから電探室に引込んだのかも不明だ。周波数が低いとは言え高周波の部類だ。ここを共用するとは思えないのだ……。

ここが不自然に空白となっているが、「睦月」型新造時はここに大型時計状「示数盤」が設置してあった証だ。
単縦陣で敵に突進するときに後続艦に敵艦との距離を示すものだが非常に使い勝手が悪い指示装置だったようで「艦尾信号燈」の設置と普及により急速に姿を消した装備だ。
……使い勝手が悪いと筆者は述べたが、悠然と単縦陣を組み敵に突進するというような状況がもう無くなってしまったから撤去という順序にも思える。

これは「一三號電探空中線装置」を旋回させる為の回転ロッド。
「一三號電探」は軽量だと述べたが、空中線装置を旋回させる動力は人力だ。その為の回転ロッドだ。この構造の為に電探室は回転ロッドが到達する範囲にしか設置出来ないという制約がある。

「支索」
一段4本、2段で展張するので合計8本ある。

「六糎高角双眼鏡」（左右舷）
対空見張用の高角双眼鏡だ。艦橋トップではないのだ。
発見の際、艦橋に向けての報告はどうしていたのだろう。
これまた不安になる装備だ。

「睦月型駆逐艦」艦尾

「睦月」型のここを描いて思ったのは足の踏み場もないほどに各種装備が乱立する場所だと感じた。目に入るのはダビットの数だ。4基ある。
大概の駆逐艦は2基だ。「睦月」型はその倍数だ。これの理由については引出線を参照のこと。
そして両舷にどん、とあるのは「爆雷投下軌道」だ。これも大概の駆逐艦はもっと短く、また左右舷どちらかが短いのだが、「睦月」型は両舷とも長い。
そして……何よりもキセル型とキノコ型の「通風筒」は古木から生じるキノコのように乱立しているトコロだろう。
これの理由はここで述べるが、「第二・第三兵員室」がこの後甲板下にあるからだ。働き盛りで血の気の多い野郎どもが寝起きする場所だ。換気は非常に大事で故の「通風筒」の多数さだ。
舷側には多数、舷窓が設置されている。それは「睦月」型が古い設計のフネである証なのだが、生き残った「睦月」型は戦訓でここに舷外から板を当て塞いだ筈である。しかし昭和19年という末期でも公式図には舷窓が描いて有るので「睦月」型はこのままだったのか……という推測もあるのだが。この見開き図は色々苦労した。何に苦労したかだが図に描いた型式不明の爆雷投射機だ。『ナニガタ』を示す資料が全くなく、形状も片舷発砲のものであり、見馴れた「Y型」と称した「九四式爆雷投射機」ではないことは確かだったからだ。これらの推測は引出線を参照のこと。
筆者を困らせたのは後甲板に限らず「睦月」型上甲板に施された水はけを良くさせる「キャンバー」の存在だ。キャンバーとは家の屋根のように左右舷で傾斜が付く構造のことだが……これの構造の為に甲板上に設置された装備たちは面倒な工作をせねばならないという『問題』が出てくる。筆者はそれを常に感じながらこの図を描いた。大戦末期艦艇となると『工作の簡略化』ということでこのキャンバー角は廃止となるのだが……以前は大した工数の削減にならないだろうと思っていたのだが、本図を描き甲板上の装備品たちの設置方法を考えると何とも有り難い『廃止装備』に思えた。それも引出線部分で述べようと思う。

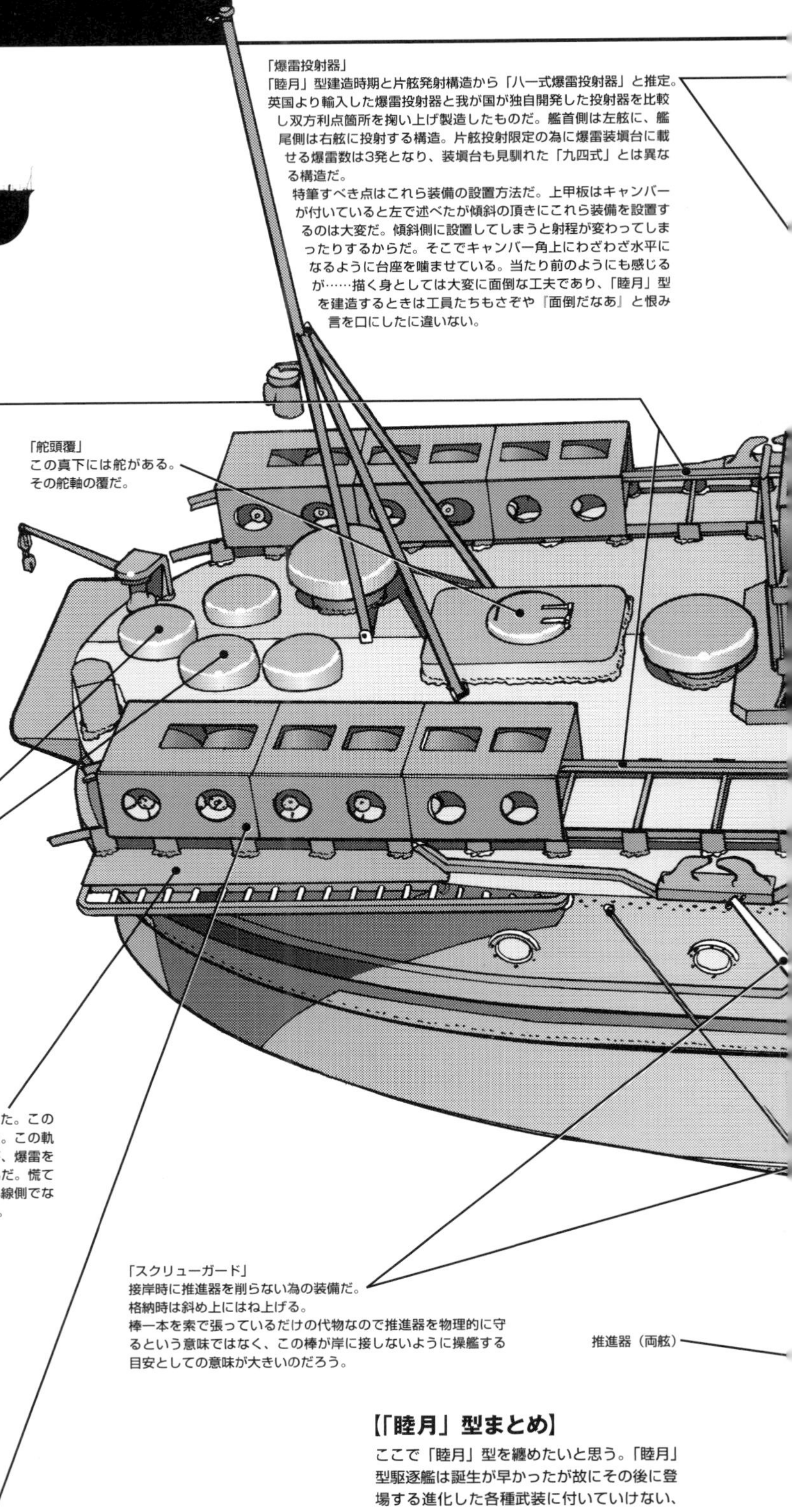

「爆雷投射器」
「睦月」型建造時期と片舷発射構造から「八一式爆雷投射器」と推定。英国より輸入した爆雷投射器と我が国が独自開発した投射器を比較し双方利点箇所を掬い上げ製造したものだ。艦首側は左舷に、艦尾側は右舷に投射する構造。片舷投射限定の為に爆雷装填台に載せる爆雷数は3発となり、装填台も見馴れた「九四式」とは異なる構造だ。
特筆すべき点はこれら装備の設置方法だ。上甲板はキャンバーが付いていると左で述べたが傾斜の頂きにこれら装備を設置するのは大変だ。傾斜側に設置してしまうと射程が変わってしまったりするからだ。そこでキャンバー角上にわざわざ水平になるように台座を噛ませている。当たり前のようにも感じるが……描く身としては大変に面倒な工夫であり、「睦月」型を建造するときは工員たちもさぞや『面倒だなあ』と恨み言を口にしたに違いない。

「舵頭覆」
この真下には舵がある。
その舵軸の覆だ。

「爆雷投下軌道」（両舷）
船体中央側と舷側とでキャンバー角があるせいで甲板の高さが異なる。軌道を水平になるように支持架で調整している……のだが腹立たしいのはこれら軌道が船体中心線と平行に設置してあるのではなく、2度ほど開いた状態で設置してあることだ。描くのに実に大変であった。描くのが大変ということは設置工作も大変であったということだ。毎回思うのだが……こういう工作は当時どうやっていたのだろう。レーザー水平器も無い当時だ。今では失われた技術というヤツなのかもしれない。

ここの円筒群は「発煙缶取付座金」。
化学反応により煙幕を作る「発煙缶」
をここに嵌め込む。

「睦月」型新造時はこの「爆雷投下軌道」は無かった。この部分には「パラヴェーン」が両舷に設置してあった。この軌道を追加する為に甲板が拡張された。この意味だが、爆雷を囲う「防弾器」内の爆雷たちの深度調定器操作の為だ。慌てて軌道上に装台したとき、爆雷の深度調定器が中心線側でなく舷外側となってしまった場合に対応しての工夫だ。

「スクリューガード」
接岸時に推進器を削らない為の装備だ。
格納時は斜め上にはね上げる。
棒一本を索で張っているだけの代物なので推進器を物理的に守るという意味ではなく、この棒が岸に接しないように操艦する目安としての意味が大きいのだろう。

推進器（両舷）

「防弾器」
「睦月」型の1艦である「如月」は、対米戦が開戦した数日後に敵機の機銃掃射で大爆発し戦没した。原因は射弾が不幸にも搭載中の爆雷に命中したことによる誘爆だとのことだがこの不幸が再びが起きないようにとの配慮で「防弾鋼鈑」で囲い、命中による不意爆発を避けるため充填される炸薬も誘爆しないものに急速に改められることになった。『窓が沢山あってここから弾が飛び込むのでは？』とは思うがこれは目視で爆雷があるかどうかを確かめる為のものであり、丸孔は爆雷の深度調定器を操作する為のもので、どうしても必要なのだ。

【「睦月」型まとめ】

ここで「睦月」型を纏めたいと思う。「睦月」型駆逐艦は誕生が早かったが故にその後に登場する進化した各種武装に付いていけない、対処出来ないほどのギリギリの設計であったことが「睦月」型を不幸にした。それは拭い去ることが出来ない決定的なものであった。加えて先に恨みがましく述べたが、新造時からずっとハンドレールであった。ブルワーク板で囲うということもせずここまで軽量化に徹するか、と半ばあきれる程だ。

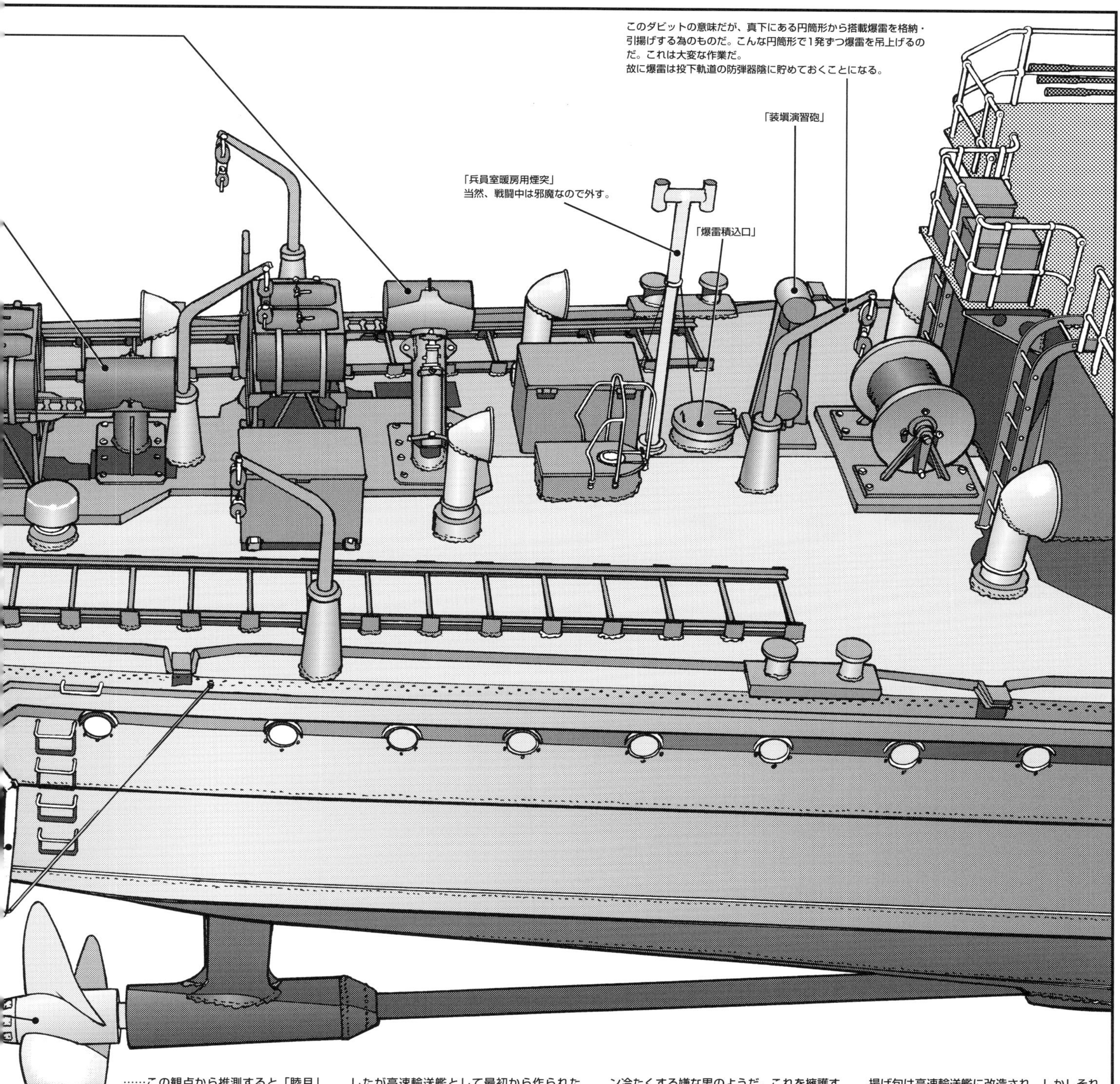

……この観点から推測すると「睦月」型に対し、運用する側は興味が失せてしまったのではないかと非常に悲しい気持ちになる。

ハンドレールをブルワークに換えるという手間があるなら戦時急造で夜を日に継ぐように急かされて作っている「海防艦」に資材も工数も割り当てた方がまだ良いということなのだろうか。

「睦月」型を高速輸送艦に改造した例も紹介したが高速輸送艦として最初から作られた「一等輸送艦」などは隙間無く「九六式二十五粍単装機銃」を設置し、敵航空機に対し徹底的な反撃態勢をとっているというのに「睦月」型では単装機銃は艦首1番砲両脇に2挺のみだ。

これはもう武装も足すのも面倒に感じるほどに「睦月」型を使おうとする興味が失せているという証に思えてならない。

まるでこれは興味が失せた女性に対しトコトン冷たくする嫌な男のようだ。これを擁護する訳ではないが、「睦月」型の新造時には爆雷装備すら無かったのだ。装備更新で爆雷投下軌道が追加されたが上甲板に爆雷を持ち上げる箇所は他で述べたとおりマンホールからデリックで吊るような面倒で拙い方法でしかない。運用する側の改善しようとする気持ちが萎えるのも判るような気もする。新造時は艦隊決戦の立役者として大きな期待を受け、その後は年々発達する雷装について行けず、揚げ句は高速輸送艦に改造され、しかしそれも特化徹底されないという中途半端さ……。「睦月」型とは心底悲しい運命を背負ったフネなのだなあと思う。こんなトコロにも『熱しやすく冷めやすい』という日本人の気質が出ているように思えてならない。

ほとんどの艦に搭載されている不思議な形状の装備

防雷具

艦船モデラーにはおなじみの飛行機のような艤装品、防雷具。パラペーンとも言われるこの装備は何なのか、そしてどのように運用されるのかを解き明かす

我が国戦中艦艇を1/700縮小艦艇模型にした製品は数多く発売されている。その大部分の製品部品中に右に描いた飛行機のような、チョットSF調なミサイルに似た部品がランナーに飛び乗るように入っている。この部品は一体なんだろう。この部品の意味は一体何なのだろう。

模型の組み立て図、名称説明には『パラヴェーン』(パラベーンと称する方が一般的だろうか) と記載してある。

ここでは、この小部品について色々と述べて行こうと思う。

1/700スケールでは5mmほどの部品となるが実物の全長は3m半、重量は600kg近い物体だ。部品では主翼は前縁にテーパーが掛かっている表現としているが実際は本見開きに描いたとおり、保護枠がある。……5mm程の部品で胴体と保護枠を分けるという部品製造をするというのは大変だろうと思うし、モデラーの皆々様で、これを実物のように表現してやろうという方は相当の猛者だろうと拝察する。

余談だが資料としてG編集長よりいただいたファインモールド御中製品のナノドレッドシリーズではこの部位が見事に表現されていた。スゴイではないか！　ハナシが横道に逸れたが、この5mm程の小部品、正式名称は「防雷具」と呼称していた。

聞き慣れない名称で恐縮だが、何から防ぐ道具なのだろう。

それは見開き右小図に描いた係維式機雷からフネを守る為の道具だ。

『具体的にどう使うか』は次頁から図説をしようと思うが、ここでは「防雷具」の部位説明や、派生型、そして『どう使うか』を簡単に述べる。

見開きに描いた「防雷具」は我が国艦艇に搭載された「防雷具」の中で最も巨大なものでその呼称名も『大防雷具』というものだ (正式名称は「防雷具一號改一」)。

これを戦艦から駆逐艦まで統一搭載していたら筆者は感涙にむせるのだがフネの排水量と航行速度に応じて『中防雷具一～三型』という小型化する派生型が存在する。前述の『大防雷具』は戦艦などの大型艦用で『中防雷具』一型から型番が増えて行くと搭載艦艇排水量は巡洋艦用、その下は低速艦艇用、三型は駆逐艦用……というように減って行く呼称となっている。

魚雷調の胴体直径と全長は型番が増えると徐々に細く短く軽くなっていくのだが、その容姿は余り変わらない。せいぜい「展開翼支桿」と「尾框」の肉抜き孔形状が異るくらいだ。

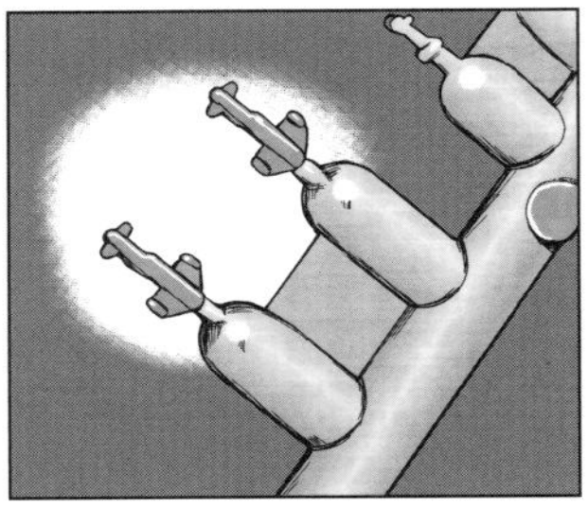

円筒形の胴体下に主翼のような板、その両端には流線型の物体、胴体中央より後ろはテーパー付き、最後尾には尾翼がつく……という形式が踏襲される。

「防雷具」の名称と容姿は説明はここまでとしよう。では相手たる係維式機雷（右小図は我が国に採用された九三式機雷一型）について説明しようと思う。本連載を纏めた『アナタノ知ラナイ兵器4』に本機雷の詳しき図説を掲載したが、ここではオサライの意味でざっと述べる。

図にあるように丸い「罐体」と下には四角い筐の「係維器」、そしてこのふたつを繋ぐ「保維索」の三つで構成される。

丸い「罐体」内部は100kgの炸薬がある以外は空間でそれが浮力となりアドバルーンのように水中で「保維索」で引っ張る形で浮く。「罐体」より数本飛び出ているツノのようなものは「触角」。このツノに衝撃を加えると内蔵炸薬が発火、炸裂する。これを敵艦船が航行しそうな場所に敷設する。言わばフネに対するワナだ。船体にこの「触角」が当たると大量の炸薬が生ずる大破壊力衝撃で、その艦船は沈没か大被害を蒙る……という兵器だ。

始末が悪いのは海面からは見えないように黒色で「罐体」は塗粧され、しかも破壊力を充分に水圧で伝えるべく、その「罐体」は水深数メートルになるように敷設深度を確保する。これらの工夫により、余程海底が白砂でない限り、海面上からでは「罐体」の所在は判らない。炸薬量は魚雷の1/5だが、船体に触れて爆発されたらこの炸薬量だ。タダでは済まない、確実に大破する。何より安価だ。対艦船用兵器で、この係維式機雷ほど安価かつ大威力はものは他にないだろう。安価故に多数敷設し家の塀調に堰を作られてしまったらそこから先には艦艇は侵入出来なくなる……という非常に厄介な兵器でもある。

これら機雷を取り除く作業を「掃海」と称するのだが、この掃海をする手段はいくつかある。最も手っ取り早いのが2隻ほどで船団をくみ、双方艦尾を海底に届くくらいの鋼索で繋ぎ航走、この係維式機雷を引掛け敷設深度より極端に浅い場所か極端に深い場所まで引き摺っていく……というものだ。

係維式機雷というのは一度敷設深度を確定させたら再調整機能はないので浅海ならば「罐体」は海面より不気味に姿を現し、容易に発見が叶う状態に至るか、極端に深い深海区域まで引き摺っていけば「罐体」は水面よりも遥か下方となり、「触角」は潜航潜水艦以外には触れなくなるし、更に深くなれば「罐体」は水圧で圧壊、もしくは自爆し無力化される。……しかしこの手段は色々と手間でもある。そこで本見開きの「防雷具」の出番だ。

係維式機雷の最もヤワな部分である「保維索」を切断する道具なのだ。

ではどうやって「保維索」を切断させるのか。次頁で図説しようと思う。

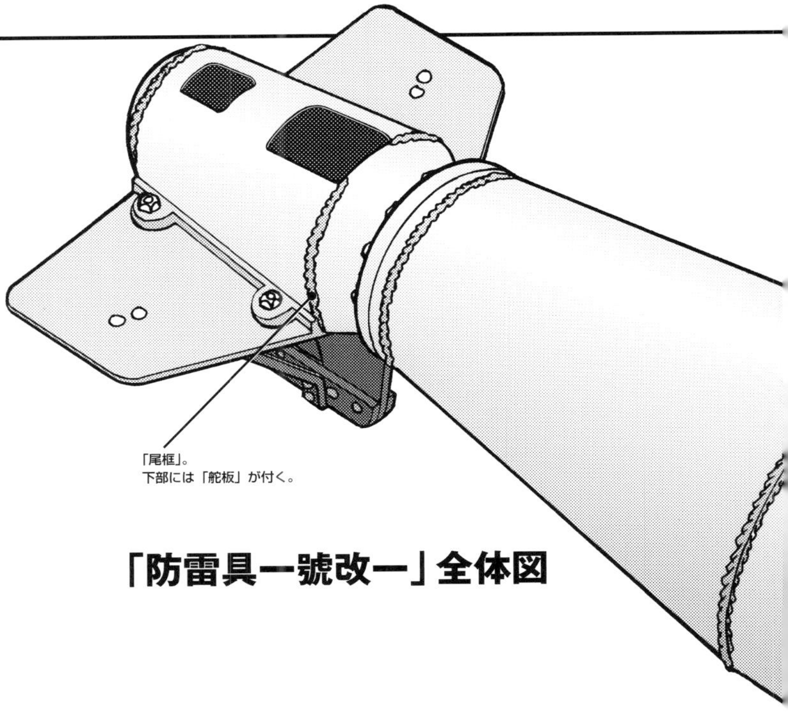

「尾框」。
下部には「舵板」が付く。

「防雷具一號改一」全体図

「展開翼支桿」

「展開翼」。
これの役目については次頁参照のこと。

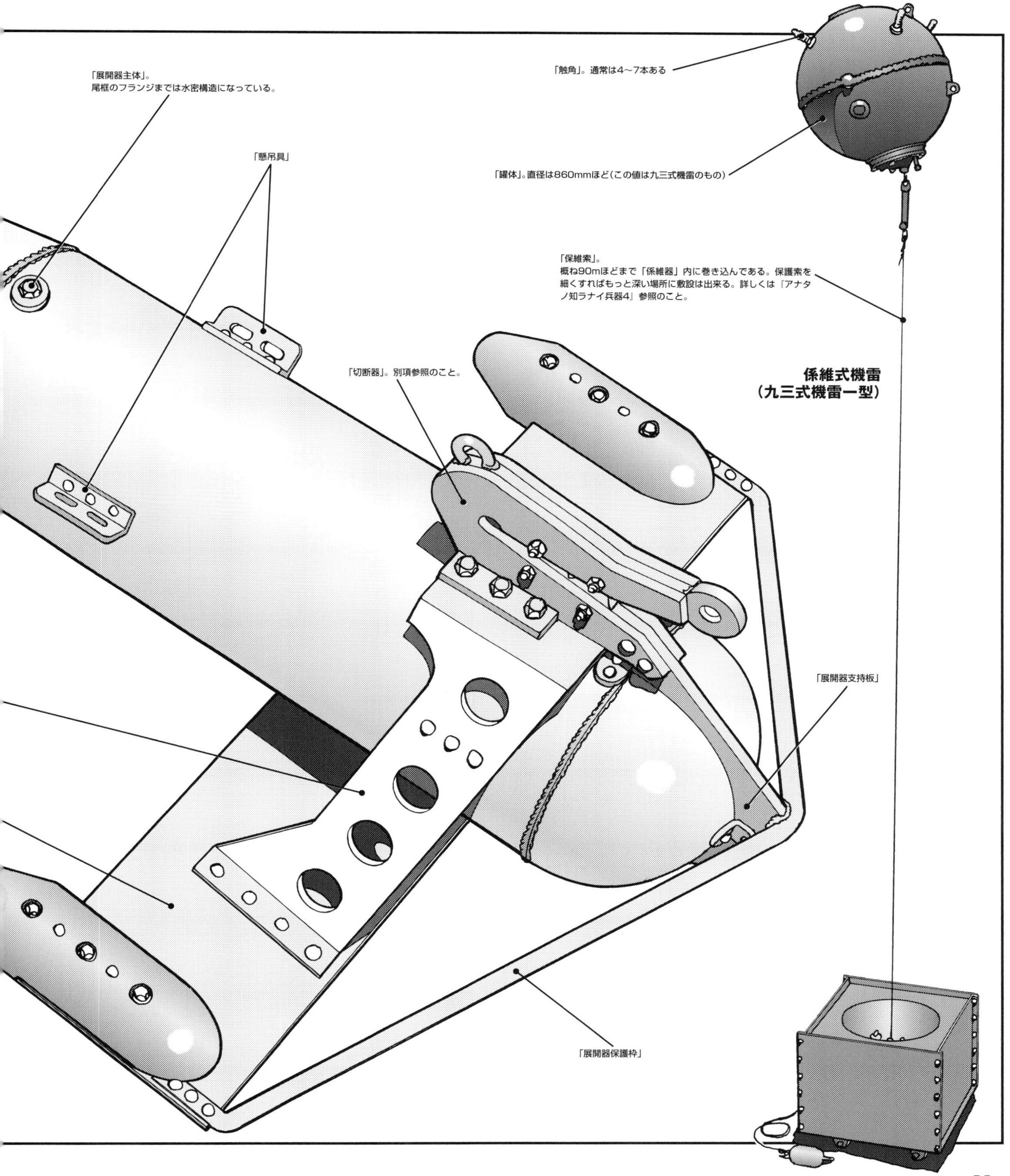
「展開器主体」。
尾框のフランジまでは水密構造になっている。
「懸吊具」
「触角」。通常は4～7本ある
「罐体」。直径は860mmほど(この値は九三式機雷のもの)
「保維索」。
概ね90mほどまで「係維器」内に巻き込んである。保護索を
細くすればもっと深い場所に敷設は出来る。詳しくは『アナタ
ノ知ラナイ兵器4』参照のこと。
「切断器」。別項参照のこと。
係維式機雷
(九三式機雷一型)
「展開器支持板」
「展開器保護枠」

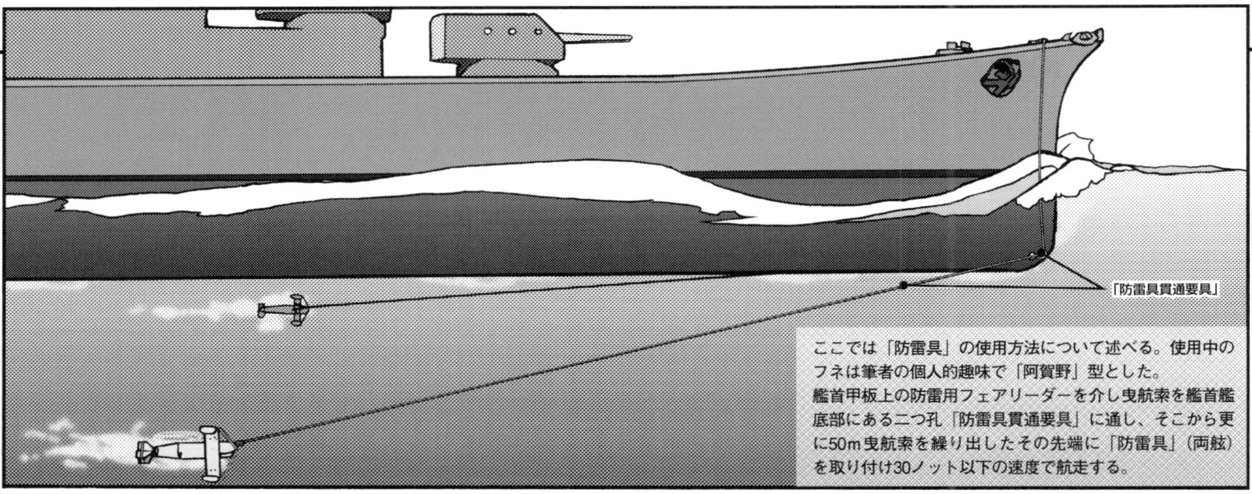
「防雷具貫通要具」
ここでは「防雷具」の使用方法について述べる。使用中のフネは筆者の個人的趣味で「阿賀野」型とした。
艦首甲板上の防雷用フェアリーダーを介し曳航索を艦首艦底部にある二つ孔「防雷具貫通要具」に通し、そこから更に50m曳航索を繰り出したその先端に「防雷具」(両舷)を取り付け30ノット以下の速度で航走する。

50m長の曳航索。
「防雷具」見開きで説明した「展開翼」は航空機の主翼とは逆向きの前縁が下っているので航走・曳航すると下方向の力が加わる。

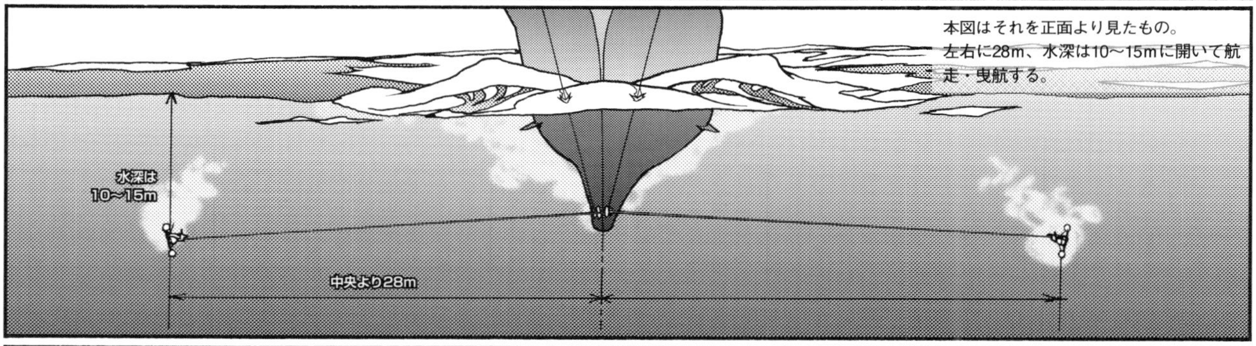
本図はそれを正面より見たもの。
左右に28m、水深は10〜15mに開いて航走・曳航する。
水深は
10〜15m
中央より28m

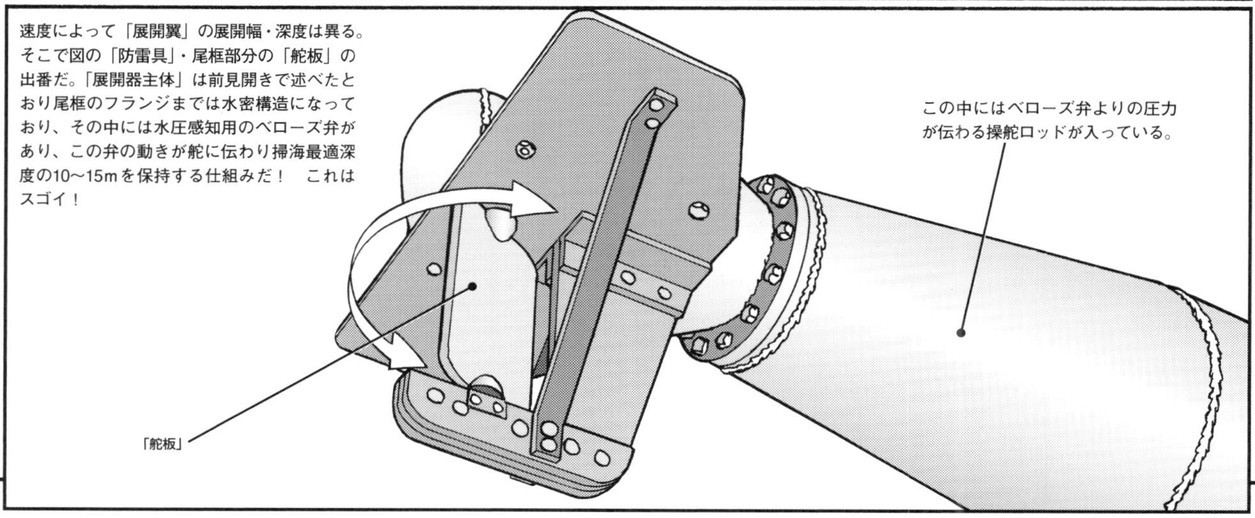
速度によって「展開翼」の展開幅・深度は異る。そこで図の「防雷具」・尾框部分の「舵板」の出番だ。「展開器主体」は前見開きで述べたとおり尾框のフランジまでは水密構造になっており、その中には水圧感知用のベローズ弁があり、この弁の動きが舵に伝わり掃海最適深度の10〜15mを保持する仕組みだ！　これはスゴイ！
この中にはベローズ弁よりの圧力が伝わる操舵ロッドが入っている。
「舵板」

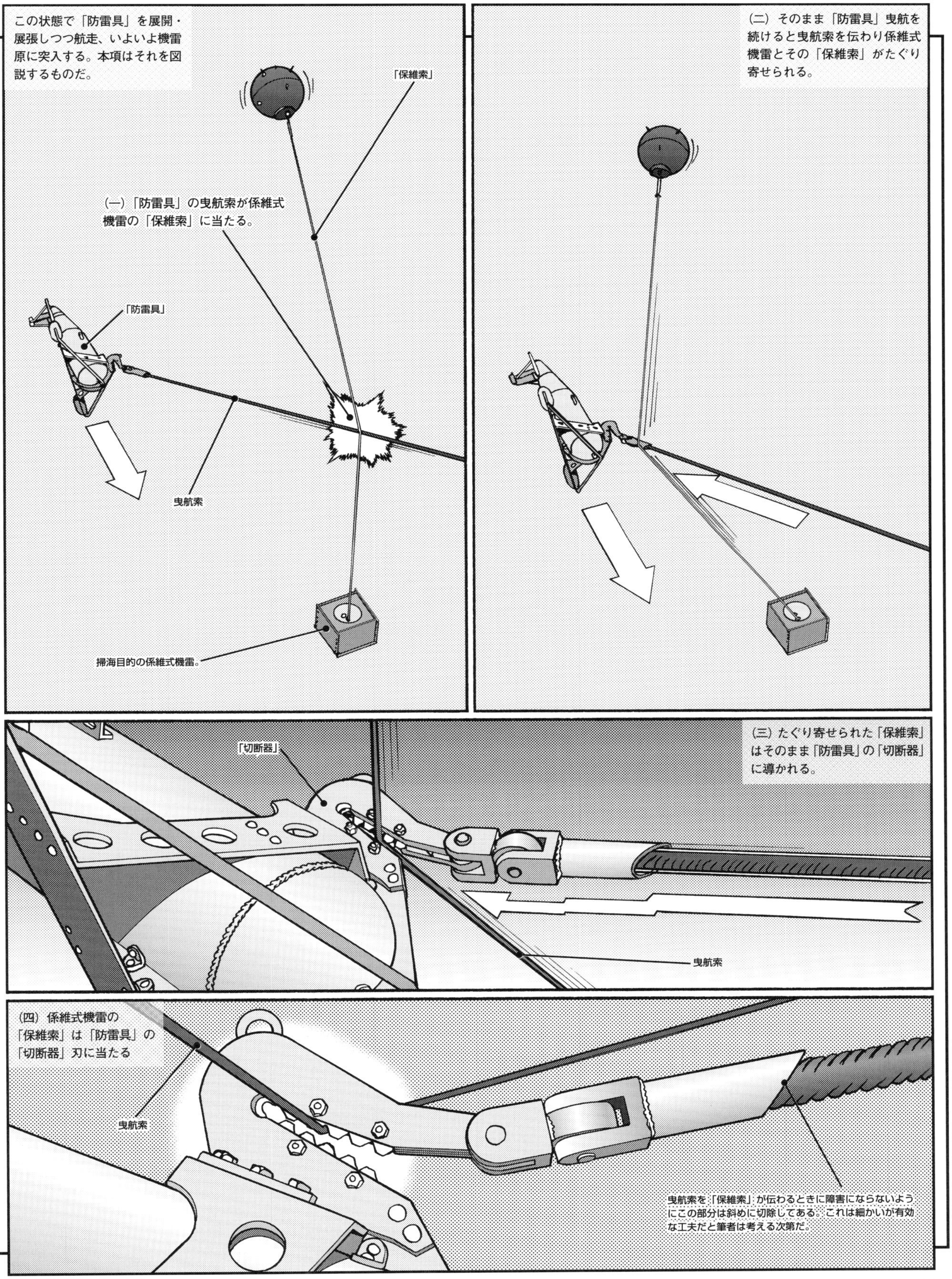
この状態で「防雷具」を展開・展張しつつ航走、いよいよ機雷原に突入する。本項はそれを図説するものだ。
「保維索」
（一）「防雷具」の曳航索が係維式機雷の「保維索」に当たる。
「防雷具」
曳航索
掃海目的の係維式機雷。
（二）そのまま「防雷具」曳航を続けると曳航索を伝わり係維式機雷とその「保維索」がたぐり寄せられる。
「切断器」
（三）たぐり寄せられた「保維索」はそのまま「防雷具」の「切断器」に導かれる。
曳航索
（四）係維式機雷の「保維索」は「防雷具」の「切断器」刃に当たる
曳航索
曳航索を「保維索」が伝わるときに障害にならないようにこの部分は斜めに切除してある。これは細かいが有効な工夫だと筆者は考える次第だ。

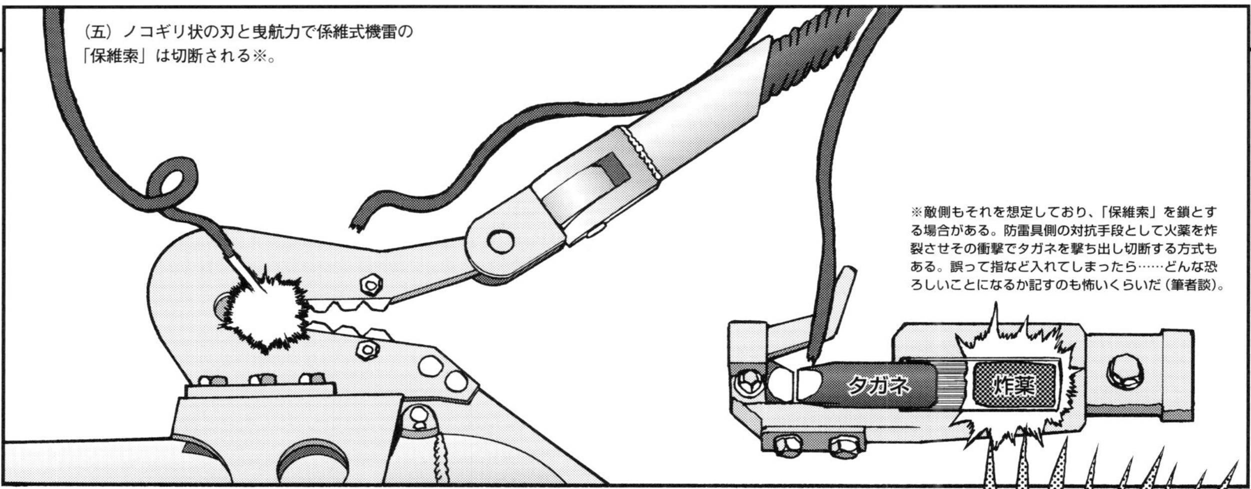

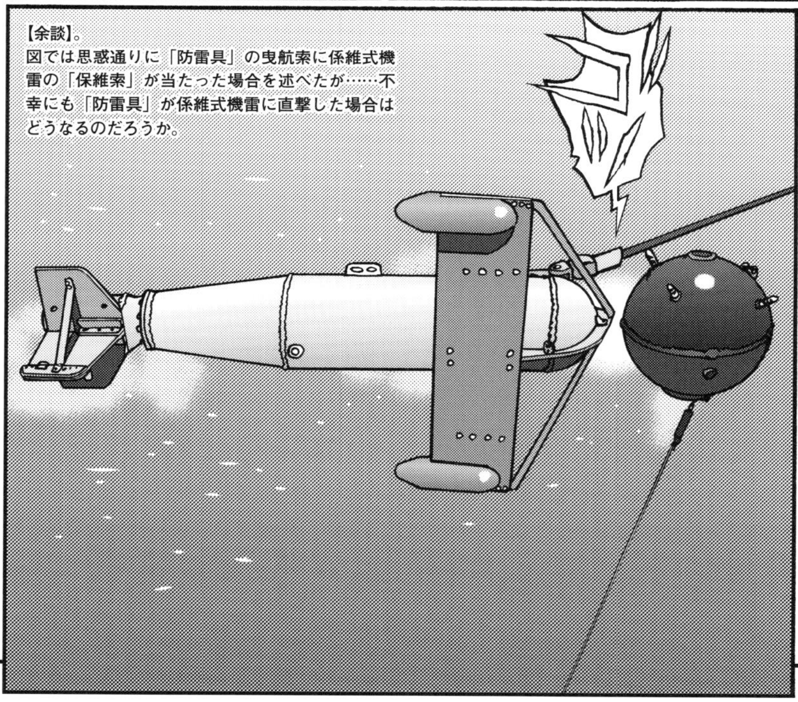

◀係維式機雷はその敷設任務を果たし、炸裂する。当然「防雷具」も『戦死』する。
故に「防雷具」は半消耗品扱いで戦艦や巡洋艦などは「防雷具」を両舷2本の倍数である4本以上を搭載する。
……問題はその炸裂距離だ。船体中央線より28mしか離れていない。この距離での機雷炸裂は「防雷具」を曳航する艦艇にとっては堪え難い衝撃があるだろう。駆逐艦などの小型艦艇では確実に船体外鈑接合部がゆるみ浸水する。この掃海方法が採れるのは戦艦等の主力艦のみ。……図説した両舷に28m展開する掃海方法は余り一般的ではなく数百メートル艦尾から曳航索を繰り出す方法が多用されたようだ。

ここでは「防雷具」の格納方法と其他、筆者が気付いたことについて述べる。
何分重さが600kg、全長が3m半もある物体だ。適当に置けばフネの旋回時等で動き、乗員らが展開翼や鋼索ですら切断する切断機に咬み込まれては大変に危険だ。そこで本頁に描いたような「格納台」と呼称される台に横になってもらい金具をネジ留めし確実に「防雷具」は固定される。艦艇模型を製作するモデラーの方々に以下は釈迦に説法だろうが、この「格納台」設置位置は艦首甲板にずらりと並ぶ主砲後部下だ。主砲が係止位置では庇になる部分だ。他に変わった例として「高雄」型巡洋艦や「妙高」型巡洋艦、「長門」型戦艦などは艦橋基部前壁に固定される。……繰り返すようだが本防雷具の重量は600kgだ。壁などの高所にわずか2本ほどのタガで固定は危なくないのだろうか。また高所だ。そこへ600kgもある物体をどうやって持ち上げるのだろうか。毎度乗員らが寄って集っての人力なのだろうか。しかも円筒形だ。とても持ち辛い形状だし、展開翼を持って変形したら期待する展開角度が変わるだろう。高所に格納するのは正直、利点が少ないように思う……。
「展開器主体」中程に懸吊金具が両舷に付いているがこれは「防雷具」を海中投入するときにボートダビット索をここに結索、揚卸しに使う。
切断器の牽引具を使っての揚卸しでは重心位置が前すぎ魚を釣り上げたような形での入水と揚水では高速で流れる舵板が当たり具合が悪いということだろう。
さて、ここで気付いた貴兄貴女等は居られると思う。何故、左右舷二つではなく中心線上に一つの金具としなかったのかということ、にだ。
前述したとおり、「防雷具」は水中では水平ではなく、翼を垂直に立てた状態で曳航される。すなわち、「防雷具」は左舷用、右舷用と各舷によって使い分けていたのだ。その証拠に「展開翼」両端にある航空機の増槽のような代物は「浮標」と「錘」であり、図に描いた状態では左側は「浮標」で右側は「錘」となり、この「防雷具」は左舷用となる。
「防雷具」は消耗品扱いだ、とも前述したが左舷用「防雷具」を右舷で使う場合、またその逆だが「展開翼」両端の「浮標」と「錘」を入れ替え、そして「尾框」に二つ開口している部分からベローズ弁より伝達される水圧感知掃海深度調定用舵板ロッドを左右入れ替えるのだ。↘

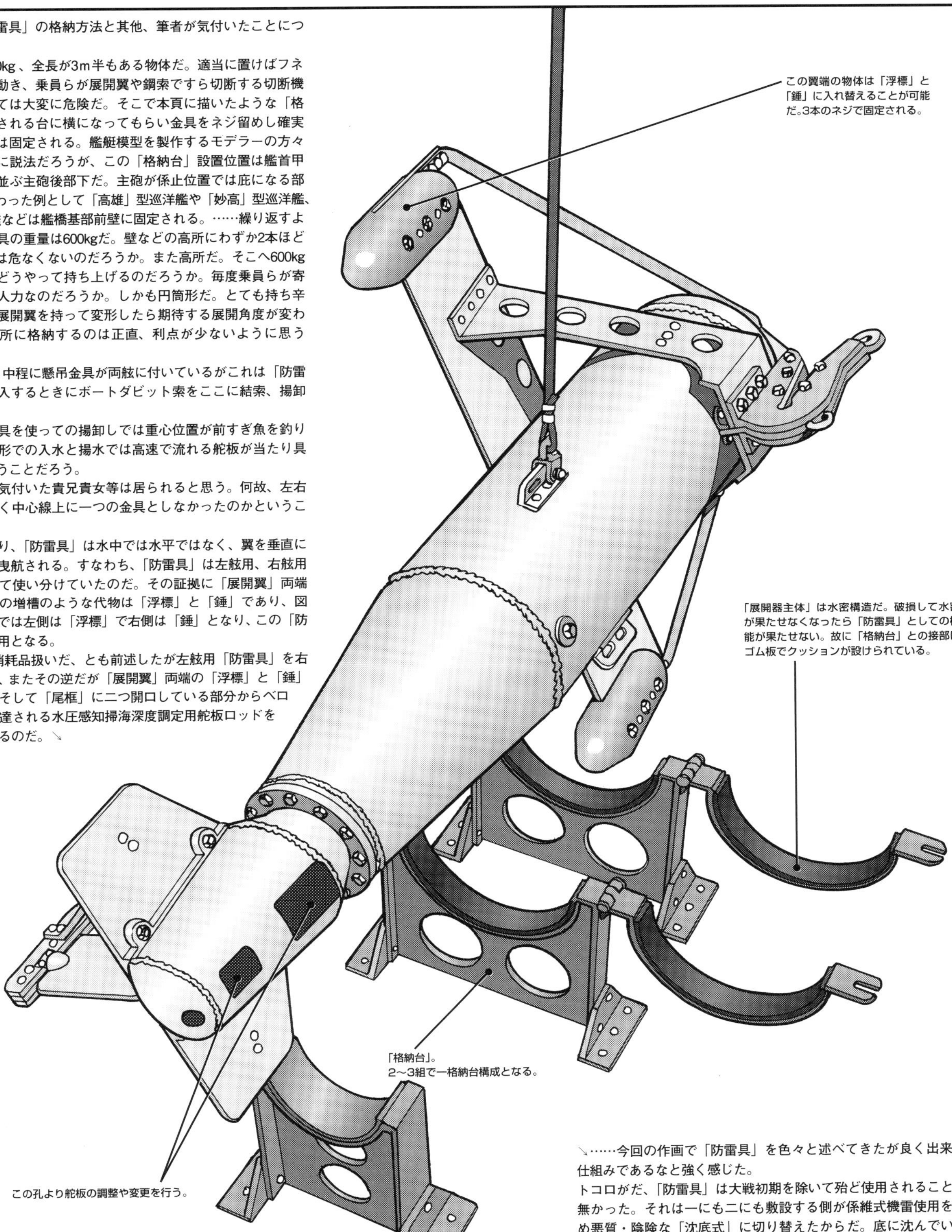

↘……今回の作画で「防雷具」を色々と述べてきたが良く出来た仕組みであるなと強く感じた。
トコロがだ、「防雷具」は大戦初期を除いて殆ど使用されることは無かった。それは一にも二にも敷設する側が係維式機雷使用を止め悪質・陰険な「沈底式」に切り替えたからだ。底に沈んでいる機雷はこの「防雷具」ではお手上げだ。「防雷具」には罪はない。
……これは筆者の想像で空想のハナシで恐縮なのだが、「防雷具」自体に浮力がある。不幸にして乗艦が沈没の憂き目に遭遇した場合、気の利いた兵隊がこの「防雷具」留め金を外し海中に投げ入れれば「防雷具」は浮くことになる。これにしがみついて助かった人が居て欲しいな……と夢想する次第だ。

大戦末期に大量生産された水上特攻兵器 ㊃艇

大戦末期、押し寄せる敵艦隊に対抗するために量産された特攻用ボート、㊃艇。震洋とも呼ばれるこの小型艇は膨大な数が建造されている。ここではこの㊃艇の詳細とその運用方法について図解する

【操舵室】「㊃艇」の操舵は自動車のような転把でおこなわれる。波除の為に上甲板より高い位置に合板で構成される直線的な高台に搭乗員は収まる。
個人的な意見になるが、せめて全面傾斜部分に防弾鋼鈑を貼って欲しいと考えるがそうすると搭載した磁気羅針儀が用を果たさなくなるかとも思う。

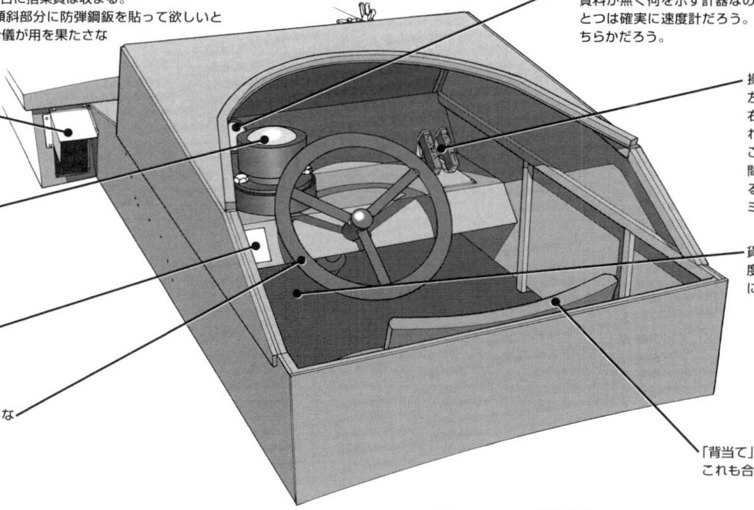

「排気筒」
図で描いたとおり排気口上に潮が入り込まないように庇を付けただけの構造だ。

「磁気羅針儀」
形式は不明だ。激しい振動を吸収できるように相応の台座が付いている。遺されたこの写真をみると図とは異なる形状の羅針儀を付けているが多分、磁気羅針儀ならば何でも取付したのではないだろうか。

形状は不明だがここに艇頭部に搭載した炸薬の電気信管主開閉器がある。言わば安全装置だ。

「転把」
図のような熔接構造のものと、鋳込んで造ったような滑らかな形状のとがある。

全面左舷には計器がふたつ付く。
資料が無く何を示す計器なのかは不明だが磁気羅針儀があることからひとつは確実に速度計だろう。もうひとつは燃料計か、主機の回転計のどちらかだろう。

操舵室で特筆すべき点はこの「引き手」だ。
左側が撃発信管の安全栓解除のもの、そして右側が撃発用だ。卑近な言い方になるがこれを引くと艇頭部の炸薬が発火、自爆する。ここも別項目を設けたので参照のこと。
間違っていきなり右側を引いても安全栓があるので引けない構造になっている。どのタイミングで安全栓を抜くのだろう。

貨物車の発動機を流用していると述べたが速度は底部にある、アクセルを踏む形だ。因みにクラッチもある。当然だがブレーキは無い。

「背当て」
これも合板を曲げただけのものだろう。

「㊃艇」全体図

取外し部分を明確にするために軽い分解図の様相で描いてみた。搭乗員との比較でも判るとおり、非常に小型なフネだ。全長は5.4m。垢抜けた容姿とは言い難いが直線的で筆者は嫌いには感じない。
主文では述べなかった重要なことが1件ある。それは「㊃艇」の構成材だ。主機、回転軸、推進器、円管部分、燃料槽、爆薬缶などを除いた艇体は木材を桂剥きにしたベニヤを繊維方向を90度変え接着剤で貼合せた『合板』を同じく合板と木材で構成された肋材に釘接した文字通り『木製艇』だ。これなら主文で述べたとおり6000艇量産が叶ったのも頷ける。
同じく主文で「㊃艇」は各種派生型があると述べたが図で描いた「㊃艇」は「一型改四」と称するものだ。何がどう変わってこの派生型に到ったのかを示す資料が手許にないので詳しくは語れないのだが「一型」との明確な変更点は艇中央にある発動機を納めた「機械室」とそれを閉じる「機械室揚蓋」の形状が円弧なものが「一型」であり単なる筐になったのが「一型改四」だということだ。
留め金は図で描いたとおり9箇の蝶ネジで締めつけられるが「一型」ではヒンジ付きのネジで蝶ナットを僅かに緩めれば根元のヒンジを廻して迅速に取外しができるものであったが「一型改四」では根元が単なるL字状の金具となり、全ての蝶ナットを緩めないと「機械室揚蓋」は取外せない構造に『簡素化』された。また搭乗員左右にある噴進砲だが、「一型」には無い装備だった。他に補強材の数を減らしたりもしている。詳しくは引出線を参照のこと。「一型」と「一型改四」の外観的な相違はこんなトコロだろう。あと、内部で大きな改良点があるのだが、それは次ページ以降で述べたい。

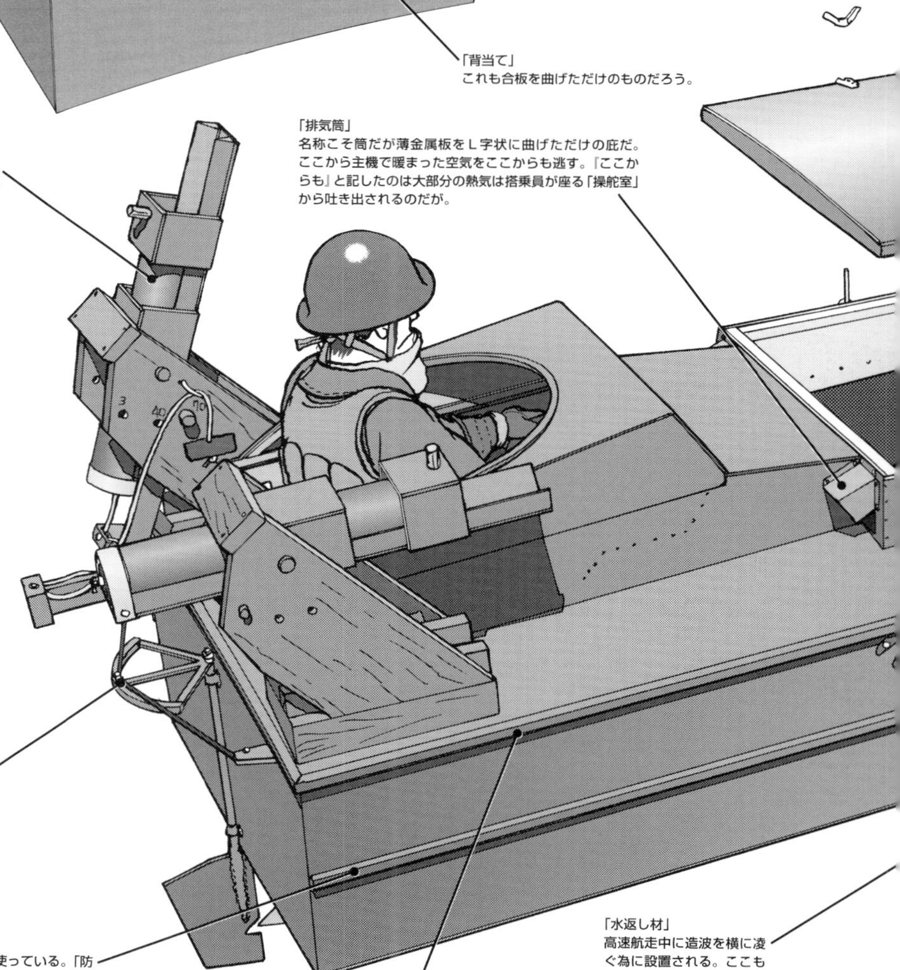

「十二糎単装噴進砲」
これの発射方法もかなり変わっているので別項を設けたのでそちらを参照のこと。
ただ、これを追加した理由だけは記しておきたい。
当時の資料では以下の一文が記してある。
『震洋艇に搭載し其の作戦行動を妨害する敵魚雷艇、敵艦艇及敵機に対して発射攻撃し以て自艇の作戦目的を達成するに在り』。
この一文を眼にするまでは筆者は敵輸送船に向け発射、炎上混乱させ、体当たり攻撃容易くさせる為の兵器……と思っていたが搭載の企図は前述の一文のとおりだ。
この一文を眼にして強く思ったのは島嶼間を「大発」を使い、夜中こっそりと輸送し、駐留部隊の命を永らえていた。これを点滴輸送や蟻輸送と称したそうだが、これをだまって見過ごすほど米軍は優しくない。これを狩ろうと米魚雷艇が徘徊している。「大発」は低速だ。魚雷艇に追われてはひとたまりもない。
そこで後知恵だがこれら「大発」の護衛に「㊃艇」を用いていたら、と強く思う。何しろ数が多数用意出来たのだ。これら島嶼間に「㊃艇」が運ばれていたらと夢想する。

「排気筒」
名称こそ筒だが薄金属板をL字状に曲げただけの庇だ。ここから主機で暖まった空気をここからも逃す。『ここからも』と記したのは大部分の熱気は搭乗員が座る「操舵室」から吐き出されるのだが。

追加された「舵柄」
「一型」ではこういう扇型ではなく単なる1本棒だったが大きく舵をとり、逆方向に舵を切るときに滑らかな操作が出来ない欠点をこの舵柄で解消している。

「縦目材」
上部の「防舷材」よりもやや細い木材を使っている。「防舷材」と同じ太さにすればよいものを……と思ったりするがここを細くするか同じするかで秀才と凡才に別れるのだろう。

「水返し材」
高速航走中に造波を横に凌ぐ為に設置される。ここも当然材質は木材だ。

「防舷材」
接岸時の艇体を保護する役目と艇体自体の補強材も兼ねている。

戦中海軍で最も多数製造された水上兵器は何だろうと考えたときに真っ先に思いつくのは「震洋」だろう。何しろ膨大で桁が違う。
戦中、1万艇を造ろうと企図し、各種派生型を含め6000艇以上が完成した……というから大層な数だ。戦中、この手の掛け声が方々に出たが殆どが僅かな数が出来た段階で敗戦となななっている中、ここまでの数が揃ったのは「震洋」のみであり、桁が一つ減り総数がこれの1/30程が「海龍」、「丁型甲標的」という感じだろうか。
本項ではその「震洋」を紹介する。
これら数が揃うということは「震洋」は徹底的に量産向きな構造、加えて調達しやすい部品で構成されているに他ならない。この辺を図説だけでも数十ページ分を費やすだけの十分なネタの質量があるのだが、ここは敢て6ページにで完結とする。
「震洋」は筆者にとってとても大きな興味があるテーマだ。これに副い他誌でも図説をしたが、それは艇本体に対するものであり、用法や用途、敵の防禦対策等については軽く文章で述べるに留まっていた。故に『アナタノ知ラナイ兵器』ではこれらについて述べて行こうと思う。肝心なことを述べるのを忘れていた。
「震洋」の主武装は艇頭部に納めた250kgの炸薬だ。敵輸送船のドテッ腹に体当たりをする兵器だ。大戦末期に於ける体当たり攻撃と兵器は命を粗末にする愚の最たるものとして語られる。それは正解だろう。だが「震洋」の場合はその一言で区分けされるのは正解ではないと筆者は考える。
敢て記すなら『必死と決死の間の兵器』だと思う。故に筆者はとても興味を抱くのだ。
これらについて本項で述べたいとも思う。
筆者は「震洋」元搭乗員らと逢ったことがある。彼らは自らの命を託すこの小舟を「震洋」と称する者もいたが同じ割合で「㊃艇」(まるよんてい)とも称していた。この差は何だろうと考えた時に配置部隊が異なる、教官が異なる……等が挙げられるが、もっと当時に突っ込んで訊いておくべきだったと反省している。本項ではこれらの呼称事実を後世に伝えるべく「震洋」とは称さずに「㊃艇」としたい。
蛇足ながら……これは「㊃艇」とその搭乗員らに対し、やや侮蔑に入るが『アオガエル』とも称していた。これは「㊃艇」搭乗員たち自らが称していたのではなく、「甲標的」等の他部隊から見た「㊃艇」とその搭乗員をアゴで指すようにして用いられたものだ。これも記しておく。
それでは「㊃艇」の図説に入ろう。

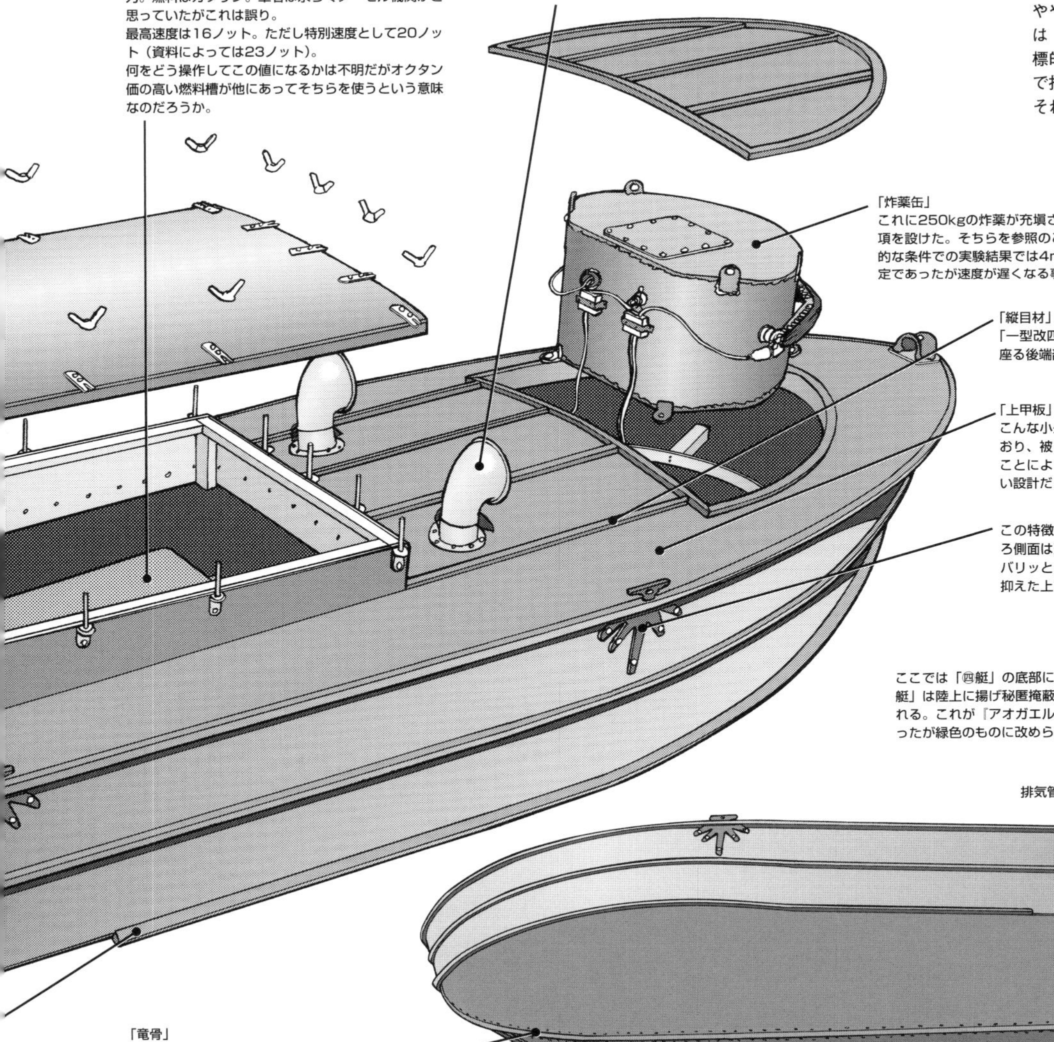

「主機」
「㊃艇」は多数量産されたと述べた。それが叶ったのには主機の選定が大きく寄与している。「㊃艇」の為に製造されたものではなく、当時量産中だった貨物車(豊田ＫＣ型)の発動機を流用とした。軸馬力は67馬力。燃料はガソリン。筆者は永らくヂーゼル機関かと思っていたがこれは誤り。
最高速度は16ノット。ただし特別速度として20ノット(資料によっては23ノット)。
何をどう操作してこの値になるかは不明だがオクタン価の高い燃料槽が他にあってそちらを使うという意味なのだろうか。

「給気筒」
図ではキセル状のを描いたが直線的な形状のものもある。ここは取外し式でもあり、また旋回式でもあり、波が高いときはここから浸水しては大事なので向きを変える機能もある。ここより主機への給気と主機を冷却する冷気を取入れる意味もある。

「炸薬缶」
これに250kgの炸薬が充塡されている。これの発火方法はかなり考えられたシステムなので別項を設けた。そちらを参照のこと。この炸薬量で輸送船にどの程度の被害を与えるかだが、理想的な条件での実験結果では4m四方の大孔が空くとのことだ。当初、もっと多くの炸薬を搭載予定であったが速度が遅くなる事、艇の浮力も不足とのことで前述の重量となった。

「縦目材」
「一型改四」ではこの短い区間でしか貼って居ないが「一型」では搭乗員の座る後端部まで貼ってあった。簡素化で省略されている。

「上甲板」
こんな小舟なのに上甲板と称するのは何とも滑稽な気もするが図で描いたとおり、被った波を凌ぐタートルバック構造になっている。あと、円弧にすることにより船体の強度を高めている。ここを曲面とするのは本当に日本らしい設計だと思う。

この特徴的な形状をした金具は「クリート」。碇泊時に舫いを繋ぐ。なにしろ側面は薄い合板故にこれに力の掛かるクリートを付けたら方向によってはバリッと剥がれ取れてしまう。裏打ち材を艇内より当て、かつ「防舷材」で抑えた上で形状を図のようなものにして面積を増やしている。

【底部】

ここでは「㊃艇」の底部について述べる。心情的に喫水線から下は赤土色で塗粧したいが「㊃艇」は陸上に揚げ秘匿掩蔽する必要がある。故に目立つ赤色塗粧はせずに全体を濃緑色で彩られる。これが『アオガエル』の由縁だ。加えて搭乗員服装も当初はチョコレート色の航空服だったが緑色のものに改められたせいもあり、乗艇も搭乗員も『アオガエル』になった。

排気管は左舷のみの装備。

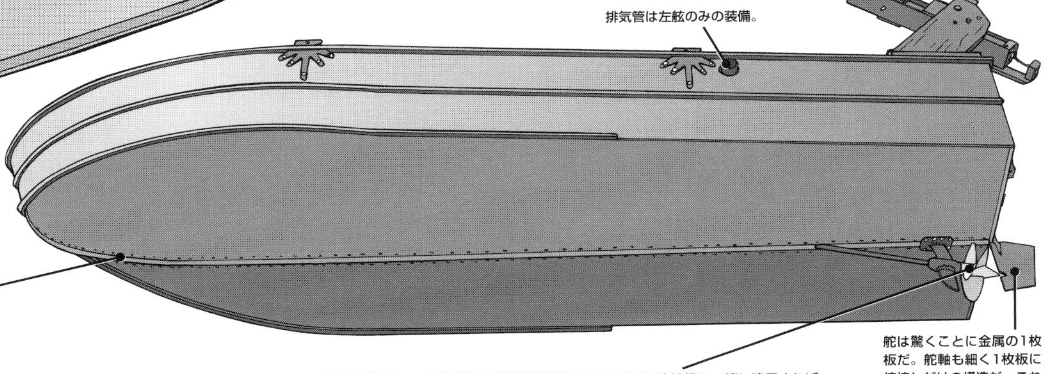

「竜骨」
底板も合板。これの厚みを竜骨と面一にする為に板厚分を削り取った凝った断面となっている。しかし、この構図で描くとフネというよりも水上機の浮舟に思えてくる。高速で水面を跳ねるように航走する為で船底は平らに近いＶ字故だ。

「推進器」。
回転方向は前進面よりみて反時計回り。「㊃艇」は「回天」と同じく後進が出来ない。貨物車から発動機を流用したついでに変速機も一緒に流用すれば……と後知恵に思うが構造を簡素化することによって膨大な量産数が叶うのだ。相応の構造と考えるべきだろう。
生き残った「震洋」搭乗員に訊くと訓練終了後、接岸時に逆進がないので苦労したとのことだ。

舵は驚くことに金属の1枚板だ。舵軸も細く1枚板に熔接しただけの構造だ。これではチョットしたことで折れ曲がると思うのだが……。

それではここで「㊃艇」搭載の「十二糎単装噴進砲」こと「ロサ弾」を発射してみよう。

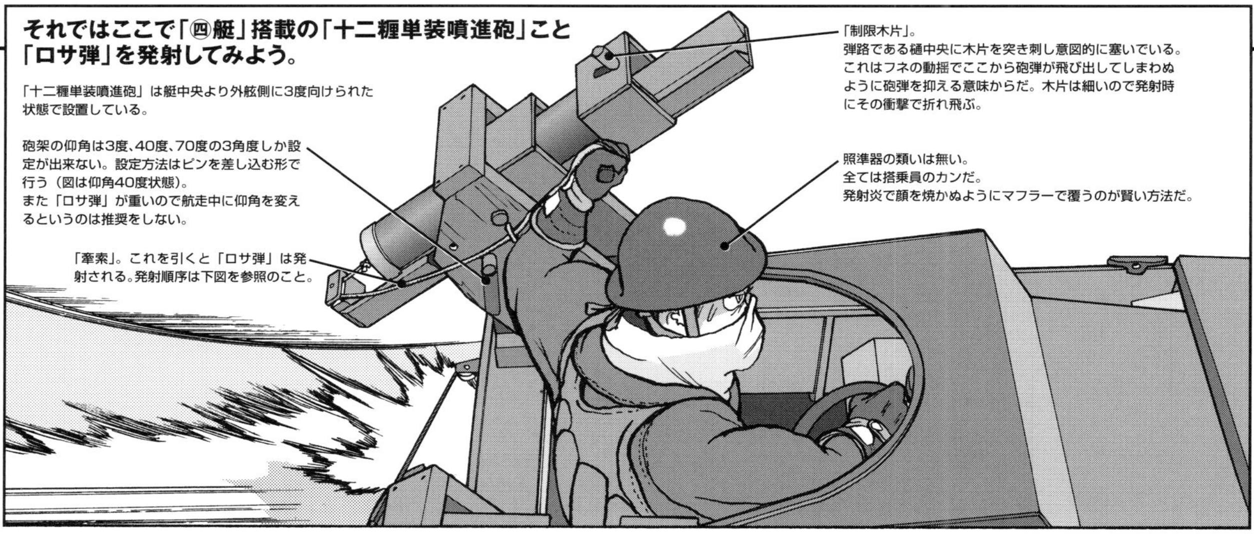

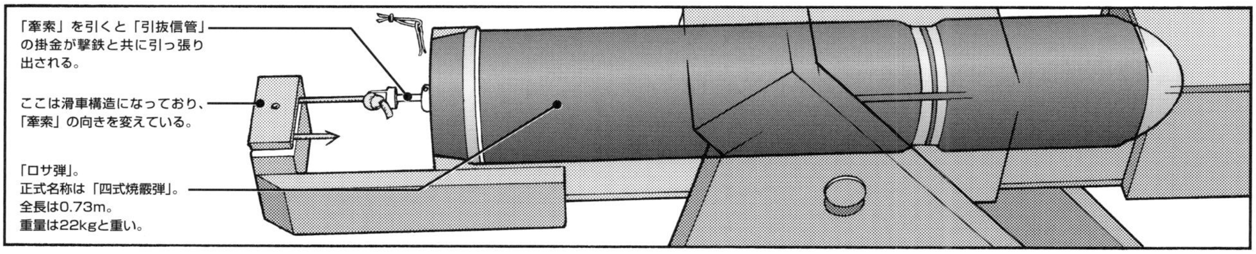

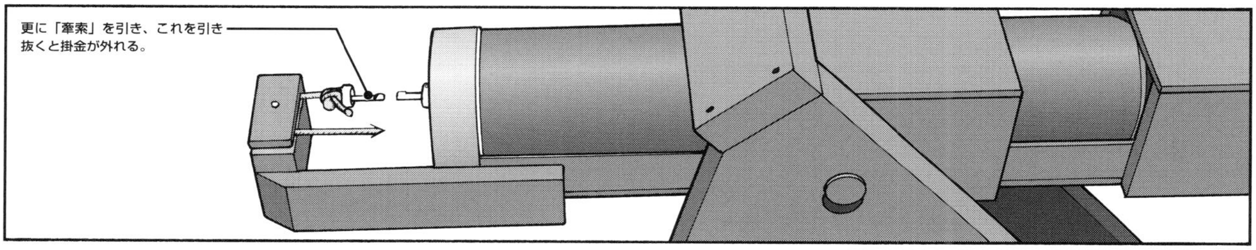

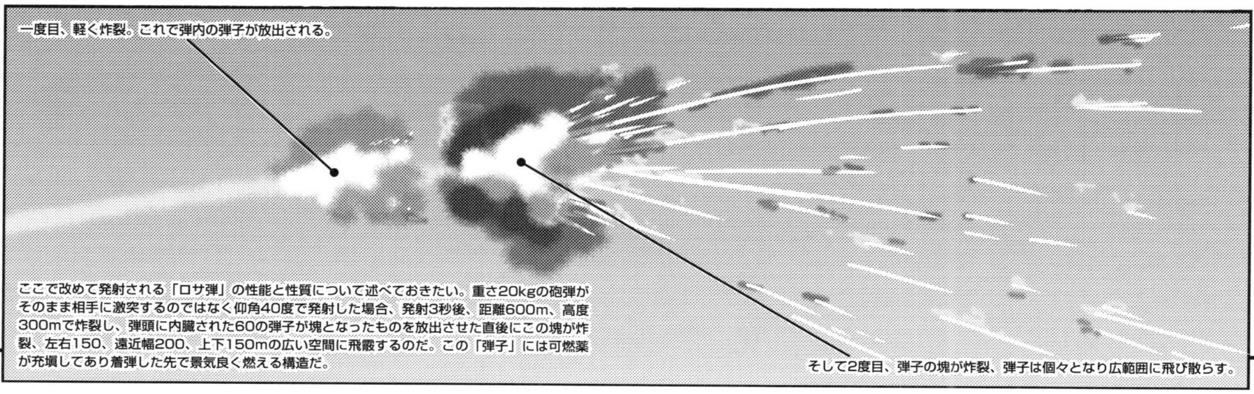

ここで改めて発射される「ロサ弾」の性能と性質について述べておきたい。重さ20kgの砲弾がそのまま相手に激突するのではなく仰角40度で発射した場合、発射3秒後、距離600m、高度300mで炸裂し、弾頭に内臓された60の弾子が塊となったものを放出させた直後にこの塊が炸裂、左右150、遠近幅200、上下150mの広い空間に飛霰するのだ。この「弾子」には可燃薬が充填してあり着弾した先で景気良く燃える構造だ。

冒頭、筆者が『必死と決死の間の兵器』と述べたが、それをここで述べたい。「㊃艇」は最後尾に「操舵室」がある。これは艇首部に炸薬、中央に主機があるからという配置でもあるのだが、その真意は体当たり直前になったら搭乗員は艇外に脱出しやすい為の配置でもある。
馬鹿正直に艇と命運を共にする必要はない、ということだ。しかし……
しかし、これから述べる炸薬について思うと余りに直前での脱出は巻き添えになる可能性が非常に大きいのではあるのだが。

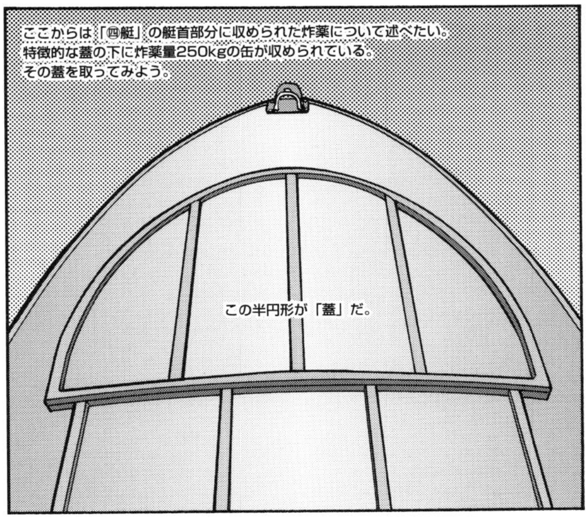
ここからは「㊃艇」の艇首部分に収められた炸薬について述べたい。
特徴的な蓋の下に炸薬量250kgの缶が収められている。
その蓋を取ってみよう。
この半円形が「蓋」だ。

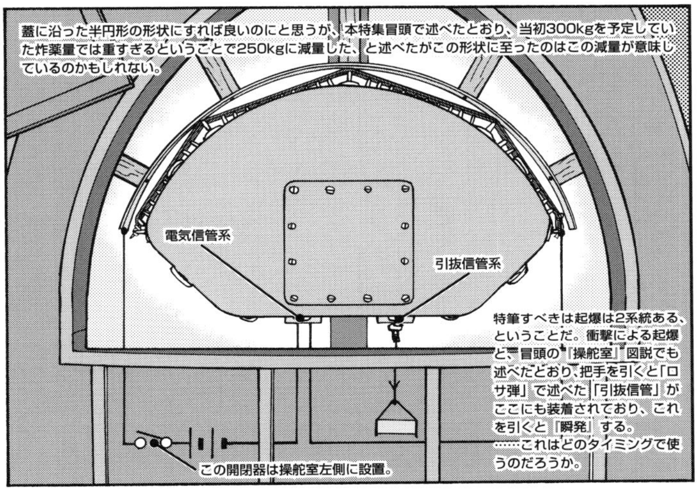
蓋に沿った半円形の形状にすれば良いのにと思うが、本特集冒頭で述べたとおり、当初300kgを予定していた炸薬量では重すぎるということで250kgに減量した、と述べたがこの形状に至ったのはこの減量が意味じているのかもしれない。
電気信管系
引抜信管系
特筆すべきは起爆は2系統ある、ということだ。衝撃による起爆と、冒頭の『操舵室』図説でも述べたとおり、把手を引くと「ロサ弾」で述べた「引抜信管」がここにも装着されており、これを引くと『瞬発』する。
……これはどのタイミングで使うのだろうか。
この開閉器は操舵室左側に設置。

ではここでは衝撃による起爆について述べよう。
目標船舷側

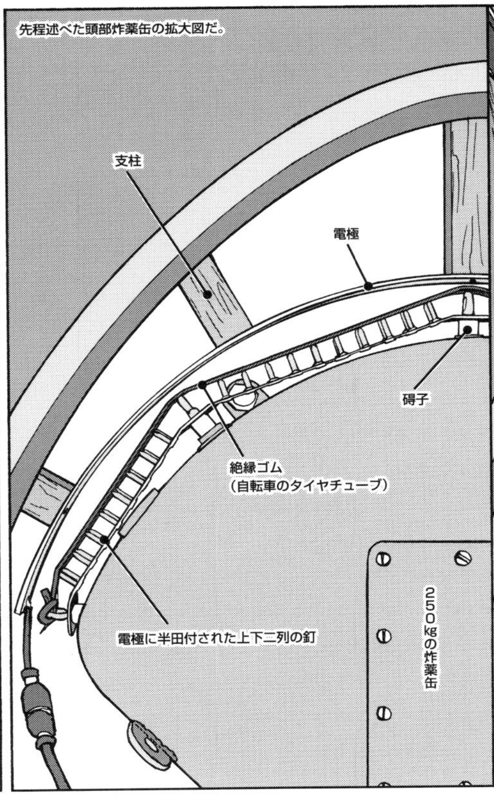
先程述べた頭部炸薬缶の拡大図だ。
支柱
電極
碍子
絶縁ゴム
(自転車のタイヤチューブ)
電極に半田付された上下二列の釘
250kgの炸薬缶

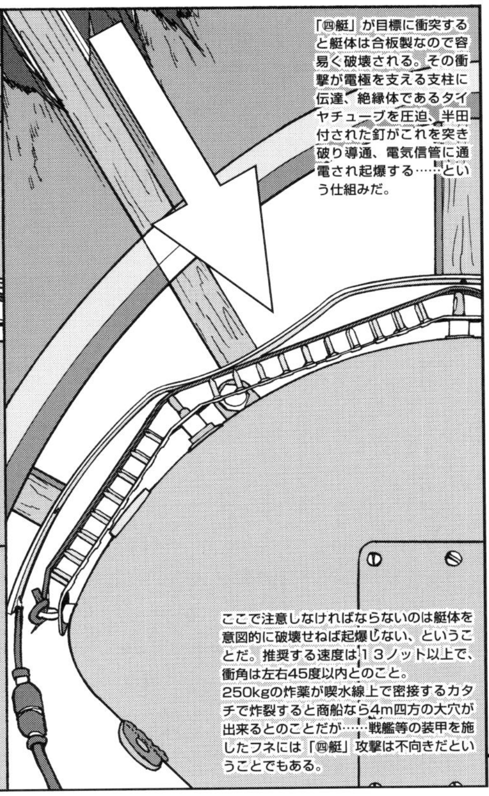
「㊃艇」が目標に衝突すると艇体は合板製なので容易く破壊される。その衝撃が電極を支える支柱に伝達、絶縁体であるタイヤチューブを圧迫、半田付された釘がこれを突き破り導通、電気信管に通電され起爆する……という仕組みだ。
ここで注意しなければならないのは艇体を意図的に破壊せねば起爆しない、ということだ。推奨する速度は１３ノット以上で、衝角は左右45度以内とのこと。
250kgの炸薬が喫水線上で密接するカタチで炸裂すると商船なら4m四方の大穴が出来るとのことだが……戦艦等の装甲を施したフネには「㊃艇」攻撃は不向きだということでもある。

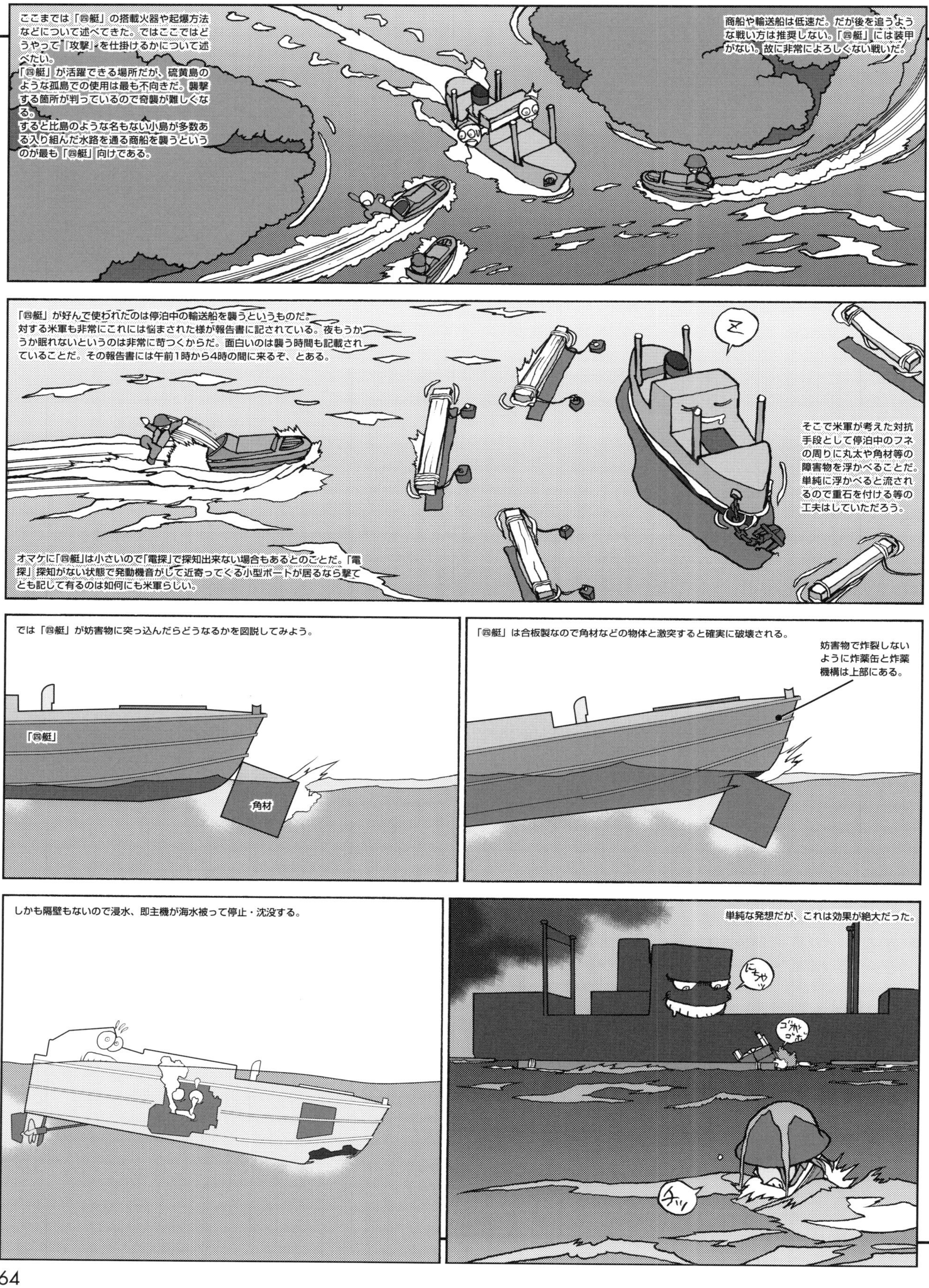
ここまでは「㊃艇」の搭載火器や起爆方法などについて述べてきた。ではここではどうやって『攻撃』を仕掛けるかについて述べたい。
「㊃艇」が活躍できる場所だが、硫黄島のような孤島での使用は最も不向きだ。襲撃する箇所が判っているので奇襲が難しくなる。
すると比島のような名もない小島が多数ある入り組んだ水路を通る商船を襲うというのが最も「㊃艇」向けである。
商船や輸送船は低速だ。だが後を追うような戦い方は推奨しない。「㊃艇」には装甲がない。故に非常によろしくない戦いだ。
「㊃艇」が好んで使われたのは停泊中の輸送船を襲うというものだ。対する米軍も非常にこれには悩まされた様が報告書に記されている。夜もうかうか眠れないというのは非常に苛つくからだ。面白いのは襲う時間も記載されていることだ。その報告書には午前1時から4時の間に来るぞ、とある。
Z
そこで米軍が考えた対抗手段として停泊中のフネの周りに丸太や角材等の障害物を浮かべることだ。単純に浮かべると流されるので重石を付ける等の工夫はしていただろう。
オマケに「㊃艇」は小さいので「電探」で探知出来ない場合もあるとのことだ。「電探」探知がない状態で発動機音がして近寄ってくる小型ボートが居るなら撃てとも記して有るのは如何にも米軍らしい。
では「㊃艇」が妨害物に突っ込んだらどうなるかを図説してみよう。
「㊃艇」
角材
「㊃艇」は合板製なので角材などの物体と激突すると確実に破壊される。
妨害物で炸裂しないように炸薬缶と炸薬機構は上部にある。
しかも隔壁もないので浸水、即主機が海水被って停止・沈没する。
単純な発想だが、これは効果が絶大だった。
にちゃッ
チッ

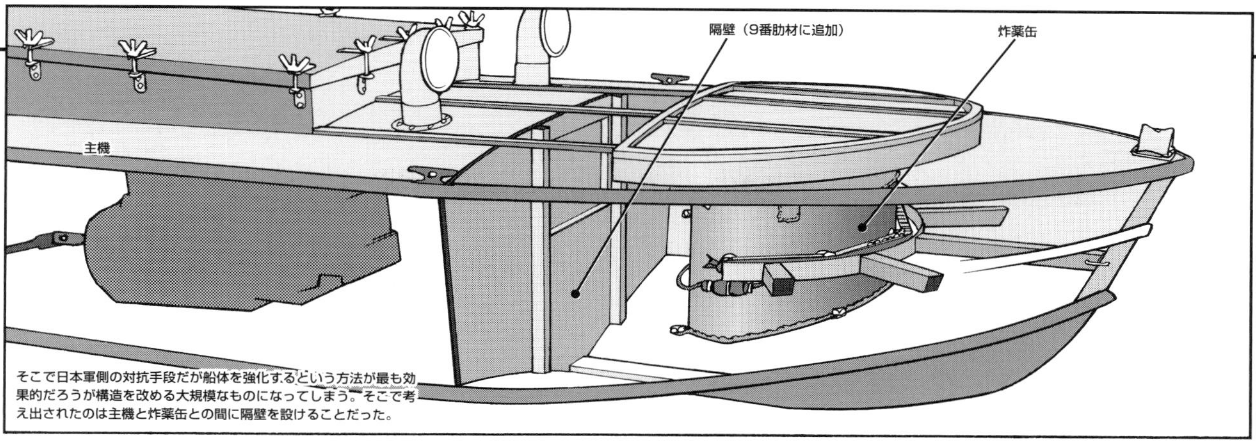

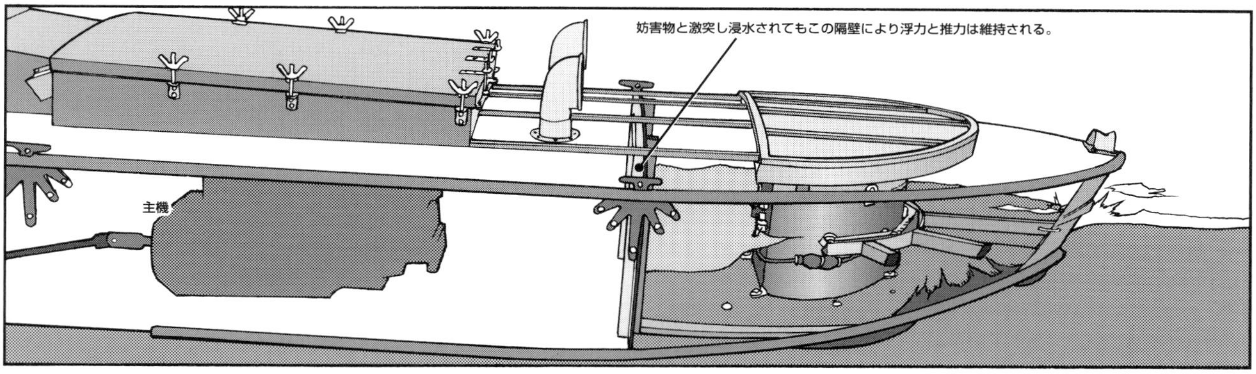

「㊃艇」が世間で評される時、要約すると概ね以下のようになる。『モーターボートに爆薬くくり付けただけ』。だが、これは木を見て森を見ない発言でしかない、と筆者は考える。ありふれた部品で構成される起爆装置等、掘り下げると様々な工夫がある。そして相手も対抗策を考え、使う側もそれに対抗しや隔壁を追加するなどの手段を考えていた。これが伝わってくれるなら筆者は幸甚だ。
航走中の船舶に向け体当たりを試みるならば自らの命と戦果を交換する行為は百歩譲って僅かに理解は出来る。しかし、錨を打って停泊中の船舶に「㊃艇」を当てるならば自らの命を使うのは勿体無い。遠く離れた場所からどんどん「㊃艇」を乗り捨て、水上航走する魚雷のような使い方をし、どんどん生きて還り、どんどん再出撃をするべきと筆者は考える次第だ。
ただし、250kgの炸薬は強力だ。近寄りすぎての脱出は爆発や爆圧に巻き込まれる危険も考えねばならない。
愚に付かないような兵器ならば米軍は注意喚起をしない。それも一歩踏み込んだ妨害物を使う旨、そしてそれを早い段階で隔壁追加に到った我が国側。言わばシーソーゲームの様相を呈する程に襲撃する側もされる側も気遣っていた兵器でもあるということだ。

人力で軍艦と港をつなぐ短艇

九メートルカッター

ほとんどすべての艦船に搭載されているカッター。ここではその中でももっともポピュラーな存在の短艇、九メートルカッターを図解する。後半ではその運用方法もあわせて紹介しよう

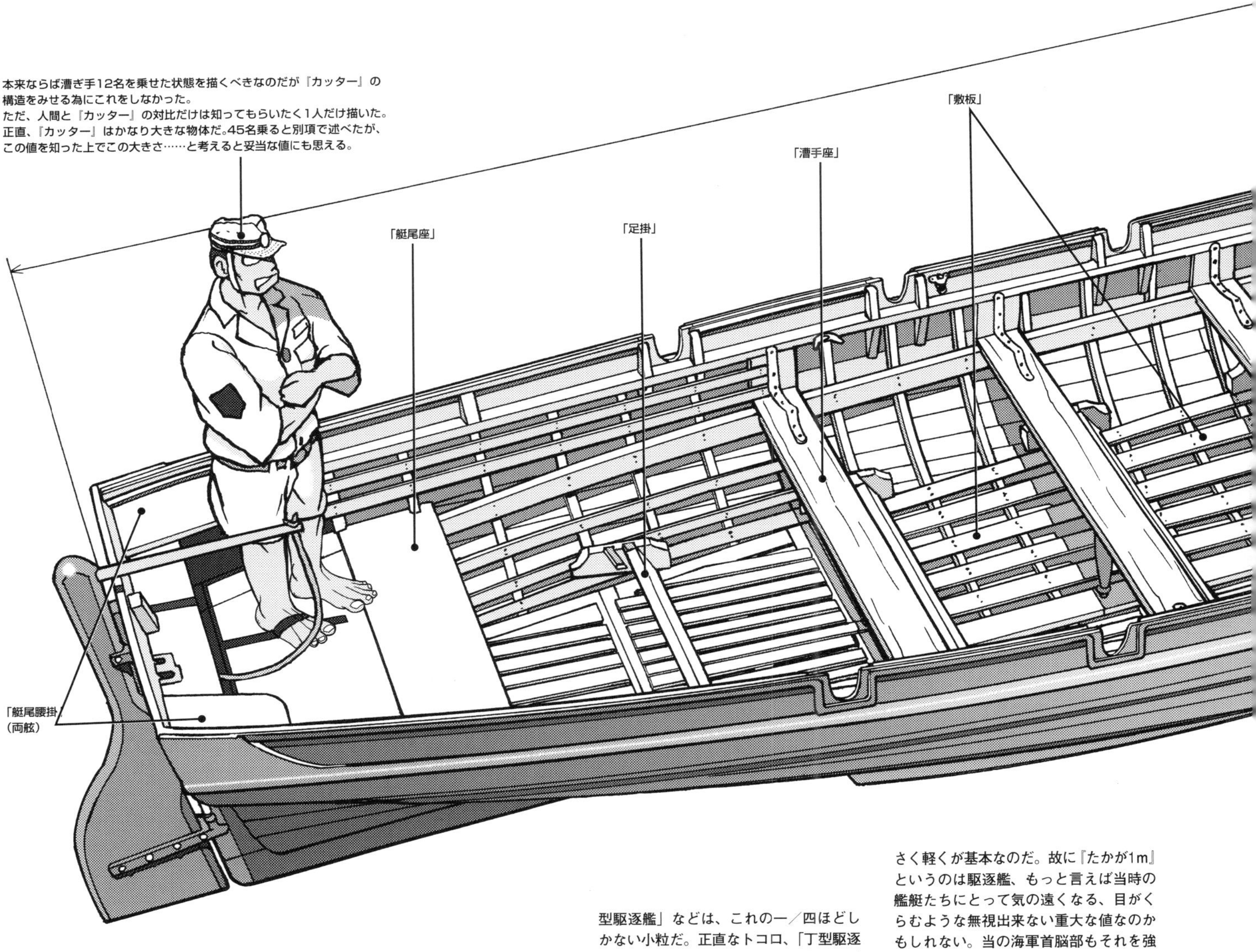

「九メートルカッター」を紹介しよう。「九メートル」もの長さがあるカッターナイフではなく、1/700縮寸の艦艇模型を手がけられる貴兄貴女等は周知と思うが艦橋横や煙突周辺に、また空母は艦尾飛行甲板下に多数寄り集まるように装載している大きさ13mmほどの小舟のことだ。

一口に『13mmほどの小舟』といっても実物は1種類ではなく概ね「六メートル」、「七メートル」、「九メートル」の3種類がある。今回特集する「九メートルカッター」は大型艦艇用だ。具体的に記すと戦艦・巡洋艦・空母に装載される。「七メートルカッター」は駆逐艦用、そして一番小さい「六メートルカッター」は小艦艇用とのことだ。以下は余談だが筆者の大好きな「丁型駆逐艦」に装載されるカッターは「七メートル」ではなく小艦艇用の「六メートル」だ。周知のとおり我が国の駆逐艦は非常に多岐だ。「秋月」型と称される「乙型駆逐艦」は満載排水量4000トンに迫る、突き抜けた大型駆逐艦だし、前述した「丁型駆逐艦」などは、これの一／四ほどしかない小粒だ。正直なトコロ、「丁型駆逐艦」は駆逐艦というよりも大型の「海防艦」という方がシックリ来る。故の『小艦艇用・六メートルカッター』を装載したということもあるだろうし、これの他に「小発」と称する「十メートル特型運貨船」も装載するのだ。『これで我慢しろ』というふうにも感じられる。しかしながら、たかだか1mくらいの差ならば駆逐艦は全て「七メートルカッター」に統一して欲しいという気持ちも込み上げてくるのだが本書18ページに掲載した「睦月」型駆逐艦は何もかもギリギリの寸法で設計されているのを思い知ったばかりだ。極力、小さく軽くが基本なのだ。故に『たかが1m』というのは駆逐艦、もっと言えば当時の艦艇たちにとって気の遠くなる、目がくらむような無視出来ない重大な値なのかもしれない。当の海軍首脳部もそれを強く感じていたようで「改丁型駆逐艦」に到っては装載艇は「七メートルカッター」としていたのは『やっとか』という思いだ。それでは「九メートルカッター」の図説に入ろうと思うが、その前に名称の「九メートルカッター」では長い。当時の海軍軍人さんたちは「九メートル」も「七メートル」も「六メートル」も全てひっくるめて『短艇』と称していた。戦中、輸送船で、しがないボイラーマンだった筆者の愚父はこれらを『カッター』と口語していた。本来ならば本項では『短艇』と称するべきなのだが『カッター』とい

「九メートルカッター」とはどこからどこまでの長さが「九メートル」なのだろうか。
図で示したとおり、艇首の「ステム」突端から舵のヒンジ部までの長さが
『九メートル』ということだ。

この凹みに櫂を入れ、これを支点にして櫂を漕ぐ。この凹みの名称は別項でも述べたが「櫂座」だ。本来ならばここに櫂を入れた状態を描くべきなのだが、今回は『カッター』のみの図説とした。本来、『カッター』を運用するときは舷外を守るために一リットル入りのペットボトル寸の「防舷物」を「櫂座」分、ぶら下げる。

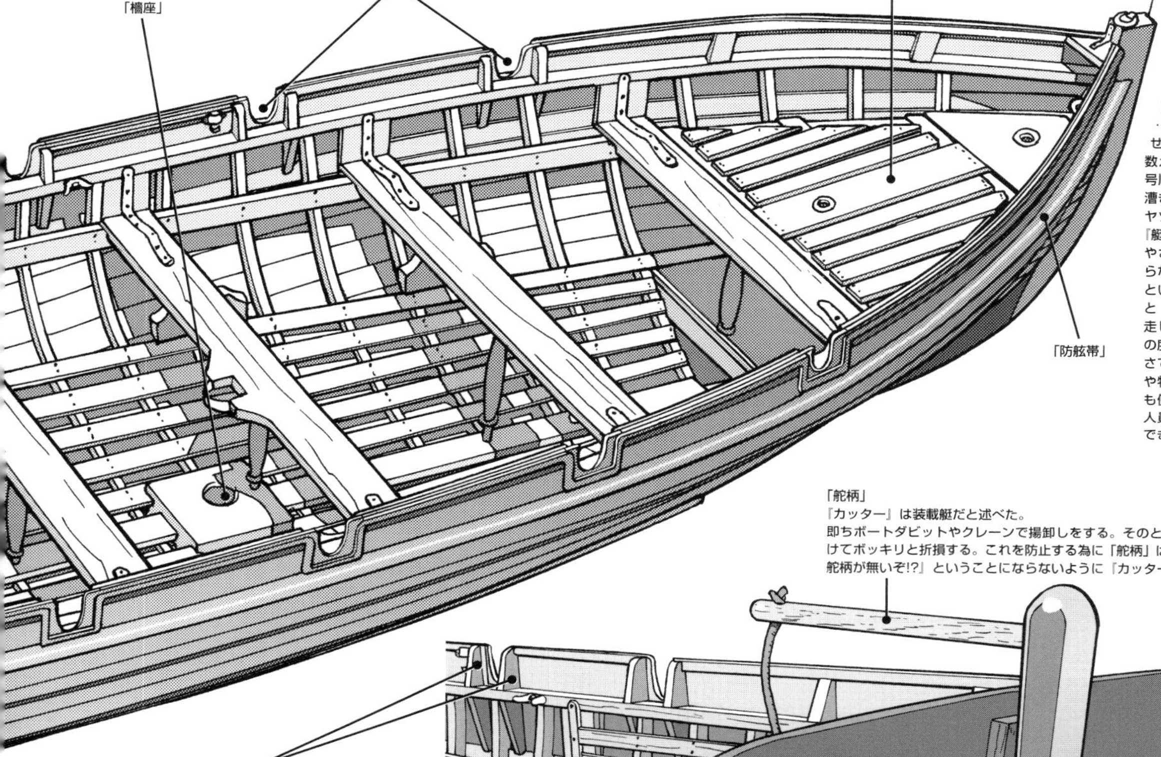

そもそも『カッター』とは何だろう。ここの凹みがあるとおり、本『カッター』は撓艇（とうてい）、櫂で漕ぐ小舟だ。「九メートルカッター」は櫂を入れる凹み、「櫂座」が片舷6、両舷で12ある。

即ち12挺の撓艇だ。ついでに述べるが、櫂1挺につき漕手は1人、都合12名に艇長と艇指揮各々 1名の都合14名で運用される。余談だが『艇長』と『艇指揮』の役目だが『艇長』は言わば艦長だ。フネの行き先を決める『長』。そして『艇指揮』だが、これは疲れる役目だ。というのも漕手12名が一糸乱れぬ櫂捌きをするように掛け声をずっと発し続けるからだ。因みに漕手にはグンタイらしく番号が割り振られている。具体的に記すと右舷艇尾部着席者より『一番漕手』、左舷艇尾側に着席した者が『二番漕手』となる。即ち右弦が奇数漕手、左舷が偶数漕手だ。

……この数え方どこかであったなあと思い巡らせたトコロ、航空母艦の両舷にある高角砲がこの数え方だ。意外な共通点というかこの撓艇漕手番号順を流用しているのだろう。ハナシが逸れたが漕ぎ手が12名集まれば必ず筆者のように鈍くさいヤツが必ず混じる。小艦艇ならば全員顔見知りだ『艇指揮』は『こら！コガ！気合い入れろ！』とどやされる訳だが戦艦等ならば『艇指揮』は顔を知らない場合がある。そんなときは『こら！○番！』というように発破をかける。鈍くさいやつが居ると『カッター』は遅くなるし何よりも真っすぐ航走してくれない。舵柄を握る『艇長』のイライラの度合いが高まる訳だ。

さて、『カッター』は何に使われるのだろう。連絡や物資輸送にも、そして後述するが救命艇としても使われる。物資積載量の具体的数値は不明だが人員ならばこれら14名を加えた都合45名が乗艇できる。

「舵柄」
『カッター』は装載艇だと述べた。
即ちボートダビットやクレーンで揚卸しをする。そのときに図のような細い横棒があるとこれに引っ掛けてボッキリと折損する。これを防止する為に「舵柄」は抜き取る構造になっている。泛水後に『アレ？舵柄が無いぞ!?』ということにならないように『カッター』に結索してあるのは中々賢い方法だと思う。

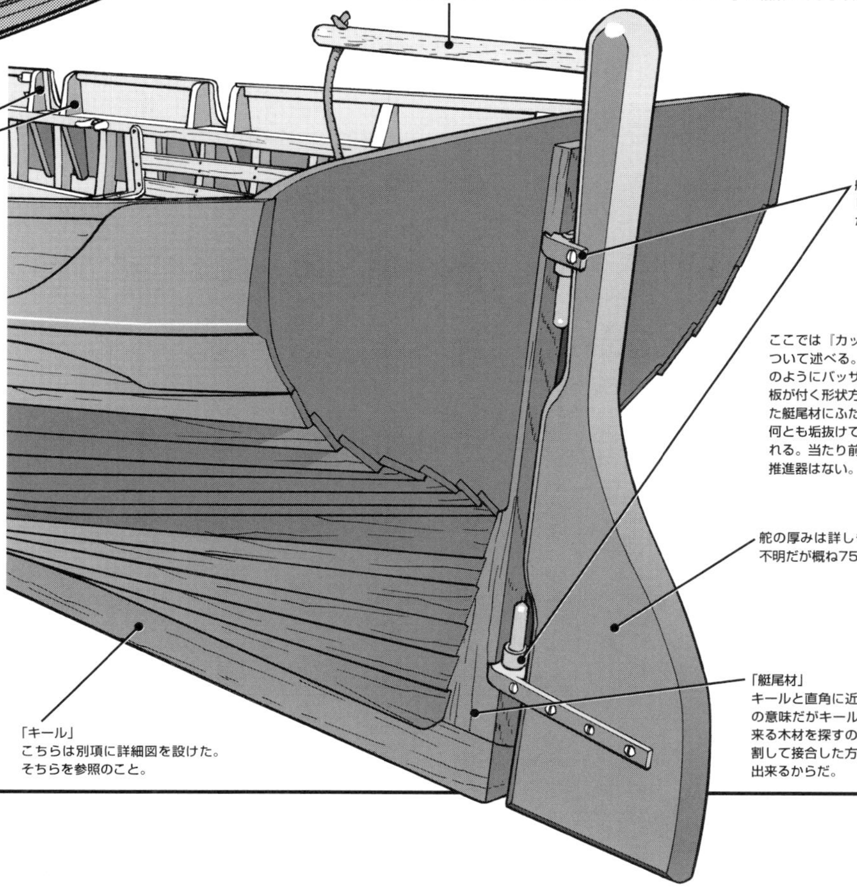

「櫂座」の裏側は図のような「スオートニー」と称する補強材が付く。それもそのハズだ。「櫂座」は櫂の支点なのだ。物凄い力が掛かるのでここは徹底的に強度を増すような工夫は当然だろう。

舵はヒンジとねじ留めをしているので交換は容易な構造だ。

ここでは『カッター』の艇尾、舵部分について述べる。艇尾は「改丁型駆逐艦」のようにバッサリと切断したような船尾板が付く形状方式だ。ここにより飛び出た艇尾材にふたつのヒンジを介し幅広の何とも垢抜けていない形状の舵が設置される。当たり前のハナシだが撓艇なので推進器はない。

えば工作に使う替刃式のナイフよりも『短艇』を思い浮かべるまでに愚父に叩き込まれた筆者宅の教育方針に沿ってここは『カッター』と称することにする。さらに余談だが、本作品を描く前は『たかが装載艇だ』と舐め、「丁／改丁型駆逐艦」に装載された「六メートルカッター」も同時に図説しようと目論んでいたが……中々凝った構造で、その上色々と考えられた構造を有していることも判明、今回は「九メートル」ひとつに注力することとした。それでは正真正銘、『カッター』の図説に入ろう。この見開き図では部位の名称のみを記し、部位の詳細は次見開きで述べる。

舵の厚みは詳しき寸法の資料がないので不明だが概ね75mmほどだろう。

「艇尾材」
キールと直角に近い形で接合される。これの意味だがキールと艇尾材が1本で加工出来る木材を探すのが大変だからふたつに分割して接合した方が木材を節約することが出来るからだ。

「キール」
こちらは別項に詳細図を設けた。
そちらを参照のこと。

「九メートルカッター」の構造

ここでは『カッター』の艇内説明をしようと思う。意外と知られていない事実として「九メートルカッター」は檣を立て帆走が出来る構造になっている。『五・六番漕手』の「漕手座」は檣の固定具を兼ねた構造になっている。また前ページの見開き図で述べた「艇首座」と「艇尾座」は取り外せる構造になっており、ここに『備品』を格納する。
艇首より艇尾までの間に20、「肋骨」があり船底はこれに固定されるのだが、艇内側はこれに隙間を開けて敷板を張っている。
私事で恐縮だが今までの『アナタノ知ラナイ兵器』では装載艇、特に『カッター』は極力描きたくなかった。というのもこの肋骨と敷板を描くのが実に容易ではないのだ。本図を見て筆者の気持ちを味わってもらいたいと思ったりもする。
筆者の戯言はここまでにして本見開き主文で「艇首座」と「艇尾座」下に備品を格納する、と前述した。天幕などは既に別項で述べたが他にどんなものが格納されていたのだろう。前見開きのオープニングでも述べたが、『カッター』は連絡の他に救命艇として使われる。厳密には『カッター』の用途上でこれが一番大きな役目だ。昭和19年10月末の比島沖海戦では帰るべき母艦が皆被弾竝撃沈に遭い上空直掩機は帰る先がなく、仕方なく次々と味方艦艇

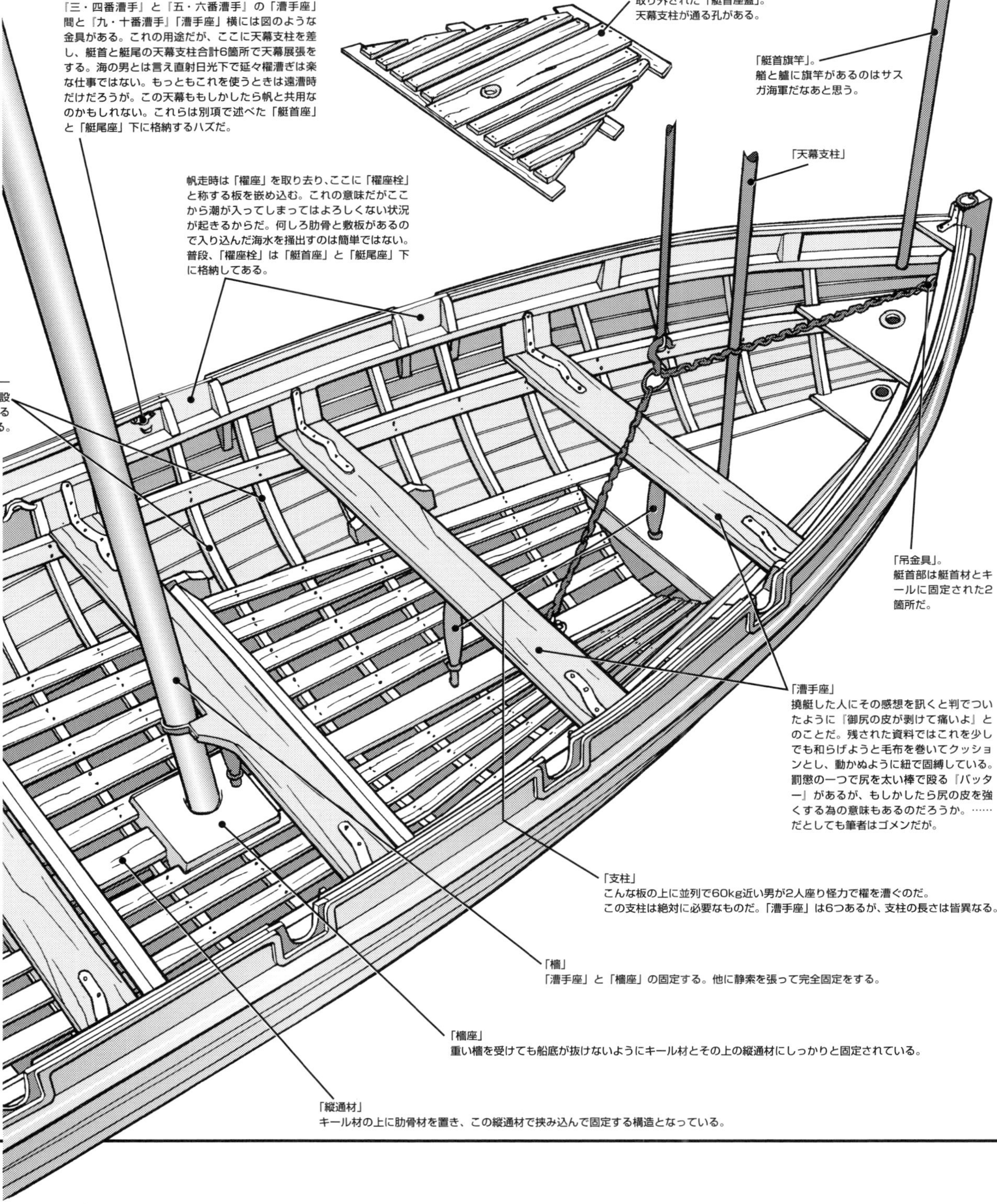

近くに不時着水、これに駆けつける『カッター』を撮影した当時の記録映像は有名だが、このような溺者を救うという『救命艇』の役目は当然だが『カッター』を装載しているフネが沈没した場合、この『カッター』がまさしく命を救うフネとなる。陸地が見えるような場所での沈没ならば不要だろうが見渡す限り大海原ではどちらに進めばいいのかすら判らない。故にコンパスは絶対に搭載・格納だ。残念ながらどのような形状のコンパスなのかは不明だが乗艦が戦没、『カッター』で漂流し生還した人の手記によると『カッター』搭載のコンパスは取り出したらすぐに使えるような構造ではなく盆に海水を入れて磁針を浮かせる構造のようだ。

また、別の生還例では乗艦が戦没後、見つけた『カッター』は不幸にも裏返しになっており、これが原因で「艇首座」と「艇尾座」の蓋がとれ、コンパスを中心とする備品らが全て流失していたとのことだ。一難去ってまた一難、考えただけで冷や汗が出る状況ではないか。しかしながら漂流物にしがみつき漂流するよりも9mの小舟に乗ることが出来たなら文字通り何十倍もの命を救うものだった訳だ。

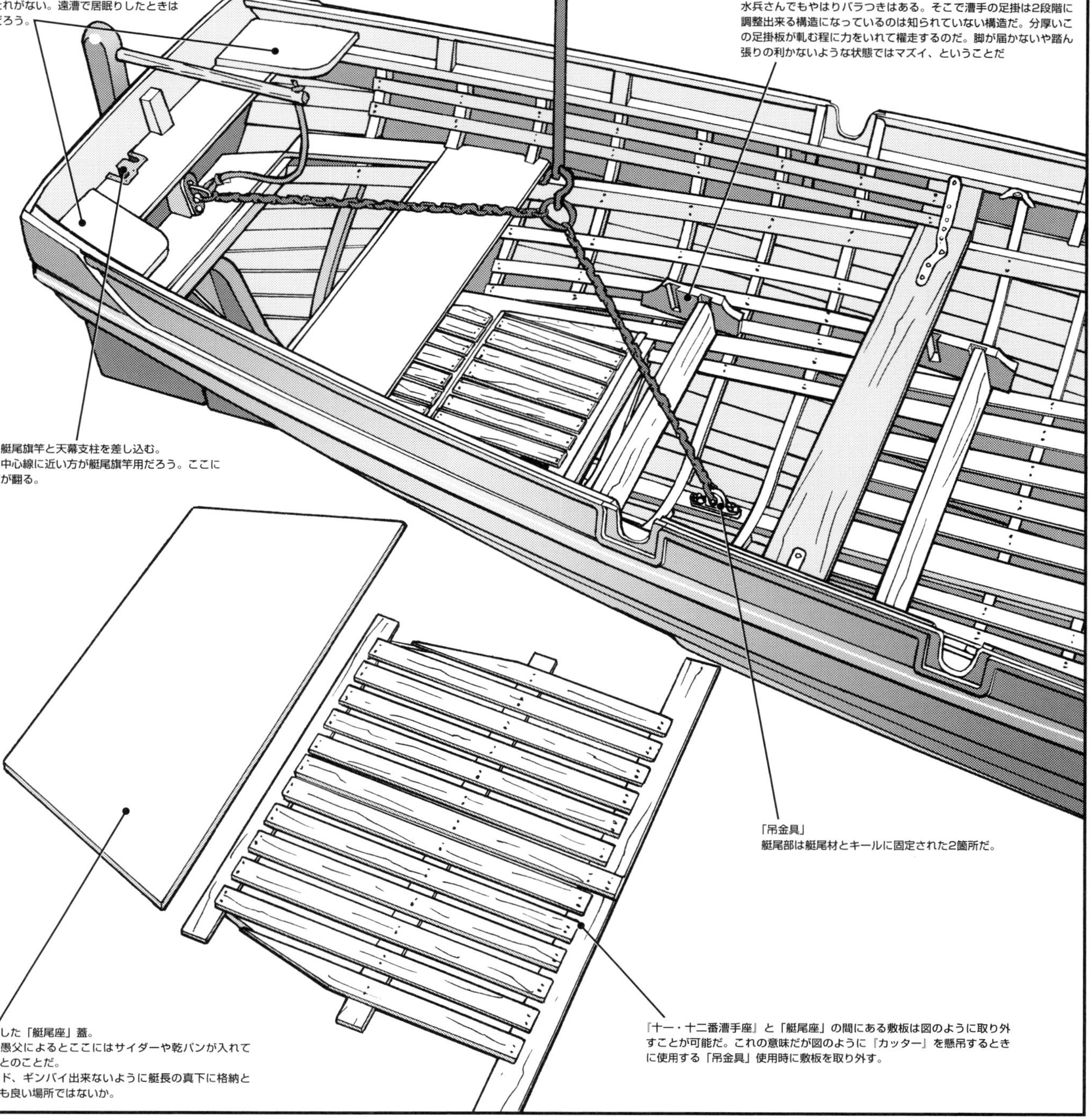

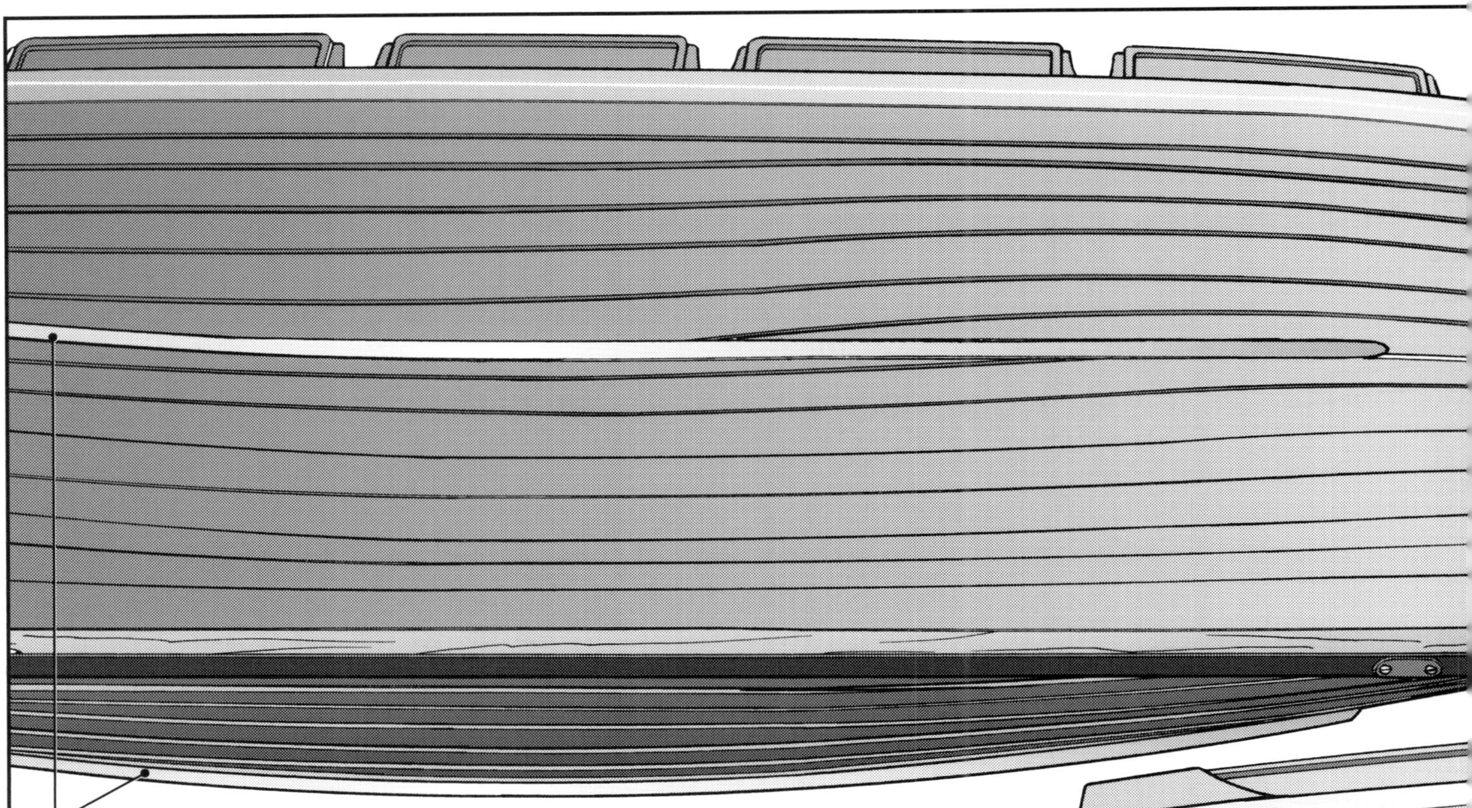

「ビルジキール」
フネのローリングを低減させる為の重要なヒレだが『カッター』には無い装備だとする資料も存在する。しかしながら「九メートルカッター」は帆走もするフネなのだ。横風を受けて航走するときに「ビルジキール」が無いと踏ん張りが利かないだろうと推測、敢えて描いた。

キールと舵底は面一になるようになっている。『カッター』は大きなフネに装載されるとは何度も前述した。装載時は架台に固縛されるがキールよりも舵が出っ張っていると装載固定時に舵を破壊してしまうからだ。
帆走するので安定板の意味も込め舵はうんと長くしたいのはヤマヤマだが装載する都合この長さとなっている。

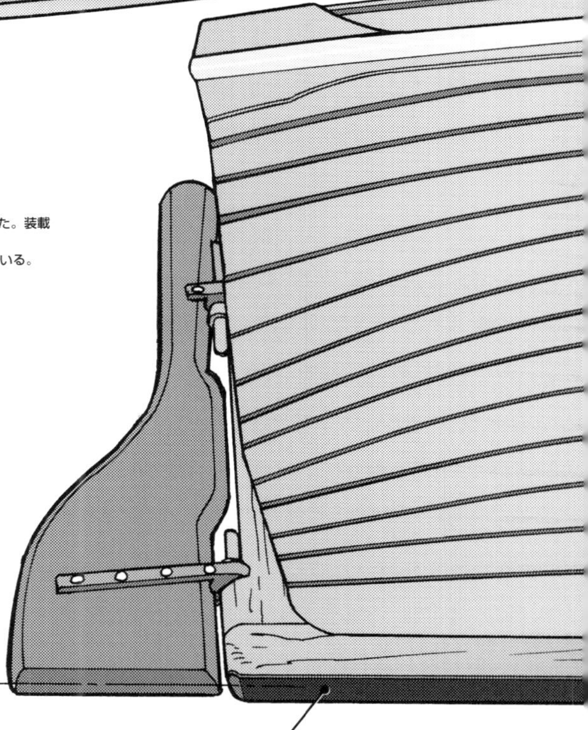

「キール」
フネの背骨たる重要な部位だ。艇尾材と等しく、木材を効率良く使用する為に艇首材たるステムとキールは別部品となっている。
掛かる力も異なるので木目も90度変えているのも工夫箇所だ。
尚、キールの底面は色々擦ったりすると木材故に削れる。これの防御の為に「キールバンド」と称する鉄材を貼っている場合が殆どだ。このネジは『カッター』懸吊時に使用する「吊金具」固定の為だ。

【余談】

もう数年前となるが姉妹誌たる『モデルグラフィックス』誌上で筆者は『こがしゅうととはどんなヤツなのか』というテーマでインタビューを受けた。こんな機会は最初で最後だ。当然この時、調子に乗り本項オープニングで述べた当家愚父のことも述べてしまった。愚父は輸送船で航海中、敵潜水艦の雷撃により複数回、沈没に遭っている。その度に寸法は不明だが輸送船に装載された『カッター』で漂流し生還、敗戦後に当家愚母と出逢い結婚をし結果、筆者が世に出た。図に描いた『カッター』が無ければ、もっと言えば有っても乗ることが出来なかったら筆者はこの世に生を受けることはなかった訳でもある。まさに2世代、『カッター様々』だ。幼少期に愚父の恐怖体験を何度も耳にし、『カッター』の有難さに興味が出て、たまたま目にした小説『救命艇の少年』を読み、絶望と希望を愚父の体験談と重ねて読んだのはとても深く味わえた部分だ。漕ぎ手が握る櫂も、そして装載の方法や仕組みは次ページ以降で紹介していこう。

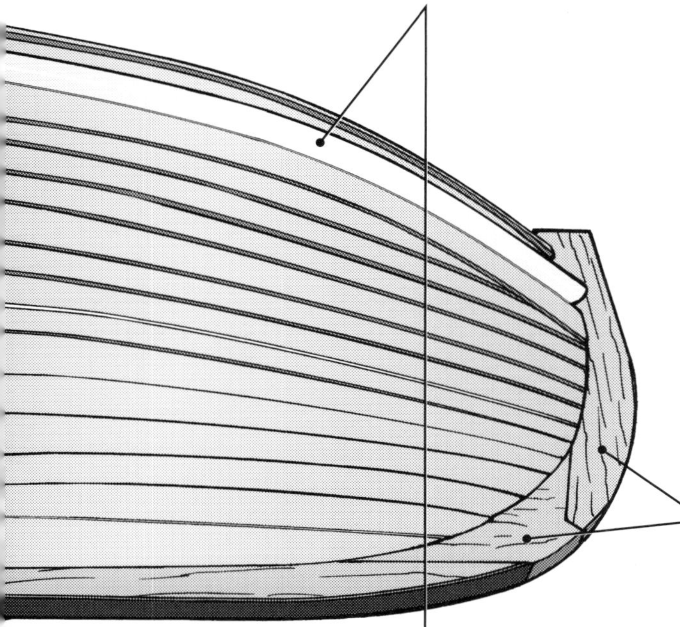

ここでは『カッター』の船底について図説したい。この構図で描くと『カッター』というよりも鯨、それも「シロナガスクジラ」を思い浮かべる容姿だ。艇内図説部で述べたが艇首部から艇尾までの区間で20、肋材があるのだがそれに沿うように幅120mm 、厚さ15mm程の船底板を固定している。船体を片舷13枚、両舷で都合26枚、図に描いたように隙間なくシロナガスクジラの下あごの模様のように微妙に異なる曲線で貼ってあるのは木造加工技術は相当に高いものがない限り達しえないものだと強く感じる。
なぜ、13枚もの板と貼るかとのことだが、それは地球儀を作るときと同じ理屈で平面の板や紙を曲面や球体に貼り付けるときはどうしても幅を細くしたものを何枚も累張りする必要があるからだ。60ページで紹介した「震洋」は工作を簡素化する為にここは一枚板構造だったことから「震洋」は相当に思い切った設計だったし、『カッター』は13枚もの板を水漏れしないように隙間なく、それも剥がれないようにしっかりと船底に打ち付けていく作業は本当に大変だったろうなあと繰り返して思う。構造はキール材から上縁方向に累張りをしていく『鎧張り木造船』構造だ。
前見開きで述べた艇内部の敷板の意味だが、この鎧張りの船底に直接乗員が乗ってしまうと釘接も、そして浮力による水圧も逆らって船底には大変都合が悪いことになる。故に敷板を経てその上に立つという構造なのだ。昔の言葉で『板子一枚、下地獄』というのがあるが文字通りこれだ。大きく描きたかったので艇首部と艇尾部を切り離した2図にしたこと、ここに断っておく。

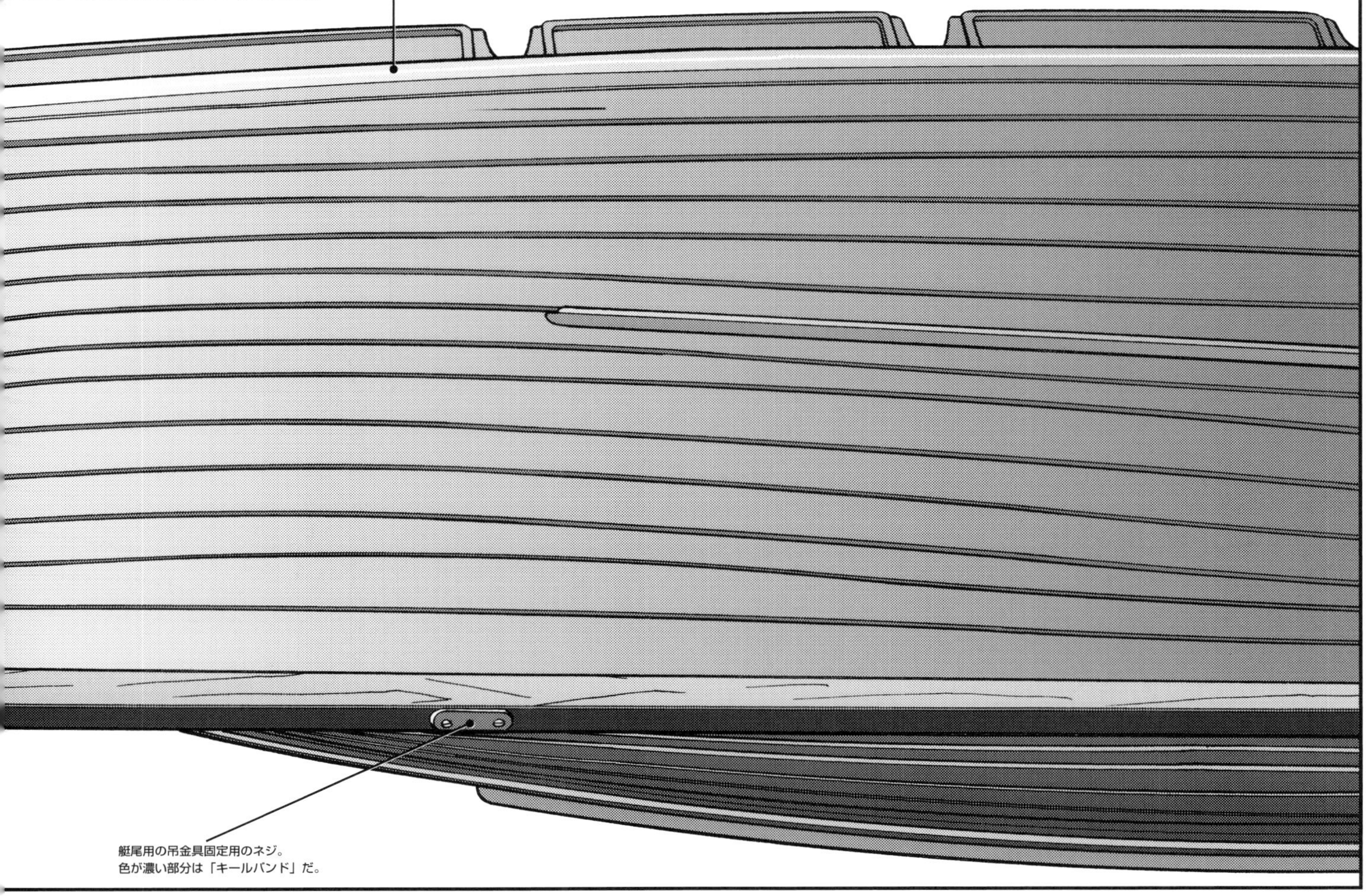

「九メートルカッター」の運用

ここまで『帝国海軍』という組織に属した者ならば一度は接した「九メートルカッター」の全体と構造を述べた。ここからは、これがどうやって使われたかを中心に述べよう。
「九メートルカッター」のことを『たかが小舟』と筆者は甘く見ていた。しかし実際フタを開けてみれば当然ながらフネとして水密を保つ構造はいうまでもなく、人が乗る為に強度ある形に加工、それも材料は木材だ。構成される名称の説明だけで6ページを費やしてしまった。
「九メートルカッター」は凝った構造であり、その上、現在でも殆ど姿を変えずに

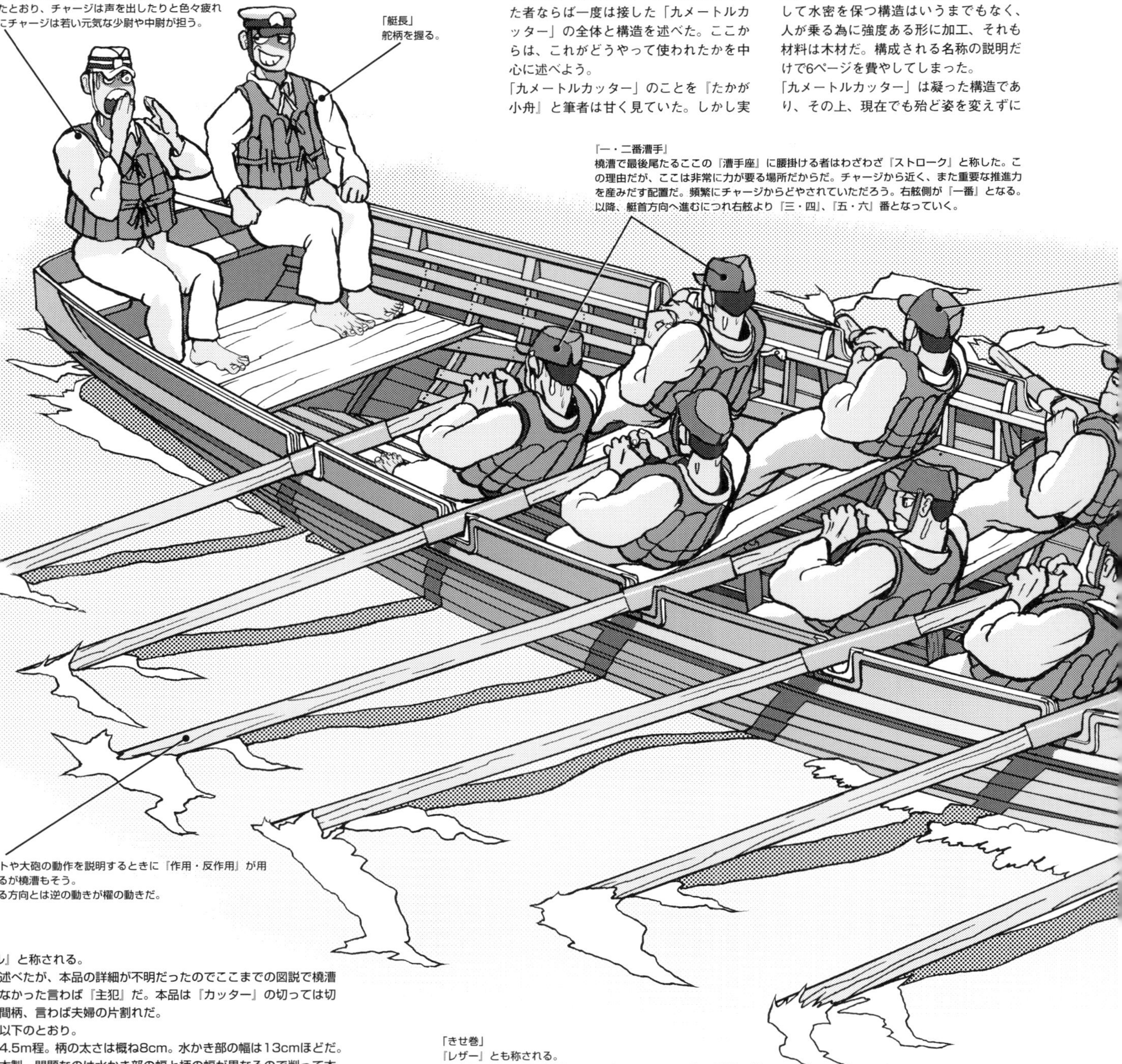

「櫂」
『オール』と称される。
別項で述べたが、本品の詳細が不明だったのでここまでの図説で橈漕が描けなかった言わば『主犯』だ。本品は『カッター』の切っては切れない間柄、言わば夫婦の片割れだ。
概略は以下のとおり。
全長は4.5m程。柄の太さは概ね8cm。水かき部の幅は13cmほどだ。
材質は木製。問題なのは水かき部の幅と柄の幅が異なるので削って本形状に仕上げるのか、柄部と水かき部が別部材で『継ぎ』で合わせているのかは不明だ。子細は引出線を参照のこと。

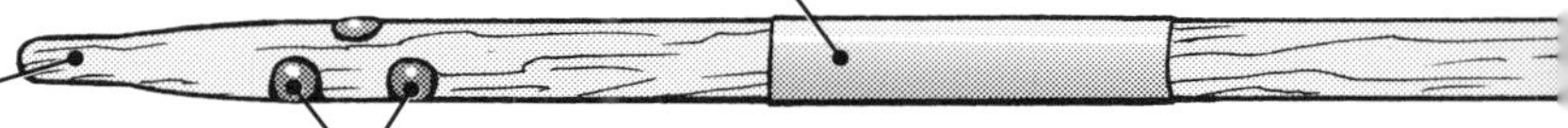

各方面で『様々な』訓練の機材として使われ続けているほどに完成されたものだ。願わくば60ページで図説した「震洋」と同じ木製構造のフネとして比較をしてもらいたいとも思うが、それはさておき冒頭、『どうやって使われたか』と述べたが何しろ21世紀の世も登場した当時から姿を変えずに実に1世紀以上も使われ続けているフネだ。長く使われていると魂が入り込むと人々に信じられているように、本短艇も様々な作法や儀式的要素が入り込んで、やや宗教の香りがするような部分も入っている。

この辺も述べて行こうとも思う。また『どう使われたか』は別項を御覧になっていただきたいが、『カッター』の用途を述べておきたい。

詳しく述べると誌面がいくらあっても足りないほど複数の用途に多用された。簡単に記すと兵員・物資搭載と輸送、連絡。この辺は映画等で目にするので述べるまでもないが本『カッター』を搭載している艦艇が沖に浮かぶ浮標繋留する時にも使われる。フネといえば碇泊だが錨を打つのは確実性や色々片づけが面倒なのだ。用意された浮標に繋留したほうが確実。重い錨鎖を浮標に繋留する作業にも、またその解脱にも使われた。言い換えればこれが解脱できないとフネは動けない。浮標繋留中に不幸にも空襲があったとき『カッター』を泛水する時間もないときは錨鎖切断という緊急対処しかない。故に『カッター』は重要なフネなのだ。

後に倒れ込むようにして全身を使って橈漕する。……もっともこれは競技時や溺者へ向かって全力橈漕時だけだ。
不幸にも乗艦が戦没し、本『カッター』を救命艇として使う場合は目視できる距離に陸上や味方艦艇が居ればハナシは別だが潮に流されないようにする為だけの推力に留め力を抜いて橈漕する。こんな全身を使っての橈漕は疲れてしまうからだ。いつ救助されるか判らない。体力も温存する意味もあるし、また沈没位置に近ければ捜索隊が発見しやすいという意味からだ。
……以下は余談だが現在の船舶に搭載してある救命艇だが『シーアンカー』と称するバケツ状の物体を流し、潮に流されないように沈没位置に留まる工夫をする。
尚、クリュー全員が救命胴衣を着用しているが、溺者救助時、またはこれの訓練時は着用したとのことだ。助けに行った側が溺れては何にもならないからねえ……ということか。

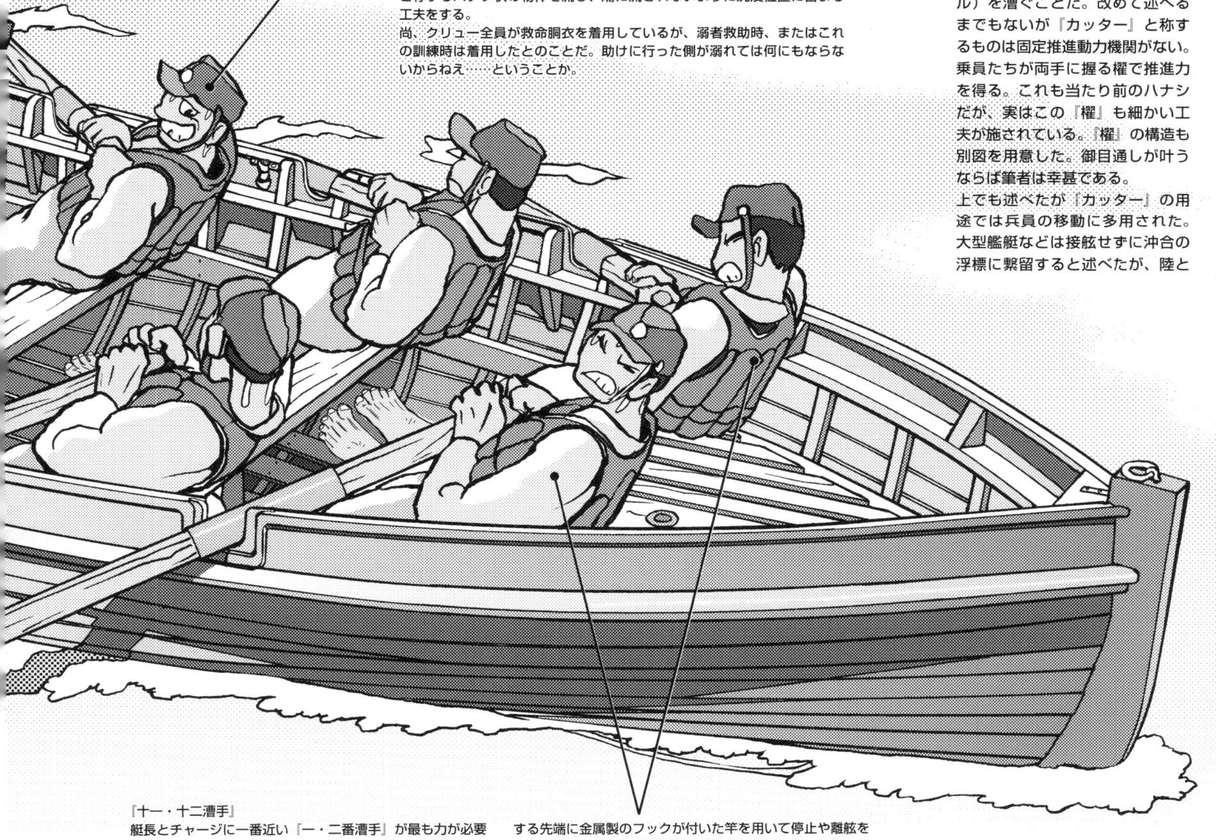

ではどうやって使われたか『其の一』として『橈漕』(とうそう)から述べて行きたい。見慣れない名称だが本見開きで述べた櫂(オール)を漕ぐことだ。改めて述べるまでもないが『カッター』と称するものは固定推進動力機関がない。乗員たちが両手に握る櫂で推進力を得る。これも当たり前のハナシだが、実はこの『櫂』も細かい工夫が施されている。『櫂』の構造も別図を用意した。御目通しが叶うならば筆者は幸甚である。

上でも述べたが『カッター』の用途では兵員の移動に多用された。大型艦艇などは接舷せずに沖合の浮標に繋留すると述べたが、陸とこの沖合の兵員輸送に本『カッター』が使われる。

戦艦の場合は乗員数は数千人だ。この大部分を占める兵員はこの『カッター』で運ぶ。当然『カッター』は1隻ではなく装載される全ての『カッター』を投入してでの上陸作業だが見開き図のとおり、片舷6挺、合計12挺の櫂で「九メートルカッター」は運用される。「九メートルカッター」の乗員数は45名だ。艇長とチャージ(艇指揮)2名と漕ぎ手12名の合計14名以外の31名を運ぶという訳ではない。人員満載で漕ぎ手は疲れてしまう。故に櫂1挺につき2名がつく『ダブル』とし純粋な輸送人数は19名というところだ。要領のよい艇長ならば上陸するときは26名で橈漕、復路で軽荷時ならばダブルの漕ぎ手を上陸させ最低人数の14名で……なんてことをやっていたかもしれない。『カッター』を操るクリュー(航空機でいうペアー)も早く任務完了させ自身も上陸したいからだ。

では艇長とチャージ、そして漕ぎ手12名の14名運用は変則的な運用なのかと言われるとそうでもない。溺者救助時など軽荷で手早く現場へ向かう時などはこの人数での運用だ

『十一・十二漕手』
艇長とチャージに一番近い『一・二番漕手』が最も力が必要ならば一番遠い、ここの漕手は力が不用となる理屈だが、ここの漕手は別の役目を仰付かる。『一・二番漕手』が『ストローク』と称されるならば『十一・十二漕手』は『バウメン』と称した。上でも述べたが浮標への繋留時や舷門、桟橋に達着やここより離れるとき、この『バウメン』は『爪竿』と称する先端に金属製のフックが付いた竿を用いて停止や離舷をする。艇長の操艇も重要だが、バウメンが下手だったりモタモタすると爪竿先端のフックを掛け損なってしまう。こうなると『カッター』は行き過ぎてしまう。この場合、艇尾員用の爪竿がチャージの手によってバウメンの脳天に見舞われることになるので決して楽な配置ではないのだ。

「水かき」
『ブレード』とも称される。
水かき部は全体の一/三ほどの区域だ。思っていたよりも遥かに幅の狭いブレードになっている。幅を広くし、推進効率を高めようとすると強度が下がって割れてしまうのだろう。
幅が13cmほどでも割れないように「銅バンド」を巻いて補強してあるくらいだ。

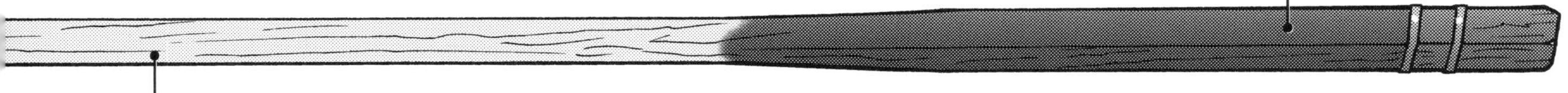

「柄」
『ルーム』との称される。
図に描いたとおり、レザーよりハンドル側が短い。卑近な言い方で恐縮だが、『クソ重かった』だろう。上で述べたが『カッター』の形状と材質は1世紀の間、殆ど変化はないが櫂の材質は軽いFRP等に置き換わっている。当時、尻と手の皮剥けた『カッター』クリュー達がこの軽い櫂を扱ったらどんな感想が出るのだろう。興味があるものだ。

ここではどうやって使われたか『其の2』として『帆走』を述べて行きたい。
「九メートルカッター」は『八・九番漕手座』に「檣座」が設けられここに4度程の傾斜を付けて檣が設置され、これに展帆する。
大正時代から昭和一桁頃の『カッター』は帆船に倣って「ジブ」、「フォースル」、「ミズン」の3つであったが、小舟に3帆は贅沢だろうと2帆に合理化された。
『カッター』の帆走するタイミングや状況は正直、資料がないので全く解らない。
普段から檣を携行しているふうでもないので運用士官の『今日は風がある。帆走！』という感じで檣を檣座に固定なのかもしれない。
連合国と開戦前、士官養成の兵学校では班で『カッター』に備品を詰め込み野営を含めた遠足が行われていたとのことだ。
このときは帆走したと文献にある。日ごろ、チャージに怒鳴られ、馴れないうちは両手と尻の皮が剥け血を滲ませての橈漕も本遠足では急かされる訳でもないワクワクした『航海』だっただろう。士官のタマゴたちはこの遠足を非常に楽しみにしていたとも文献にある。
遺された僅かな『カッター』の帆走写真はそれを伺わせるような何とも静かで穏やかで美しい姿だ。
前ページで『カッター』は『様々な訓練の機材として使われた』……と述べたが橈漕は集団行動の徹底的な学習と重い櫂捌きによる体力向上と延々漕ぐ諦めない持続性精神の鍛練、帆走は航海の計画、役割分担、風向きなどの天候予測等々が学べるし、これらがないと操れない乗り物でもあるのだなと実感する。
筆者も水辺に住んでいればダイエットに橈漕

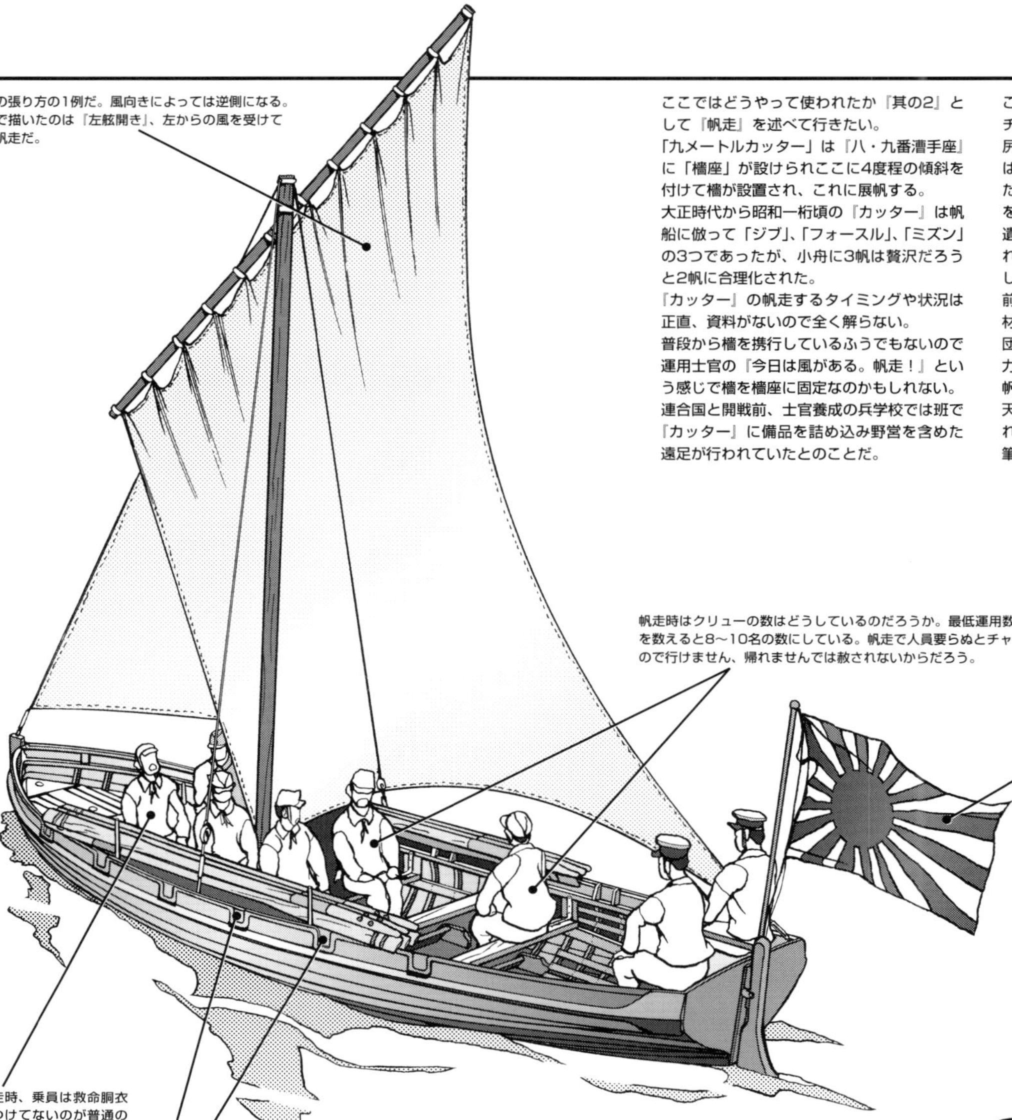

を取り入れたいくらいだ。撓漕で作画データを編集部に持参、ハハハ（笑）。途中で行方不明になりそうだ（笑）。
冗談はともかく大型艦艇へ生鮮食料品などを運び込む輸送にも帆走は使われたことだろうし、粋な艇長ならば帰りの軽荷時は普段、聲を枯らしているチャージに『おい！ 艇長やってみろ』と舵柄を握らせたりしたこともあったのだろうな……とも思う。そんな思いやりの風景さえも思い描くような優雅さが帆走時にはある。怒号と制裁が飛び交う殺気立った撓漕をする同じフネとは思えないほどだ。
本見開きでは帆走の状況を述べるに留め、次頁では檣の固定などを述べる。

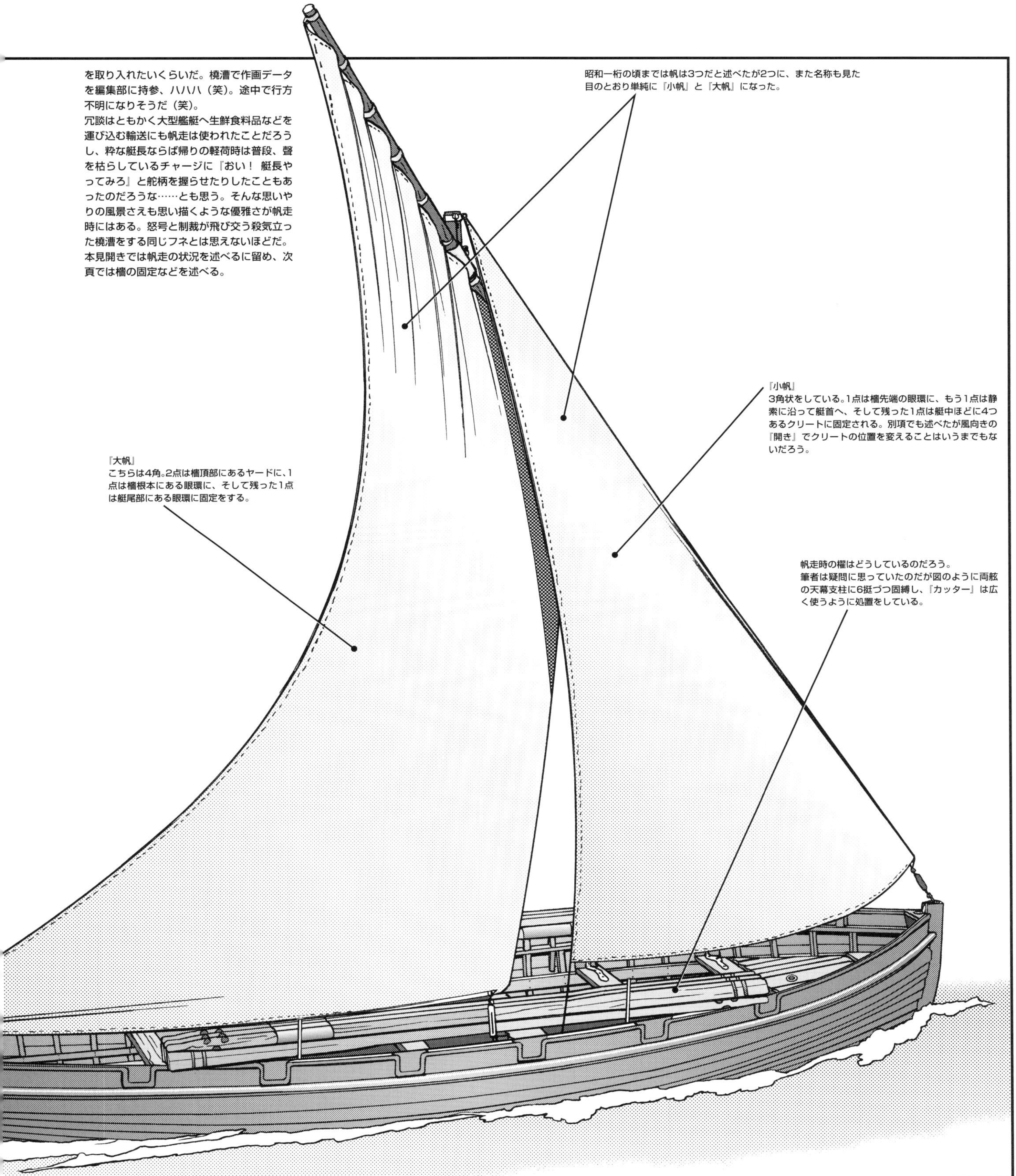

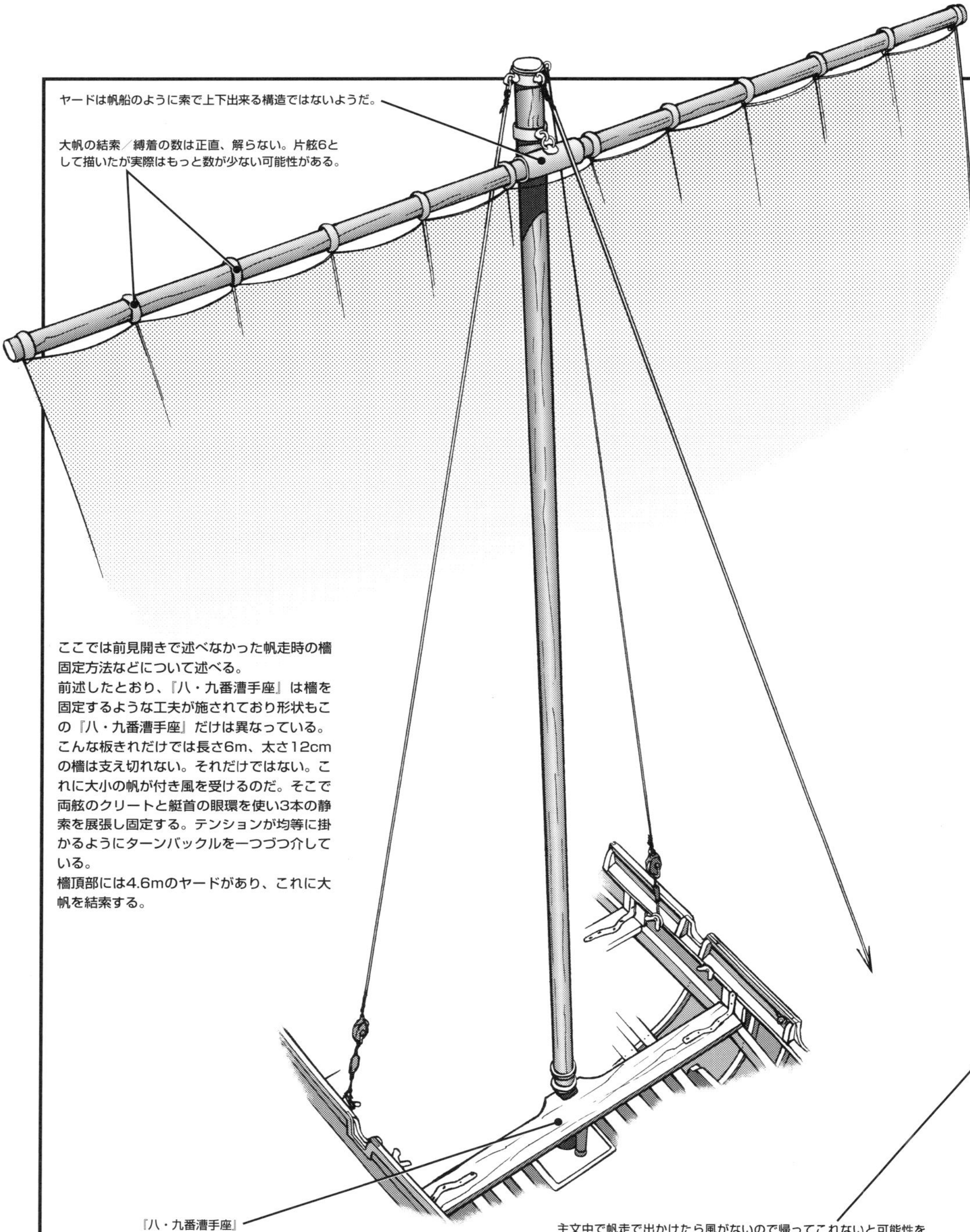

ここでは前見開きで述べなかった帆走時の檣固定方法などについて述べる。
前述したとおり、『八・九番漕手座』は檣を固定するような工夫が施されており形状もこの『八・九番漕手座』だけは異なっている。こんな板きれだけでは長さ6m、太さ12cmの檣は支え切れない。それだけではない。これに大小の帆が付き風を受けるのだ。そこで両舷のクリートと艇首の眼環を使い3本の静索を展張し固定する。テンションが均等に掛かるようにターンバックルを一つづつ介している。
檣頂部には4.6mのヤードがあり、これに大帆を結索する。

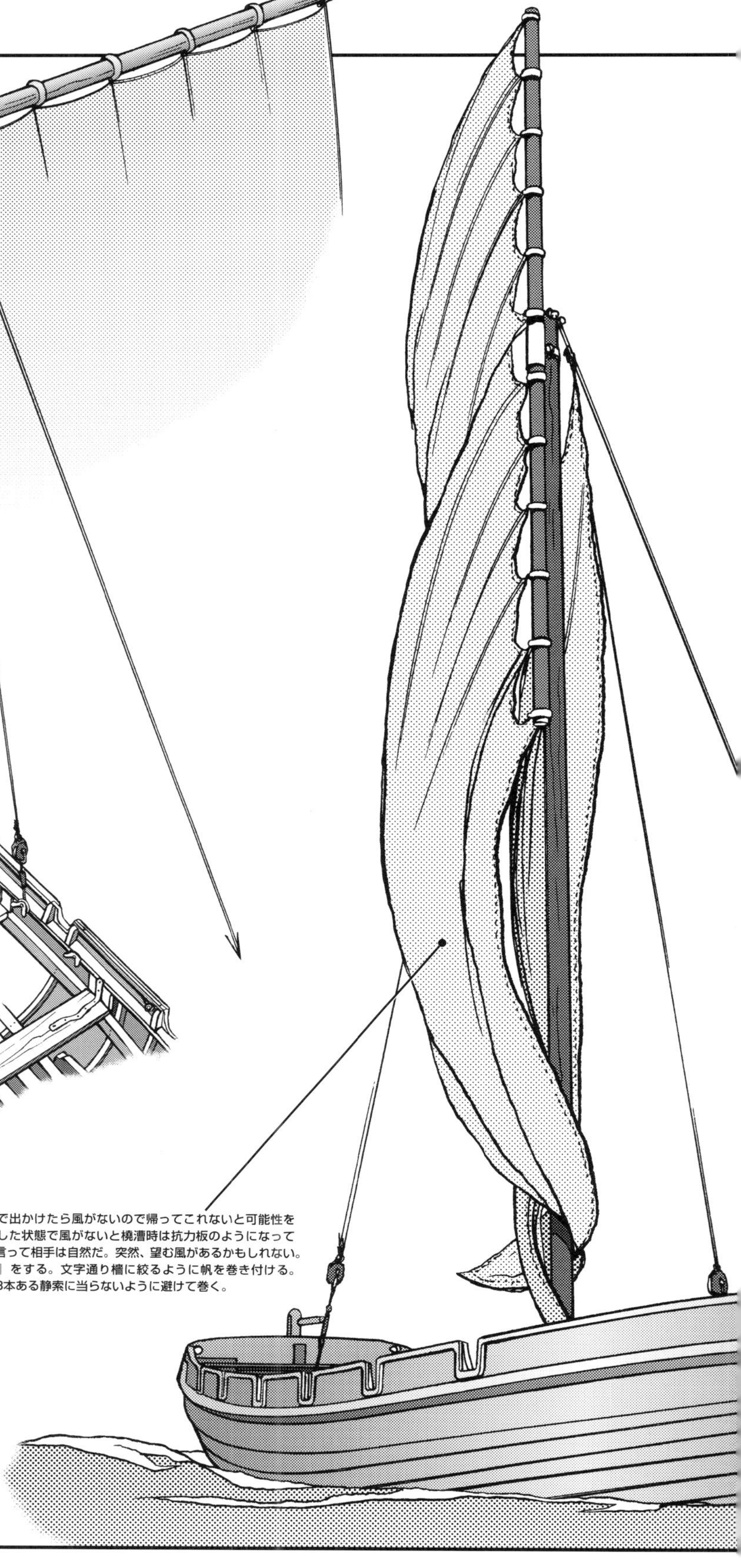

『カッター』の帆走だが大戦末期になると多用されたように思える。仕事熱心な米潜水艦による補給線断ちにより燃料が我が国に入らないという面から、そして同じく大戦末期に1万発ほど空中敷設された磁気／音響機雷に触雷しないようにとの配慮からだ。木製なので磁気も帯びず、帆走なので機械音もしない。……厄介な水圧機雷はどうなのだろう。フネが小さいの見逃してくれるだろうか。
米軍機による機銃掃射を収めた写真銃映像、我々は容易に目にする事が出来るが、連中はフネというものは全て銃撃している。筆者は目にしていないが恐らく帆走中の『カッター』も機銃掃射の対象となっていただろう。優雅な大小の帆が鮮血を受けるのは見たくない。

73ページで『やや宗教の香りがするような部分』と述べたがこれに付いて述べ、本項を〆たい。
宗教めいているというよりも礼儀作法があるというべきだろうか。溺者を拾う救命で、救命を果たしたあと、母艦にこれを伝える行為として図に描いた『櫂立て』を行う。
今なら艇長かチャージが小型無線機を首からぶら下げての救命活動だろうが大戦中はそういう機材が無いか、あっても少数であった為に母艦へ送るシグナルだ。
この『櫂立て』はただ櫂を立てれば良いという不作法ではなく、明確な決まりがある。それは小図に描いたとおりだ。決して軽くはない櫂を、それも先程まで海に浸かっていたものだ。ブレードからは海水が滴るだろうし、筆者のような力の無い人間はよたよたふらふらさせながら『櫂立て』をするのは大変に危険だ。カウンターウエイトが入っているくらいに重い物体が倒れて他の漕手に直撃したら怪我で済まないだろうから。
競技で他の『カッター』に競り勝った場合も『櫂立て』をする。今でこそ当たり前となったガッツポーズの短艇版だ。指示はチャージが『よし！櫂を立てろ！』と発するのだろう。漕手たちも発したチャージも勝利を実感する瞬間だ。
筆者は高校時代、冬期の短期間スキーを習った。体育科の教員が中々の演出家で1日の授業が終わったら教員と生徒全員が円陣を組み、片方のスキー板を立て『ジーク、ハイル！』と3唱し閉会としていたが少なくとも筆者は妙な高揚感に包まれて1日を終えていたのを思い出す。きっと『櫂立て』も同じような高揚感があったと思う。故に小型で高出力の発動機、驚くほどに軽くなった艇が世に出てもあっても重い『カッター』が21世紀の世も使われるのには筆者が感じたような高揚感が『カッター』にもあるのだろうし、前述したとおりに不便さがあってこそ教育になのだろうとも思う。
やはり、『程よい不便さ』は訓練や練習には必要だということだろう。

右文中で『礼儀作法』があると述べたが、撓艇時は全員、素足となる。靴はどうするのだろうか。

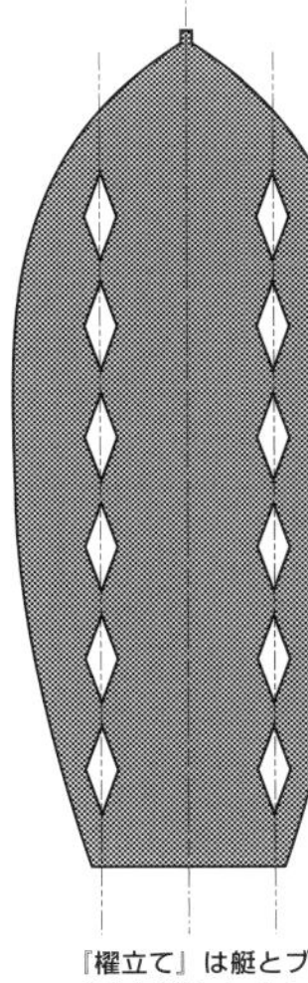

『櫂立て』は艇とブレードを平行した方向で立てる。勝って舞い上がって立ち上がって櫂を立てるとトップヘビーになって横転するので座って行うこと、また折角勝ったのにブレードの向きを間違えるとチャージからも艇長からも怒鳴られることになる。

軍艦への乗艦する際の玄関口

舷門と舷梯

軍艦へ乗り込む場合、カッターで舷側へと横づけたあと階段上の舷梯、舷門を通じて甲板へ乗艦する。ここでは目にすることは多いが資料が少ないこの舷門、舷梯の構造について図解しよう

ここではフネの玄関である、『舷門』と『舷梯』について述べていこうと思う。
ここで図説する『舷門』と『舷梯』に触れる前に何故これらが必要かを簡単だが説明しておく。
『フネに乗る』というのは実は大変なことなのだ。家の玄関を潜るような簡単なものではない。
フネ、特に戦艦は巨大で駅前のビルらが立ち並ぶひと区画を海に浮かべたような、文字通り『城』だ。当然、面積もあるが高さもあり、こんなモノが洋上に浮かんでいる。これが浮くのだ。喫水線下も相当な深さがなければ立ち行かない。故に浚渫を繰り返し海底を深く掘った整った港でしか接岸できない。そうでもない港では乗員は乗艦も上陸もお預けなのか。
そこで内火艇や66ページで紹介した『カッター』で接舷し、乗艦する。
大所帯の戦艦ともなると乗艦する手段はふたつに分かれる。
ひとつは『繋船桁』。読みは『けいせんけた』ではなく『けいせんこう』だ。舷側に取り付けられた長い長い桿に索梯子と索條が3挺ほど下がり、索條に『カッター』を繋ぎ乗員らは小説『蜘蛛の糸』のよう……と述べたらフネの関係者からお叱りう受けてしまいそうだが、『カッター』乗員らは索梯子を遮二無二に登り棹上に出たら、今度はこの棹上をひたひたと渡って乗艦する、いわば長く高い平均台だ。躊躇していると下から次の兵にせっつかれるし、棹上にふらふらモタモタ渡っていると更に後ろからせっつかれることになる。水兵さんは当たり前のようにこの方法で乗艦するが高度恐怖症の筆者にはとても難しい乗艦方法だ。
そして残ったもうひとつの乗艦方法がここで述べる『舷梯』と『舷門』だ。文字通り、舷側に梯を掛け、これを使って乗艦する。
こういう複数の乗艦方法が存在するのは何分戦艦とは千人規模で運用するフネのために総動員で乗り込まないと日が暮れてしまう。それだけフネに乗り込むというのは面倒だし、大変なのだ。それを少しでも楽にしようとした道具が『舷梯』と『舷門』。ではこれの図説に入ろうと思う。

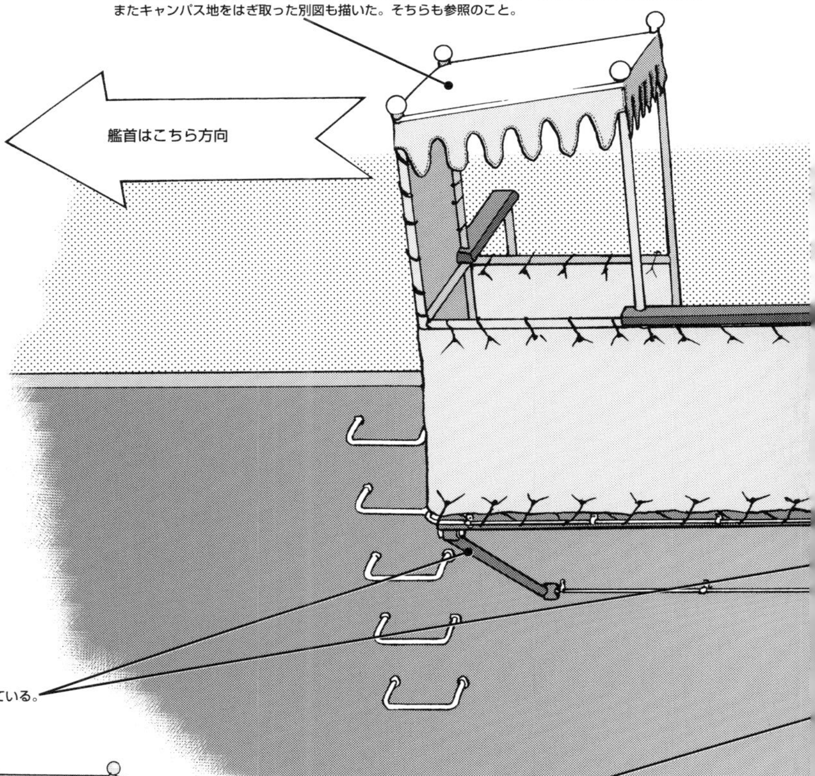

【舷門】（左舷用艦上から見た図）。
右図に描いた箇所のキャンパス地を剥ぎ取り、逆側から見た図だ。キャンパス天幕の屋根下が『守所』と呼ばれる箇所だ。ここには別項で詳しく述べるが「舷門番兵」と称する武装した兵士が1人立つ。
ここの配置は4直だそうでその間はずっとここに突っ立つ。床は別項でも述べたが30mm幅の角材を格子状に組んだグレーチング構造になっている。重量軽減の意味も大きいが、このグレーチングの上は鉄床やコンクリート床時よりも疲労が少ない、とのことだ。
筆者は随分前に国内に唯一残っていた「海防艦」を改造した展示館に入り浸っていた時期があるのだが、艦橋床がまさしくこれで、大げさな表現になってしまうが足裏がふんわりするような感覚があった。疲労蓄積を減らす意味は確実に感じた。
戦艦「三笠」用の「舷門」は小型だと述べたが、グレーチングは僅かにひとつだ。つまり図の一／四の面積しかない。「舷門番兵」が立ったらきっと狭い空間だったんだろうなあ、と思う。

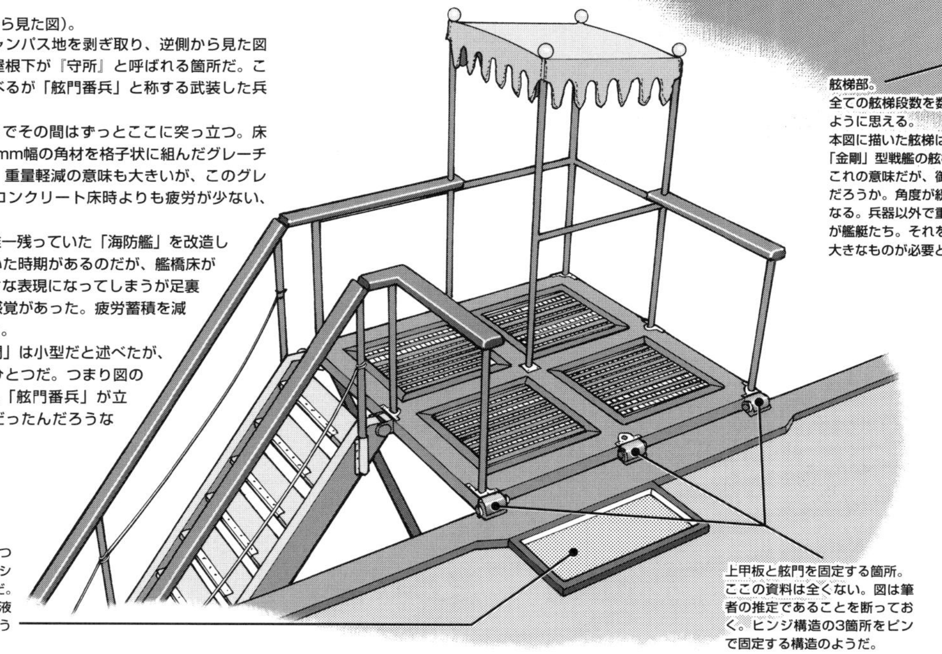

【舷梯と舷門】

図は左舷用。

冒頭、『フネは巨大だ』と述べた。

文字通り巨大だが、厳密には『高さ』もある。荒海で使えなければ戦闘艦艇の意味が薄れるから乾舷を高くする必要があるからだし、冒頭述べた通りフネに武装をどんどん積み込むために喫水線から下を大きくして浮力を確保する必要性がある。これらに対処されたフネに乗艦するには高さを克服することでもある。故に別項で述べた『繋船桁』と索梯子だし、ここで図説するような舷梯が必要なのだ。

図説するここは戦艦用の大型のものだ。

同じ戦艦でも明治時代の戦艦に使われた『舷梯』はとても小さいものだ。戦艦「三笠」のものは小さいと資料にあった。時代が進み、フネも大きくなり、そして明治、海外から輸入された戦艦らの備品を目にした日本人が改良した結果でもあると思う。

では具体的に『舷梯』に触れたいと思う。

困ったことに船体や砲熕兵器の類いは研究者も多い為に資料も多く世に出ているが、こういう一種の保安部品みたいな装備は本当に資料が少ない。名称も不明のままだ。よって部位の説明も名称が不明の為に抽象的なものになってしまうことここに断っておく。

舷梯は大きく4つの部位に分けることが出来る。ひとつは上甲板に固定する部位、それに固定された梯子部、そしてそれに固定された接舷した小舟から人員らが1歩を掛ける部だ。

これら連なった3つを安定的に吊るダビッドを含めて4部位。手元に資料がないので不明だが、舷梯部分だけでも相当な重量となる。停泊の度にこれを舷側に掛けるのだ。如何に大事なのか御判りになってくださると幸甚だ。

これらは当然のことだが分解され、所定箇所に揚収される。具体的にどの程度に分解されるかも不明のままだ。

確実に言えるのは手すりや円管は抜き取って束ねられるだろう。

前述のダビッド以外の3部位もピンを抜き取って収納されるのだろう。

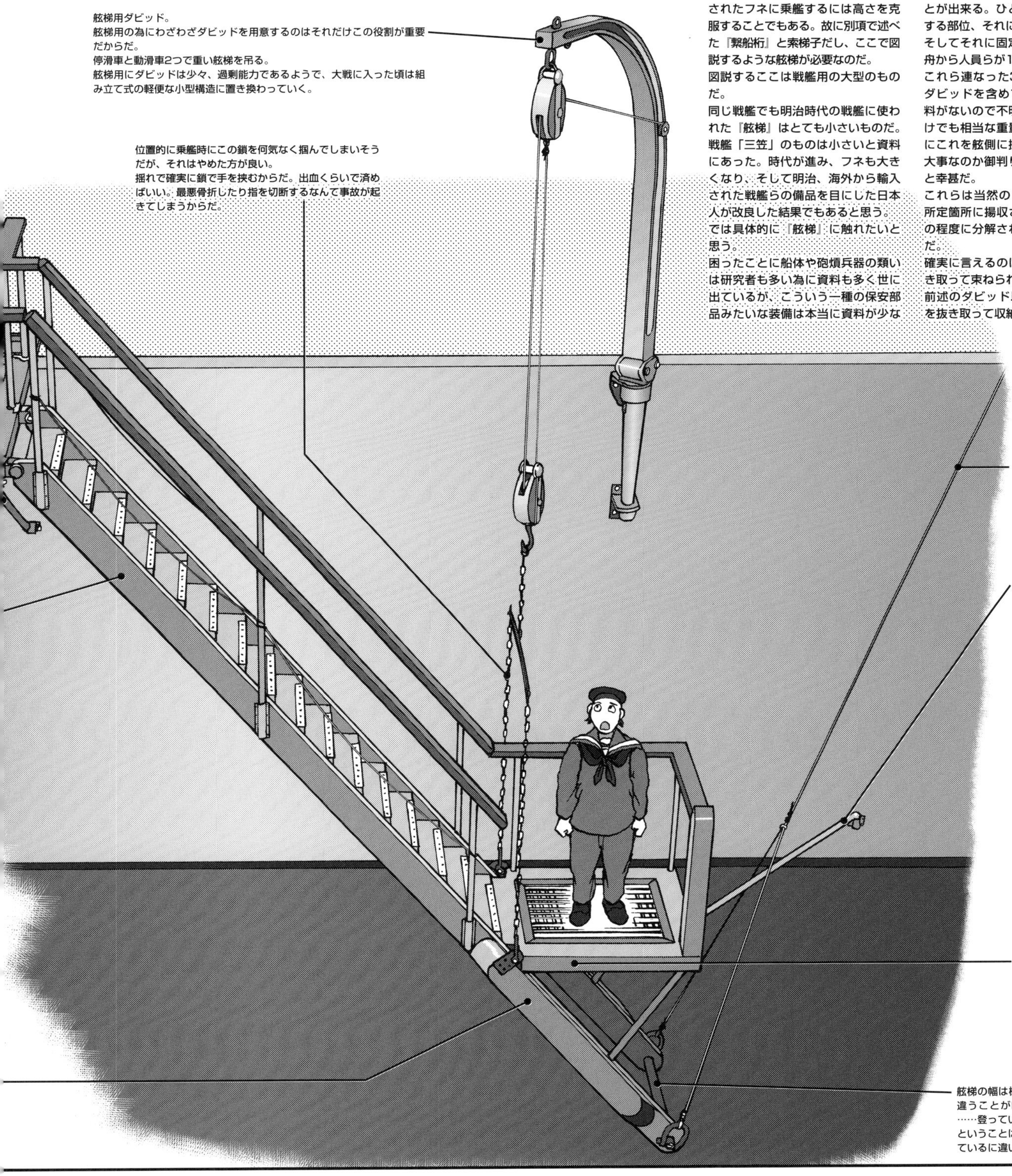

冒頭、フネは家か城であると述べた。
海軍という組織、もっと言えば『グンタイ』という組織は明確な上下社会だ。これが徹底しているのが『グンタイ』でもあるし『海軍』でもあると言える。ではどういうトコロが上下社会と区分されるのだろうか。
ここで描いた『舷門・舷梯』の位置がそれを表している。具体的に述べると
左舷は兵と一般用。
右舷は士官以上だ。
左舷の『一般用』というのは今でいう自衛隊の艦艇たちが期間を設けて一般乗艦と同じ意味もあっただろうが、多くの場合は停泊中に補給される生鮮食料品等の仕入れ業者と搬入業者らが主計課士官らと会う為に乗艦することを差す。今のように携帯電話が無い遠き昔だ。面倒でも港と停泊艦艇とを定期的に往復する装載艇を使って乗艦する。軍艦マニアがこの職業に就いたら……タマらない瞬間だろうとも思う。
一般人の話はさておき、兵と士官とを明確に分けるグンタイ、特に船乗りというのは上下関係をハッキリしておかないと命が関わる状況となったときにテンデンバラバラな行動をされると全滅する。普段からこうやって明確に『士官』と『兵』とに区分けし、立場を理解させる意味もあるのだろう。
そうは言っても効率化を優先するのもグンタイだ。

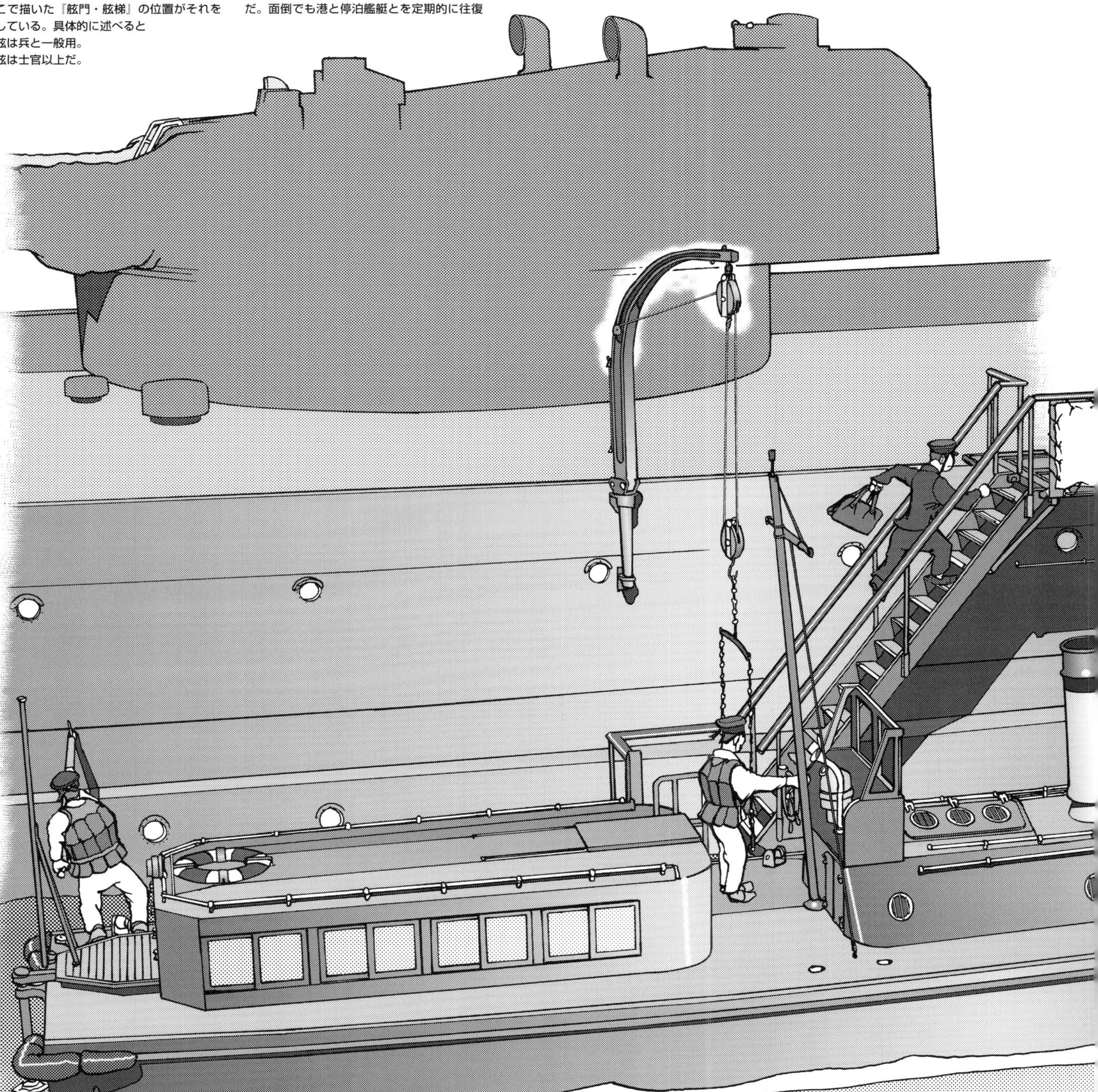

特に『スマートさ』を旨とする海軍だ（この場合のスマートは痩せているという意味ではなく、賢いという意味）。
士官が引率する分隊が上陸作業がある場合、舷門に接舷する短艇をわざわざ2隻にするということも、右舷門で士官サマを乗せた短艇は今度は左舷門に回って兵員を乗せるというバカなことはやらずに『士官引率』で堂々と士官用舷門の右舷から兵員たちは発する。当然、着時も士官引率ならば右舷から乗艦出来る。この時はきっと何百回も口にされたセリフ、『分隊士〜ィ、あっしらヘイタイも今日は士官サマですなあ〜』という会話が聞こえてきそうでもある。

『舷梯用ダビッド』。
真横につき出すのではなく、30度ほど回転した位置で吊る。
このダビッドは舷梯専用だ。
航走中は当然舷梯は使わないので、このダビッドも使わない。
加えて図のように突っ立てておくと主砲発射時は砲身と干渉して何かと都合が悪い。
そこでダビッドは回転基部のやや上側に2本のピンのうちの1本を抜くことにより根元から折れる構造になっている。舷側に這わすようにして固定すれば砲塔旋回で干渉するようなことも起きなくなる。
こんな機能があるのだが、やはり舷梯を吊るには図の形状ダビッドは贅沢すぎ、円管構造の小型のものに換装されている。

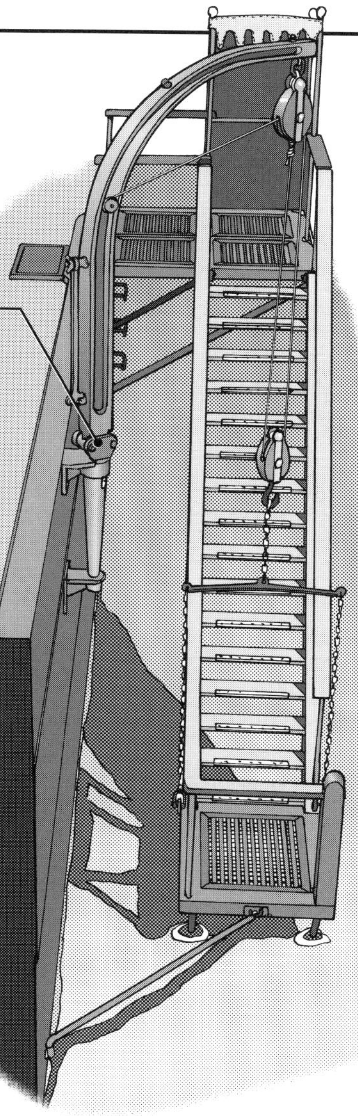

前見開きで述べた「舷門番兵」だが、大変な役目であったと残された文献には必ず記してある。艦上ではほとんど縁のない個人装備の小銃を持ち、腰には薬盒を巻き上陸勤務ではないのでゲートルは巻かない奇異な出立ちで挑むとのことだ。
左右舷の当直からこれら「舷門番兵」が選出されるのだが、前述のとおり、左右舷の舷門では利用する人数が大幅に異なる。
兵用の左舷の場合は人数は多いが相手も兵なので向こうから階級の上下なく先に敬礼をする。そういう意味では楽が出来るそうだが、問題は右舷の方で下士官が来れば姿勢を正し踵をカツンと合わせ縦銃で、相手が士官の場合は捧げ銃の姿勢で迎える。停泊中は4直で常時ここに「舷門番兵」が立つのだが……夜中などの乗艦時は「舷門番兵」は疲れ果て立ったまま居眠りをしているケースが多かったとのこと。
詳しい記録がないので不明なのだが、この「舷門番兵」時の小銃は当然実弾は装填されているだろうし安全子も掛けているだろうとも思うのだが居眠りしている「舷門番兵」を殴ったりする『修正行為』は不思議と残っていない。装填した小銃を持っているのだ、驚かせて不意の暴発事故でもあったら大変だということだろう。交代時、小銃を手放した後に絞られるという流れが出来ていたようだ。
最近はテレワークが増え、電車通勤をするひとは減る傾向にあるということだが、そのせいだろうか、見ていて不安になるくらいの揺れを発しながら立ったまま眠る通勤者を見なくなったとも思う。
電車でもこれなのだ。「舷門番兵」でも激しい揺れをする居眠りをするひとが居て、そのうちの何割かは守所でカクンと倒れ小銃を海に投げ入れてしまう例もあったとのことだ。
この場合、どうなるのだろう。
曲がりなりも下賜された武器だ。それを紛失することは重罪だ。
海軍刑務所に収監されたという話も聞いたことがあるし、知恵の回る士官が居るフネならば、どこかで小銃をクスねて員数を合わせるという際どいことをしていたようだ。こういう『デキる士官』が上に居てくれると兵は喜んで危険な仕事も率先するようになるという。こういう話は筆者は嫌いではない。

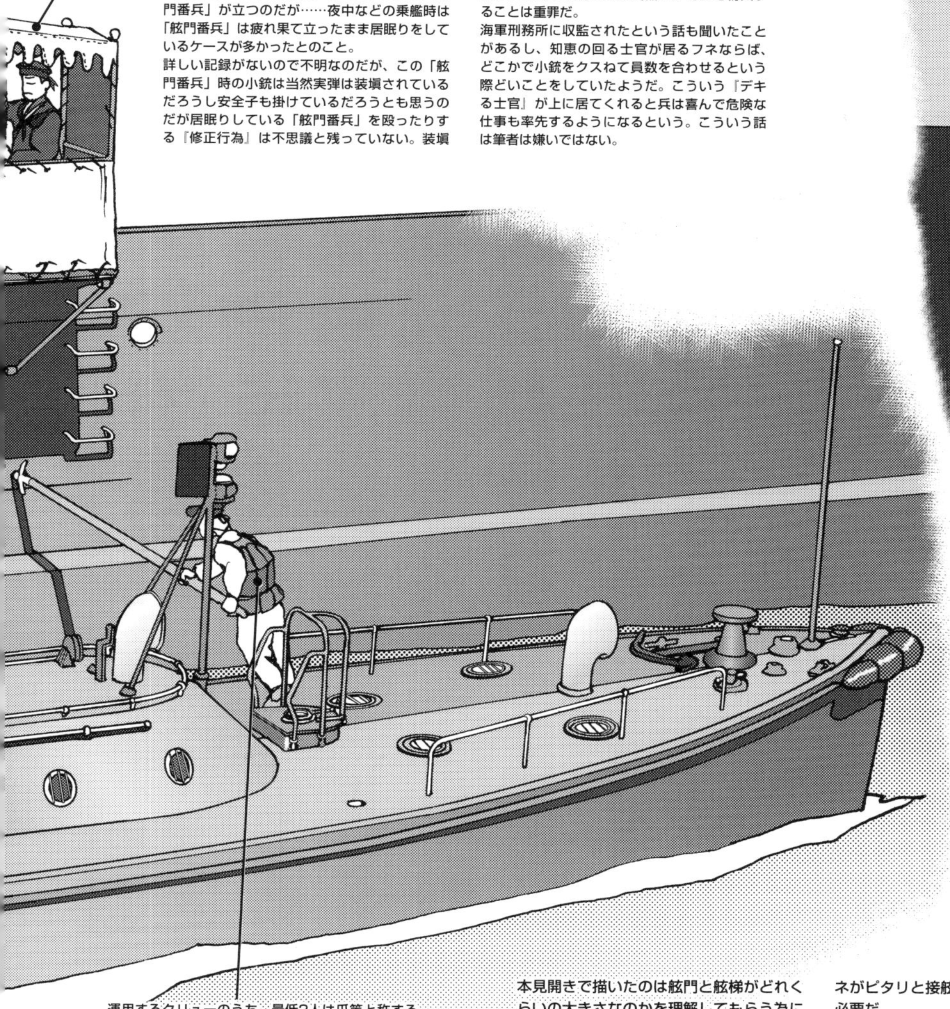

【右舷用舷梯を艦首方向に見た図】
何でこんな妙な構図で描いたか、だが舷梯と舷側の位置関係を知らしめたかった。
正直、本図説を描くまで筆者は舷梯と舷側とはくっついているものとばかり思っていた。
すなわち、船体の右舷舷側と舷梯の左側は触れているとばかり思っていた（右舷の場合。左舷の場合は逆）。
実際は0.8mほど舷側から離れた位置に舷梯を吊る。
これの意味だが戦艦等の大型艦艇は喫水線付近に防御能力を向上させる為に追加されたバルジがあり、これと干渉しないための対処だ。

運用するクリューのうち、最低2人は爪竿と称する先端に鉤のついた棒を使って舷梯に寄せたり、フネの行き足を止めたりする役目を担う。何しろ全長17mにも達するフネだ。僅かな速度でもあったらこれを停める為に爪竿を使うのは大変に危険だ。はじき飛ばされて海にドボーンということも慣れないうちは多数あっただろう。故の救命胴衣だ。

本見開きで描いたのは舷門と舷梯がどれくらいの大きさなのかを理解してもらう為に『長官艇』と呼称された「十七メートル内火艇」を描いた。
『水雷艇型』と呼称された理由がよく判る非常に細長いフネだが水面近くにぶら下がる、僅か1.3m×1.1mにこんな大きなフネがピタリと接舷させるのは相当な手腕が必要だ。
特に図で描いた右舷は士官用だ。聯合艦隊司令長官や艦長の高級士官らを乗せての接舷は失敗が許されない。舷梯にゴツンと当てて停る『当たりゴスタン』などやろうものなら大変なことが待っている。
最近の小型漁船にすら装備される、フネを横に動かす『サイドスラスター』が無かった時代だ。操艇は皆、神業みたいな人たちが舵輪を握っていたのだろう。
装載艇らはだいたい5名でペアーを組むそうだ。

あとがき

『アナタノ知ラナイ兵器』と銘打った単行本も本作が6冊目となった。前の『5』は5年前発行であった。あれ、そんな前だったかな？もっと近々に発行したハズだが？と思い返せば記念すべき第1冊目の単行本が重版となり、それを機に幾つかの題材を描き加えタイトルのみだった初版に通し番号たる『1』を付け、『増補改訂版』として発行したっけ。それも3年前のハナシだ。時の経つのはホントに早い。時間に追われる身だと余計それを早く感じるし次々と手掛けることにより個々の作品が記憶に残らなくなってきていると強烈に感じる。正直それはよろしくない。非常によろしくない。錆びついた脳と記憶を円滑にする為に筆者恒例のあとがきを始めたいと思う。『あとがき』は筆者にとってタイムカプセルだ。おぼろげながらにある記憶を文字にしておかないとホントに記憶から消えてしまうと悲しいので。

【紫電改編】

本『アナタノ知ラナイ兵器6』発行に当り、描き起した新作だ。他でも述べているが筆者は商業誌に拾ってもらう前に幾つか取り決めをした。その一つが『震電と紫電改は描かない』だ。このふたつは猛烈な人気がある機材だ。筆者ごときが描かなくとも他の作家らが懇切丁寧に描くだろうから、その時間は別テーマに振り向けるべき……というのがその理由だ。商業誌で「紫電改」を描く機会が2年前に訪れたが自身への取り決めと戒め、加えて何かの律義なカミサマが居たのだろう、筆者はインフルエンザで40度の高熱となり生涯初の連載を『病欠』したのだ。これが運命なのかと思ったが、逆らってやろうという思いも出て病欠した連載誌がアーカイブ本として再び世に出るときに「紫電改」を描いた経緯がある。筆者は周知の通り描くのが遅い。それは作業的にも遅いのだが資料を集めニヤ付く時間が全体の少なくない容積を占める。言い換えれば一度描いた題材は資料集めの工程を省略することが出来る。その分早く納品出来る……という理屈だ。こんな経緯があり、本単行本が発行時に描き足し作品に「紫電改」を選んだ訳だ。本当はもっと複雑な『訳』があったのだが……それは文末で述べることにする。本誌で「紫電改」に割り振られたページは6であったがG編集長に「強風」からの変遷も描いてみたいと口走ってしまった故に他のコラムに用意された2ページもこれらに注ぎ込み折角、G編集長が緻密に組んだ台割りを台無しにした悪党が筆者だ。『あとがき』がふたつに分かれているのも筆者の悪行故だ。余計なことを口走った筆者のせいで「紫電改」だけというものではなくなってしまったことは……大いに反省している。筆者は現在個人的に「芙蓉部隊」を題材としたコミックを描いているが曲線が多く風防枠が多い「彗星」を描いてきた身からすると「紫電改」は極めて直線的であり、かつ風防枠が少なく何と描きやすい題材なのかとシミジミ思った。「紫電改」に限らず、航空機／飛行機という製品は一発で名機に至るというのはまずあり得ず、原形たる機材を何度も改良してやっと勝ち取る『冠』なのだなと強烈に感じ、それは後進国の我が国では尚更だなと思う。「強風」、「紫電」、「紫電改」と叩き上げていく様を少し感じてもらえたら筆者は幸甚だ。

**【一式空三號
無線帰投方位測定機編】**

本誌掲載作品で最も古い作品だ。『電波兵器』と銘打ち、連載していた作品のひとつだ。描いたのは平成25年。西暦変換をすると2013年だ。しかも本作は他誌に連載していた作品だ。何故、そのようなものが本誌に収録さているかを包み隠さず記すと本作が掲載していた連載誌が休刊となったからだ。『休刊』とは何とも含みのある言い方で少数、時間を置いて復活した例も僅かにあるが大部分は雑誌の系譜がそこで途切れることを示す墓標のようなコトバだ。本『電波兵器』特集は誰かが描かないと本当に消え行くテーマだと思う。当時は『こんな構造だったのか』と楽しんで描いた記憶も、それから前述のとおり変な、そして誰からも頼まれていないのだが使命感みたいなものを抱いて描いていた記憶がある。私事で恐縮だが、私生活面でトラブルに巻き込まれ周囲が敵だらけとなり、一割五分くらいは死んでやろうかと半笑いで思った時期だ。文字通り四面楚歌な時期で、スゴロクで例えるならば振るサイコロの目が常に最悪な時期であった。『変な使命感』でも抱き、筆者自身を鼓舞しないと押しつぶされて下水に流されてしまいそうな頃であり筆者にとっては正直思い出したくない時期でもある。事実『電波兵器』が連載していた雑誌も休刊となったのだ。悪い事は続くとか、さもありなんという状況でもあったのだなと思う。掲載誌が休刊となり、原稿はそのまま消え行く運命だったがテーマ内容は世に出し残し伝えたいという使命感で本誌G編集長に本単行本シリーズ収録を打診した。休刊の編集部御中と折衝して晴れて掲載となったのは過去の単行本のとおりだ。それも前回の『5』で全て収録が終わっていたとばかり思っていたが……本作収録作品が正真正銘最後だ。何やら本当に想い出話になってしまったが作品本体への想い出も述べたい。

本作が休刊された雑誌に掲載時と本単行本収録時ではテキストが全く違うものになっている。本単行本を手にされている方々なら周知と思うのだが、筆者はくどい文体でそれが休刊誌編集部御中にはお気に召さなかったようで徹底的に刈り込まれた。気付けば提出したテキストは半分ほどとなっての掲載。刈り込まれたテキストで発行された雑誌を筆者が目にしたとき、とても不思議な気持ちになった。それはファミレスで筆者が話したことが隣の席で話題になり、その隣の席の会話を筆者が聴いたような感覚であった。まあ、半分にまで刈り込まれても意味が通じれば良いのだが。

本作は休刊となった號に掲載された事実上の最終話だ。今にして思えば本作を納めたあとに休刊のお知らせを編集部御中から受けた。愛すべきテーマでもあった『電波兵器』。掲載作品のどこかに『本作で最終回。今まで皆さん、ありがとう』との一言を入れたかったと強烈に後悔している。今、10年ぶりに本作を見るとスクリーントーンの貼り方が古い。当時、使い始めたソフトでどこに何があり、それで何が出来るのかというのが教本見ながら四苦八苦の頃だったなあと思いを巡らせた。

個人的に電探を模した犬調のキャラクター『タンくん』は気に入っている。どこかで登場させたいとも思う。

（94ページへ続く）

アナタノ知ラナイ兵器6
陸戦兵器編

特二式内火艇（カミ）

海軍が開発した水陸両用合体メカ
特二式内火艇（カミ）

特二式内火艇は日本海軍が開発した水陸両用の軽戦車である。水上航行時は巨大なフロートを付けて走り、上陸するればそれを切り離して戦う。ここからは特二式内火艇のギミックや運用を紹介する

ここからは劇場版アニメ『ガールズ＆パンツァー』にも登場した「特二式内火艇（カミ）」について解説していこう。
まず、「特二式内火艇（カミ）」の概要からだ。海軍が島嶼に戦車を送り込む必要性から、また奇襲攻撃で洋上航走のできる戦車がほしかった。もう少し戦争が後半に行くと戦車を容易に揚陸できる「二等輸送艦」が登場し、戦車揚陸の革命が起きるのだが、本艦艇が登場する前、戦車を外地へ持っていく……という行為はそれはそれは大変であった。具体的に記すなら戦車をフネに積み込み、そして現地で揚陸させるには戦車を吊り上げる能力があるクレーンを用意するところから、もっというならフネが接岸できる整備さ

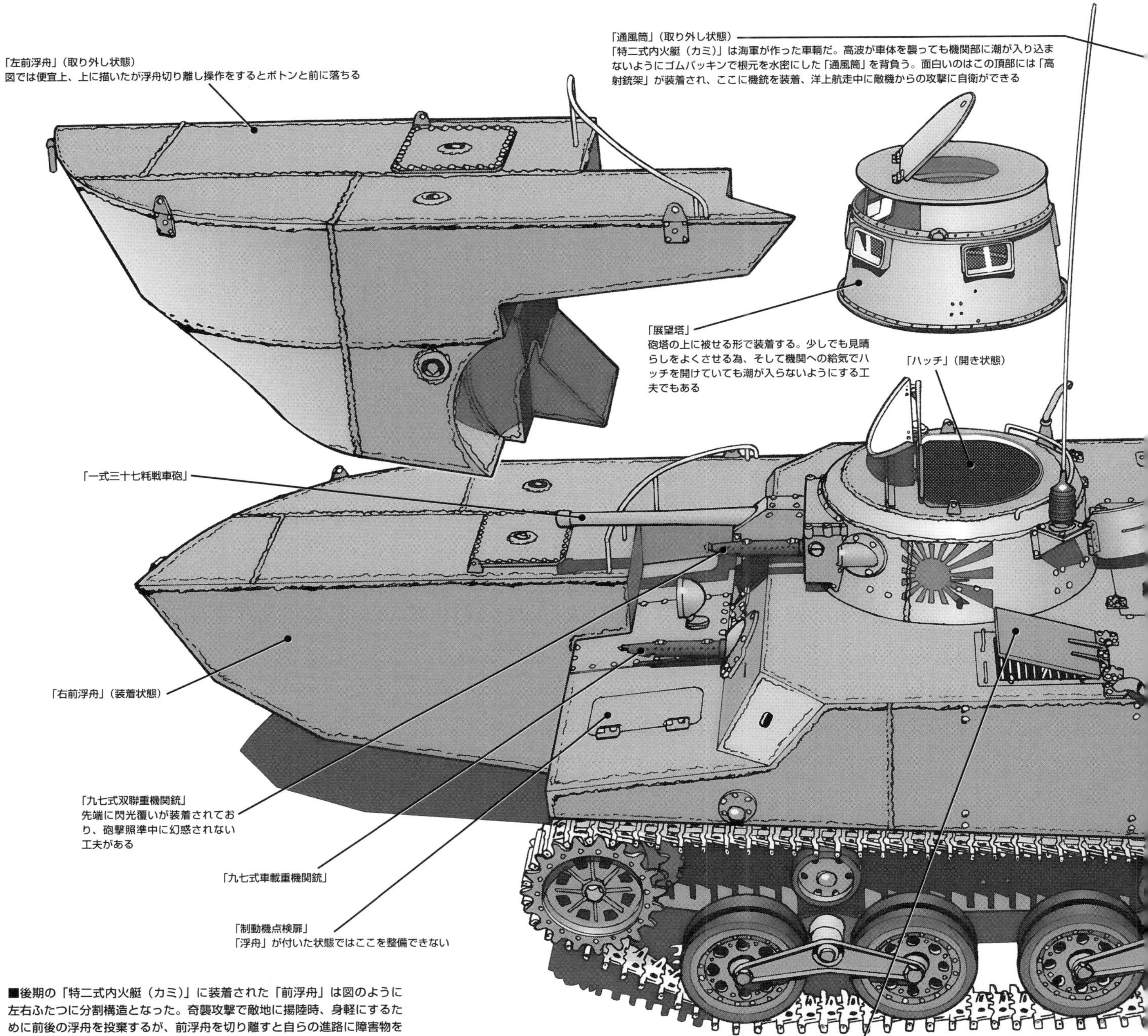

■後期の「特二式内火艇（カミ）」に装着された「前浮舟」は図のように左右ふたつに分割構造となった。奇襲攻撃で敵地に揚陸時、身軽にするために前後の浮舟を投棄するが、前浮舟を切り離すと自らの進路に障害物を作ることになり、脆弱な側面を敵前に曝すことになる。左右分割の浮舟ならば敵前で側面曝すようなことにならずそのまま直進突破ができる

れた港を用意するところから考える必要があった。膨大な労力が必要だ。また、奇襲攻撃に使うというのは潜水艦の甲板に洋上航走能力のある戦車を載せ、奇襲地点まで潜航、敵前で浮上し搭載している車輌を解き放つ……というものだった。

これらのいろいろな用途・要望をかたちにしたのが「特二式内火艇（カミ）」ということだ。

さて本製品の「カッコいい箇所」だが図をご覧になってくださると幸甚だが、本製品は核となる角張った戦車部分「特二式戦車」にアニメーションや特撮に登場しそうな勢いでさまざまな付属品がそれこそ「合体メカ」のように脱着できる。それも車体の凹凸や傾斜部分にさながら組木細工のようにぴったりと貼りつくようなかたちで装着できる。これら備品の全ては洋上航走を確実に実現させるためだが大戦中の兵器でここまで前後、そして上面に激しく装備が着脱できる兵器はおそらく「特二式内火艇（カミ）」とその派生型くらいではないだろうか。

本製品はいろいろとネタが多い。

戦車とは陸軍が扱う兵器の筆頭だが、本製品の管轄は海軍だ。「カイグンが作ったセンシャ」ということで奇異な目で見られることだけの製品のように思われてしまうが、そこは「海軍」だ。

海外の水陸両用車輌というのは大概、内陸の湿地帯や沼、湖、川などを渡河行軍するための兵器だったが、「特二式内火艇（カミ）」は違う。海で使う。波のある洋上航走ができるのだ。

米軍の中戦車などは車体に防水布を巻いて筒状とし、この防水布を船体として船底に戦車を海中にぶら下がるようなかたちでビクビクしながら洋上航走させる。高波がこの防水布の筒内に浮力を越える海水が入ってきたらタチマチ沈没だ。ビクビクするのもわかる。この方式の最大の利点は既存車輌を洋上航走可能とさせる工夫だ。手段はともかくとして案としてはすばらしいと筆者は考える。

その点、「特二式内火艇（カミ）」はフネを扱う海軍が作っただけのことはある。車体前後の浮舟がない、「特二式戦車」単体でも水没せずに浮くとのことだ。

これの前後に波切りと操舵装置の付いた浮舟を付けることによって快適かつ完全に洋上航走ができる。

もし水陸両用車輌のトライアスロンみたいなものがあったとしたら「特二式内火艇（カミ）」は洋上航走航走部門ではダントツな結果を出す製品だ。これはカッコよいしスマートな部分だと思う。ただし、本製品は「カイグンが作ったセンシャ」であって、「造船屋が作ったセンシャ」ではない。ほかの水陸両用車輌と比べすばらしい洋上航走能力があるとはいえ、フネとして作られたものと比較すると航走速度は遅いし、戦車という面では主砲も装甲も軽戦車という性能だ。洋上航走能力と戦車としての性能、双方とも何とも中途半端な性能である製品とも言える。

こんな奇っ怪な形状の車輌がアニメ『ガールズ＆パンツァー』の作中で活躍する。アニメを御観覧中、本車輌が登場したら一瞬でも本記事のことを思い浮かべてくださると筆者は幸甚に思う次第だ。

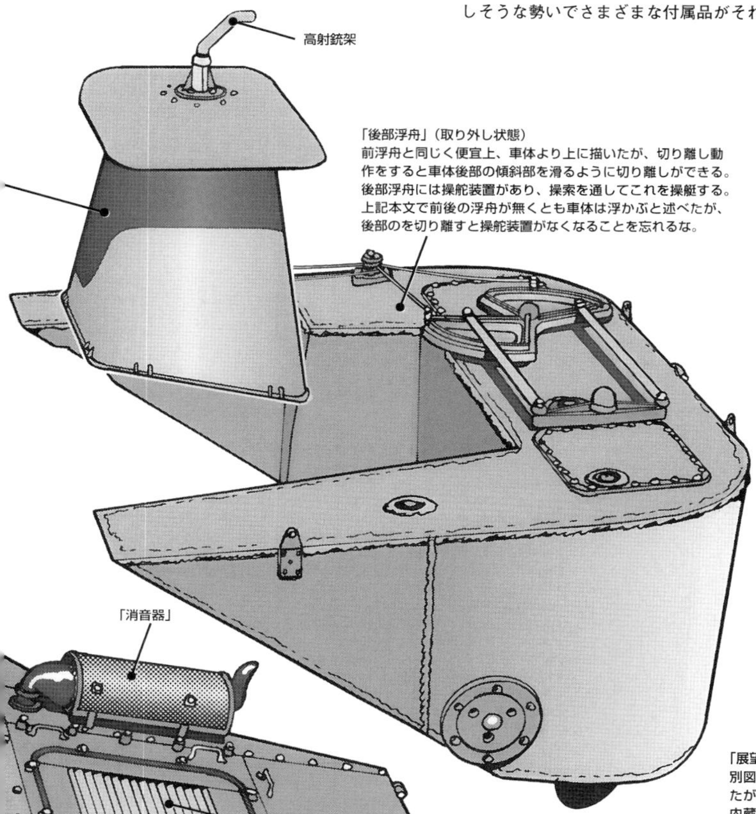

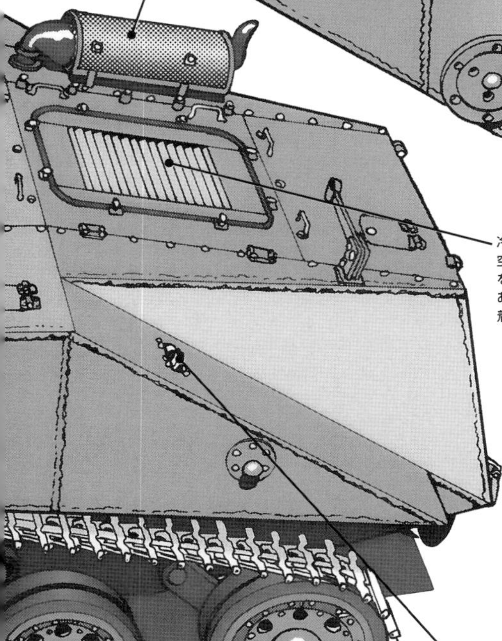

洋上航走中の「特二式内火艇 カミ」

前頁では「特二式内火艇　カミ」の車体と概略についておおまかに述べた。ここでは車体の上に乗る部位について、また緊急時はどうするかなど、重箱の隅を突くことにしよう。

正直「特二式内火艇　カミ」（以降は「カミ」と称する）車体とそれに合体する浮舟、またその誕生背景を語る記事はあっても、それに乗る砲塔やその砲塔に付属する備品らについて述べた記事は少ないように感じる。正直、車体を水密にして荒波に揉まれても安定して浮かぶ構造にしたのも、また潜水艦に積載して奇襲に用いるべく凝った構造にしたのも、全てはこの見開きで述べる『砲』を敵前まで運び、相手に発射する為の手段に過ぎない。故に「カミ」で最も重要な箇所だが……前見開きで述べたとおり、もっとも重要な箇所なのに非力な口径の砲でしかないのが「カミ」が「特二式内火艇　カミ」たる所以で全体に付き纏う『中途半端さ』がぬぐってもぬぐい切れない大きな負い目な点でもある。もうどうにもならないことだが、もっと大口径の砲を搭載して欲しかったと思うし折角大きな余裕ある車体／船体なのだから武装はもう少し考えて欲しかった。具体的に述べるのであれば「九六式二十五粍単装機銃」を主砲として欲しかった。これならば潜水艦用としても存在しているし、後年設計の「特五式内火艇」がこの武装であったから。詮無いことだが筆者は怒りをこめて考える次第だ。

……怒るコブシを振り上げて怒りを天に返して思うと、この中途半端さがあったからこそ「特四艇」こと「特四式内火艇　カツ」が短時間で誕生した訳でもあると思うと……怒りも消えるような気になる。ハナシが脇に逸れてしまった。本題に戻す事にしよう。

「カミ」の砲塔は我が国戦闘車両には大変に珍しい配置となっている。というのも戦車砲の砲耳に機銃が同居する聯装構造となっている点だ。同時期の海外戦車では一般的な搭載方法だが我が国では大変に珍しい配置となっている。敵を見つけて砲塔旋回、狙いを付けたあとに『砲弾では勿体ないな、じゃ機銃だ』と砲塔を動かさないで火器を変更できる点も、また戦車砲は連射が出来ないので次の砲弾を装塡するまでの間に機銃掃射をすれば敵が伏せ、反撃を阻害出来る。即ちそれは生存率も高まる。尤もこれは相手が軽装甲車輌や歩兵の場合のみ通用するものでしかないのだが……これらの相手ならば反撃能力が増す配置でもあり、故に海外では一般的な装備になっていく。我が国主力中戦車たる「九七式中戦車」系では砲塔の真後ろに機関銃があり「カミ」のような戦い方は出来ない。良い事ずくめに感じる「カミ」の砲塔だが、これには大きな欠点がある。それは車長が（「特二式内火艇　カミ」はフネだから艇長と言うべきだろうか）周囲を安全に目配りする展望塔が無いことだ。後述するが「カミ」の砲塔上に着脱式の展望塔は付くのだがこれは困った事に思っているような代物ではないのだ。それは別項で述べることにする。一応左右側面と砲塔背面には防弾硝子付きの覘視口が3ヶ所あるが砲射手側の覘視口は車／艇長は見れないし、視界も限定的だ。ハッチを開けて指揮官は両目までハッチ外に出す事になるが……恐らく数秒で生暖かい液体が頭部から噴き出して車長は絶命することになるだろう。こういうトコロがホント中途半端な砲塔だと思う。

「カミ」の砲塔外観

避弾経始を考えた小さく低いテーパー円筒形正面より武骨に角張って出っ張る我が国では非常に珍しい聯装武装、それを挟むかのように防弾構造の展望器が左右より突き出ている。砲塔後部は架台が左右に鋲接され、左側のは無線空中線用、右側のは銃架となっている。砲塔に無線用空中線があるのは「九七式中戦車」の鉢巻空中線以降ではしばらく採用されなかったものだ。海軍の戦車ということで聯装武装共々物珍しい配置となっている。図では描かなかったがこれら後部の架台間には覘視口と拳銃口が付いた小型ハッチがある。

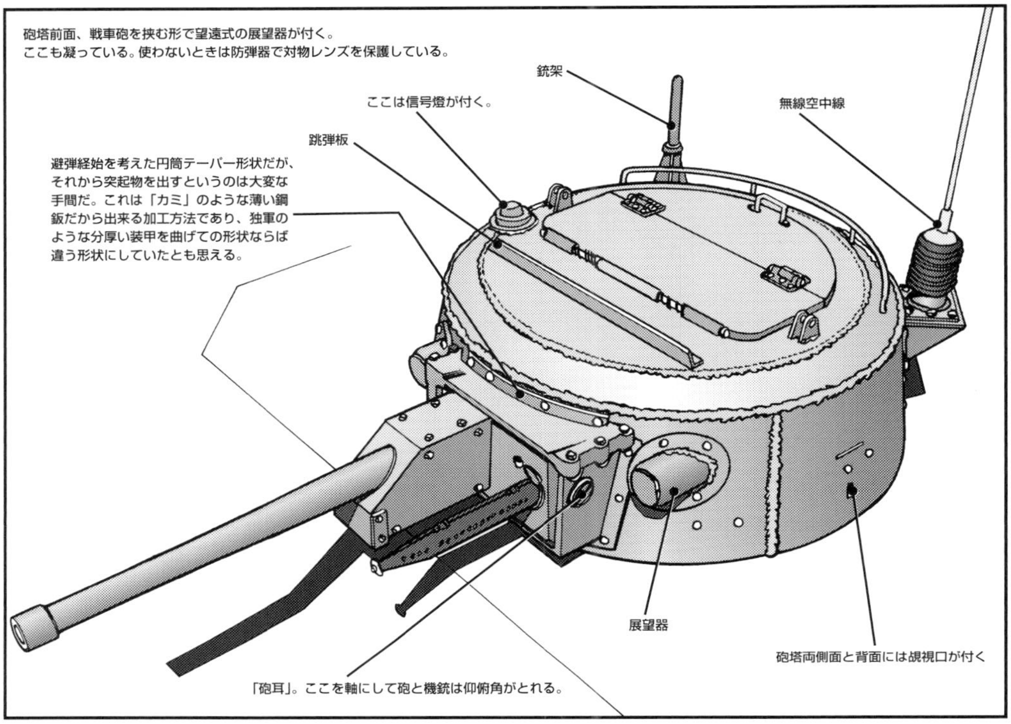

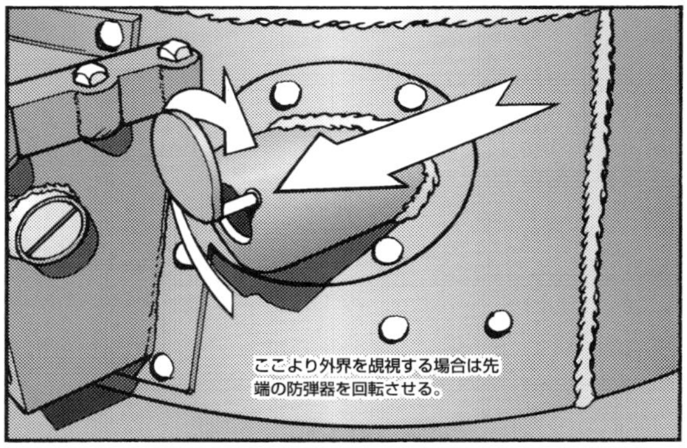

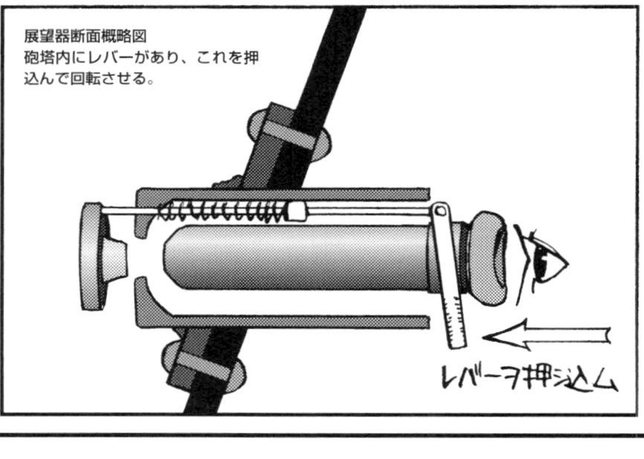

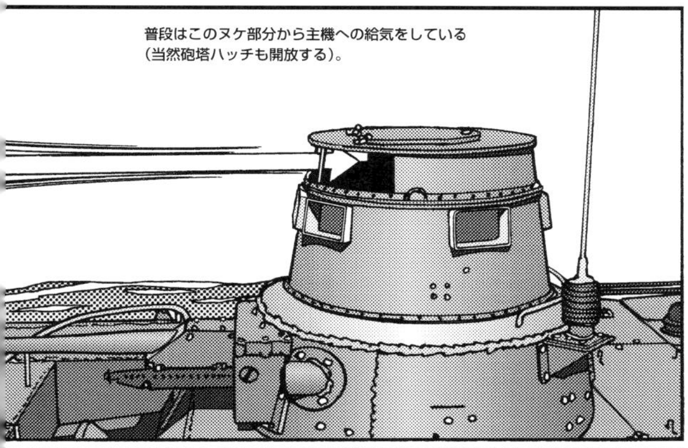

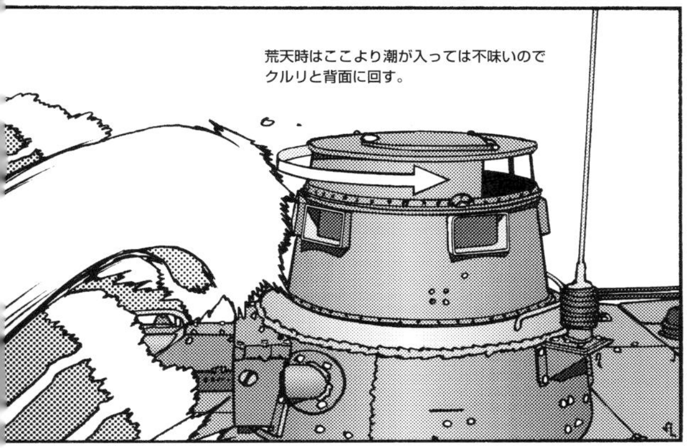

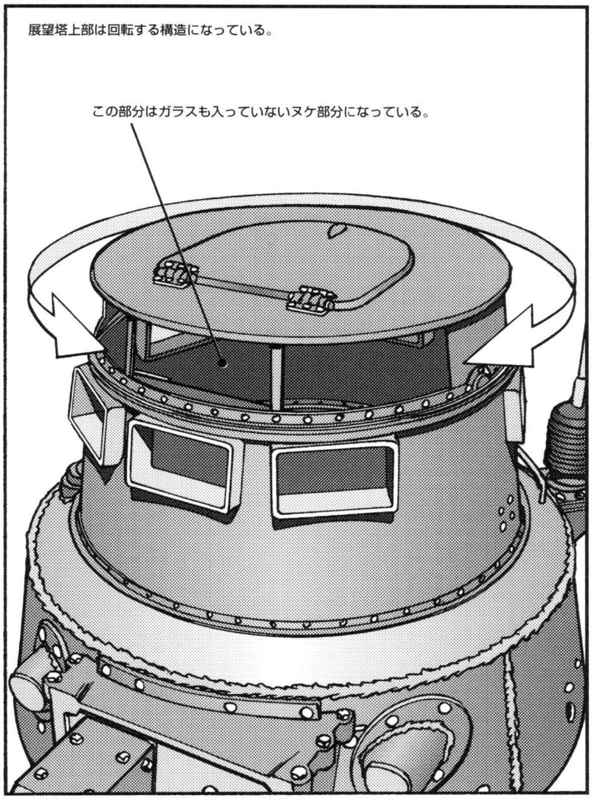

展望塔

本見開きのオープニングで述べた「カミ」の展望塔について述べる。多くの戦車砲塔上には車長が周囲を広範囲に見渡せる展望塔と称する部位がある。ここは防弾硝子を内側に貼った覘視口がいくつも並び、相応の装甲が施された安全な空間でもある。車長が頭を入れ防弾硝子越しに安全に周囲を見渡せる。敵を先に発見出来れば機先を制することが叶い生存率はグンと高まる。ここは戦車の目でもある。翻って「カミ」のだが前見開きでも述べたとおり、着脱方式だ。防弾硝子も設置はされているが展望塔本体は拳銃弾でも貫通しそうな薄金属製だ。言わば紙コップにデラックスな防弾硝子がついたようなものだ。本展望塔の目的は高い位置からの偵察で視程を伸ばすという意味も当然含まれるが、設置目的は左図のとおり主機への給気で荒天時の航走中に潮が入らないようにする為の給気筒が用途だ。故に非常に変わった機能もある。それも左図に描いたとおりだ。

「特二式内火艇　カミ」は主機が故障した場合を考え、櫂を携行している。……何本携行するかの資料は無いが恐らく4本であると推測する。

機関故障の際には……

「カミ」も当然主機故障はあっただろうと思う。何しろ潜水艦で運ぶように取り外しが出来る機能があるのだ。他の戦車より不具合が生じる率は高い。故障は時と場所と故障箇所を選んでくれない。洋上航走中にバタンと主機が止ったら波間に浮かぶ瓶と同じで潮流に流されるだけだ。そこで車内には（厳密には艇内だ）櫂が搭載されていた。右図のように乗員全員での漕艇となる。櫂の形状は不明で図は想像で描いた。櫂先の水かきと柄は搭載の都合、分解構造ではないかと考えた。もしかしたら円匙を櫂として使うかもしれない。色々想像は膨らむ。「二等輸送艦」などから泛水、揚陸地まで数百メートルという場合での故障で漕艇ならば笑い話の類いだが「カミ」は海軍が作ったこともあり洋上航続距離は140kmを有する。視程より外れるような遠距離の洋上航走も当然任務として盛り込まれる。不幸にも道半ばで機関故障となったらまさしく命懸けの漕艇だ。もしかしたら上空から敵機が襲ってくるかもしれない。「カミ」の後部にはキノコ状の給気筒があり、ここの頂部には搭載機銃を設置出来る銃架となっている。だから安心という訳ではないのだが。……ともあれ転ばぬ先の杖、「カミ」の場合は櫂だ。

このページ以降は93ページよりお読みください

※カミは前後の浮舟が無くとも車体のみでも浮く能力がある。また左右浮舟の合わさる部分が屈曲している型は、この洋上での左右分離が容易になるようにとの工夫なのかもしれない。

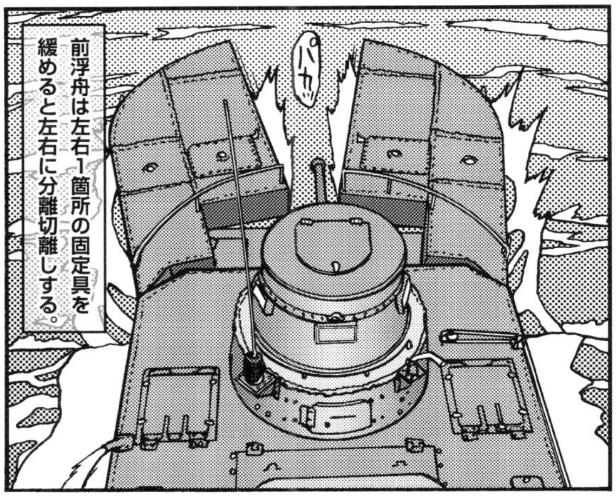

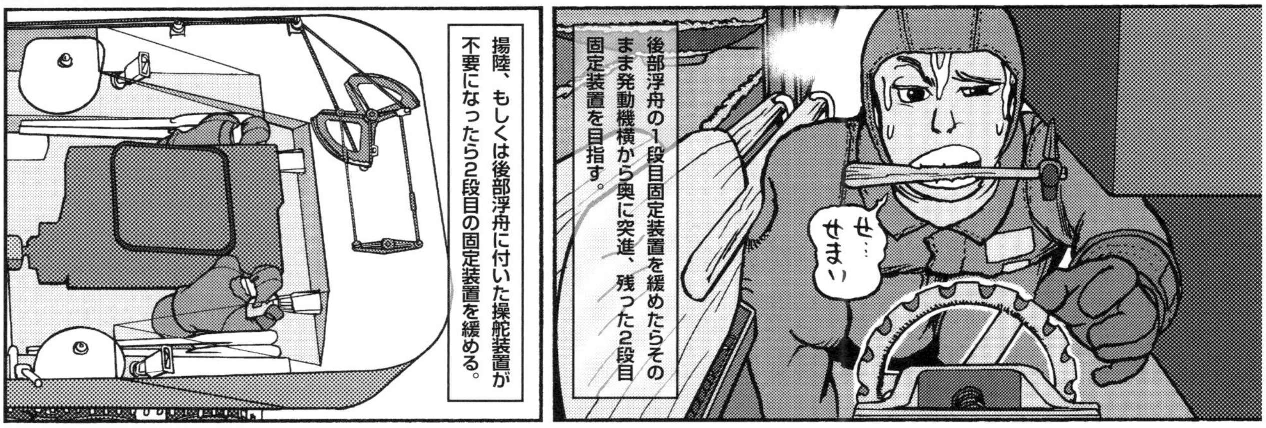

※ここは軸を引き抜くようで軸が曲ると抜けなくなるようだ。

うきふねのきりはなし

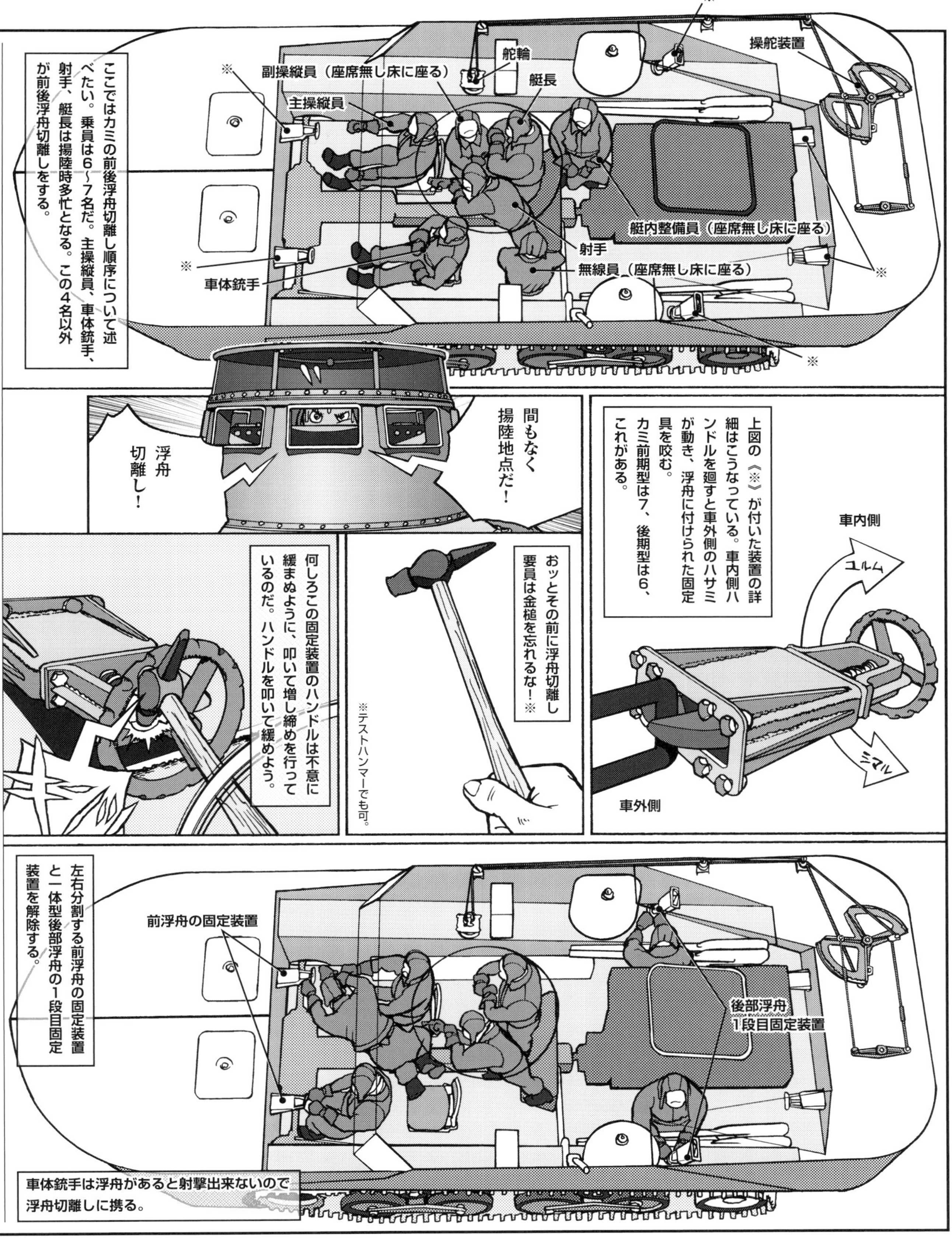

ここではカミの前後浮舟切離し順序について述べたい。乗員は6～7名だ。主操縦員、車体銃手、射手、艇長は揚陸時多忙となる。この4名以外が前後浮舟切離しをする。
※
操舵装置
舵輪
艇長
副操縦員（座席無し床に座る）
※
主操縦員
艇内整備員（座席無し床に座る）
射手
※
無線員（座席無し床に座る）
※
車体銃手
※
上図の《※》が付いた装置の詳細はこうなっている。車内側ハンドルを廻すと車外側のハサミが動き、浮舟に付けられた固定具を咬む。
カミ前期型は7、後期型は6、これがある。
車内側
ユルム
シマル
車外側
間もなく揚陸地点だ！
浮舟切離し！
おッとその前に浮舟切離し要員は金槌を忘れるな！※
※テストハンマーでも可。
何しろこの固定装置のハンドルは不意に緩まぬように、叩いて増し締めを行っているのだ。ハンドルを叩いて緩めよう。
左右分割する前浮舟の固定装置と一体型後部浮舟の1段目固定装置を解除する。
前浮舟の固定装置
後部浮舟
1段目固定装置
車体銃手は浮舟があると射撃出来ないので浮舟切離しに携る。

車内の軸受けは動きを良くする為に
注油を頻繁にしております。
また発動機から洩れる油も加わり…
車内浸水した海水と、
これらの洩油が緩衝器軸の
動作でドレッシングの
ように攪回されて…
…ふとした衝撃で…
…
ビシャシャ
そろそろ
揚陸する！
各員、岩礁に
注意しろ。
ビシャリ
あれ。
ザー…
もう帰投
したか。
何でこんな格好しているか、
よーく判ったサ。
ビショビショになるし、
ベタベタになるし車内は
立てないし、腰は痛いし……
酷い有り様サ。
ドロドロ
ハハハ
ザーッ
これがカミ
乗りの
勲章ってヤツさ！

シャナイニハイル
《了》

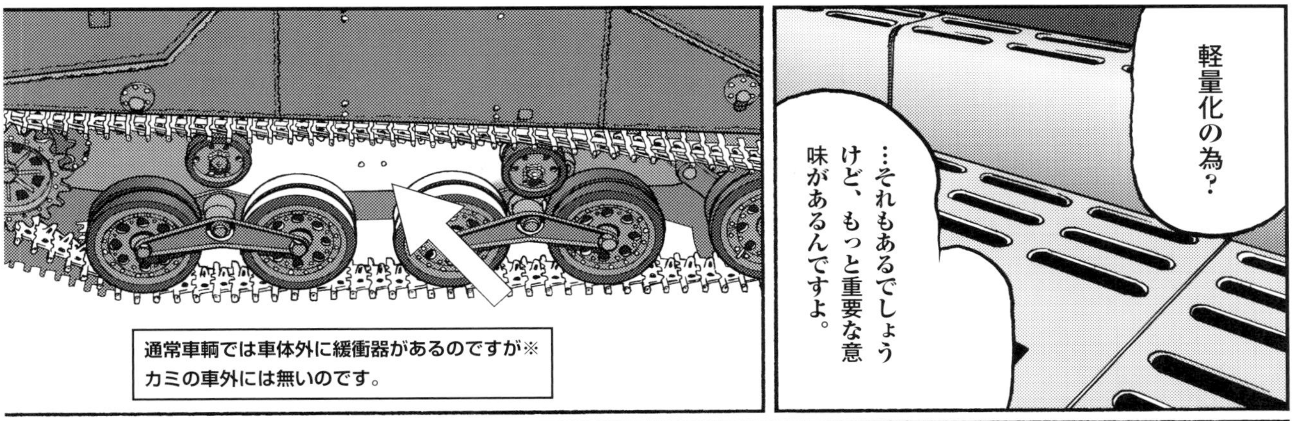

※防弾上の配慮とする資料があるが筆者個人の推測では水中抵抗を少なくさせる為の配慮ではないだろうか。

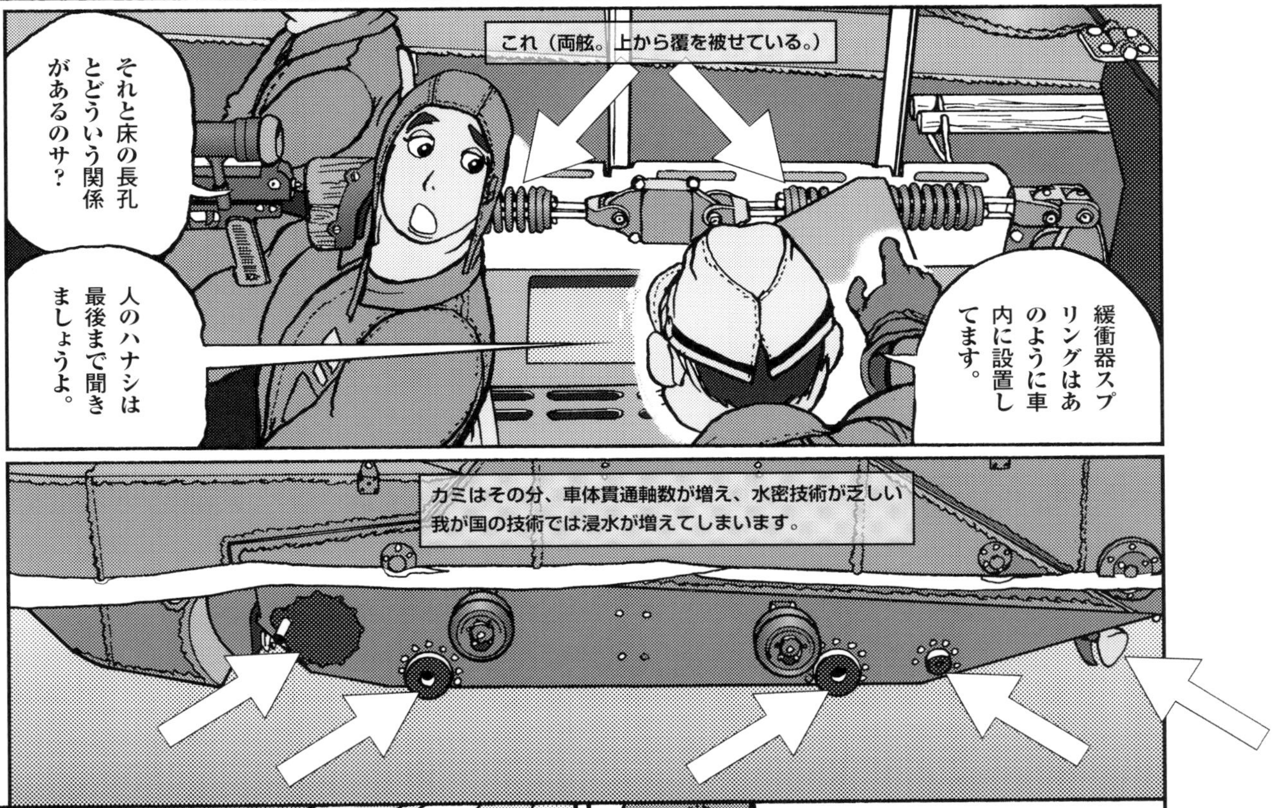

展望塔
砲塔上に被さっている展望塔は取外しが出来る。外し方は簡単だ。
砲塔上両脇にあるピンを2本抜くだけ。
スポ
展望塔から身を乗り出すときは砲塔上に腰掛ける。結構前屈する形だ。
カミの車内レイアウトはこんな感じ。
通風筒
燃料槽
操舵装置
操縦員席
車体銃銃手席
スクリュー兼ビルジポンプ用ギアボックス覆。この上に砲手と艇長が立つ。
緩衝用発條。
…あの、私めの説明
聞いてます？
痛てて…聞いてるサ。
…ん？
へ～車内の床って孔が沢山あるんだ。

※【まめちしき】展望塔頂部から車内床まで2・3m程ある。砲塔内には足掛けがないので乗降りには注意しよう。

あとがきのつづき (82ページより続く)

【「睦月」型駆逐艦】

『あれも描きたい、描き切ってない』とずるずると連載を伸ばした「改丁型駆逐艦」編。それを超える年数を注ぎ込んだのが本「睦月」型編だ。実に2年も「睦月」型を描いていたことになる。周知のとおり、筆者が手がける兵器・艦艇の中で「睦月」型は抜きん出て古い時代のものだ。

個人的に旧型の兵器に最新型装備をつけての延命処置は嫌いではない。むしろ好物とも言える。例えるならば英国の複葉雷撃機に最新型のレーダーと噴進弾を搭載し独軍潜水艦を攻撃する型などは最高にナウいと感じる。翻って命中したら戦艦もイチコロな大型61cm魚雷を発射出来る初の駆逐艦として世に出た古い古い駆逐艦に我が国で採用された各種最新電波兵器を追加し、しぶとく生き残っていく執念さを描きたく本連載テーマに選定した。当初は3〜4回の連載で完結となる予定だったように記憶しているが古い古い魚雷発射管とその防楯など、多分一生描かないだろうということでしつこく描き、気付いたら6回連載の2年掲載となっていたのは筆者の無計画ぶり故だ。

本編では色々面倒だった記憶がある。船体を描いた第一作時は然程それを感じなかったが、艦上構造物編に突入してからは常に『あーッ!』と絶叫していたように記憶している。どこを『あーッ!』となったのかを述べたい。艦橋横の高角双眼鏡が載っているあたりは水はけをよくする意味からか派手な傾斜がついており、オマケに奇っ怪な平面構造なので物凄く作画に苦労した記憶がある。どこから傾斜があるのかと夜中『あーッ!』となった記憶もある。続いて檣だ。「睦月」型は古い時代のフネ故に単檣構造だ。見慣れた円管を熔接したヤグラ構造ではなく、円材を静索で固定する方式故に静索を描くのが非常に面倒でこれまた『あーッ!』だった。何しろ静索だ。フネの何処かに縛りつけ索を展張する。これにアタマから煙が出そうに悩みつつ前述のとおり『あーッ!』と描いた。その静索も檣に落雷してもフネには被害がないように碍子を挟んだりしているのでこれまた面倒だった。描いたものを見返してみると、単檣だけで数ページ使っている。リサーチして判った事を形にして残すんだという執念みたいなものを感じてしまう。

順番が前後するが艦橋周辺と砲周辺には常に『あーッ!』となっていた。円管を用いたハンドレールがぐにゃぐにゃと曲線で設置しており甲板と平行ならばまだ何とかなるのだが、段差のついた箇所のハンドレールを描くのは本当に大変だった。まさしく『あーッ!』……であった。夜中、これを手のひら真っ黒にしながら雲形定規を当て、良いカーブを探して描き、Macに取り込んだあとに歪みやズレをMacの中で描き直したりしたので結果的には3度、ペン入れするようなものであり、これは膨大な手間と時間がかかった。NAVYYARD誌でも筆者は入稿が一番最後で毎回、G編集長が『あーッ!』っと口にしていただろうと思う。『ハンドレールのせいで遅れました』と言訳していた記憶がある。そしてそれを描かない號時には上甲板に鋲接竝熔接した辷り留めをチクチクと夜中念仏を唱えるように描いていたのも温厚なG編集長を何度も『あーッ!』と激昂させていた理由のひとつだ。色々遅れて申し訳なく思っている。本連載で嬉しかったのは最終回近くで冒頭に述べた電探装備を描けたことだ。つい悪乗りして雷装をはぎ取り高速輸送艦に改装した「睦月」型も描いたのも今となってはよき想い出だ。

単一テーマで二年を超える年数を描いたというのは……今となっては中々挑み甲斐のある大きなテーマだったな、と感じる。笹原先生(笹原大氏)の作例はNAVYYARD誌で大人気連載だ。笹原先生といえば日本国内に留まらず今や世界的になろうとする凄腕モデラー。『ナノテクノロジー』シリーズは人々を驚かせ続けている。そんな笹原先生と過去、本誌編集長のG氏と筆者の3名で飲食をしたことがある。笹原先生が「『アナタノ知ラナイ兵器』はね、作例のディティールアップにとても役立っているよ♥」との御言葉を賜った。筆者ごときにこの一言は過分なリップサービスだが、名の通った人からの発言は素直に嬉しいじゃねえか。これは筆者の大きな勲章だ。このあとからだろうか、プラモデルを嗜む人から同様の意見を何度も賜った。多分、義理堅い笹原先生が方々に銭を撒いて筆者へのサービスの為に尽力してくれたからだろう。ただ筆者の見たまま感じたままを漫然と作画してきただけだったが、こういう需要が本書『アナタノ知ラナイ兵器』にあったのかと気付かされた瞬間だ。これは雑には描けないなと身の引き締まる思いだ。故にG編集長も筆者も『あーッ!』と絶叫するし、させるし待たせてしまうけども手は抜きたくない。

今回、単行本に収録するにあたり、2年分36ページを見直してみたが判らない箇所を色々考えて細かく描いている。こりゃ、時間が掛かる訳だ……と自虐的にも思えた。1ヶ所に固執して全体が見えないという筆者の性格が出た作品だろうとも思う。前単行本で描いた「改丁型駆逐艦」に負けないようにという思いも込めて描いたが丁寧に描いたという面ではこの気持ちに応えることが出来たなと思う。後檣根元の艦上構造物構造が判らず描いた後に資料を得て今回単行本収録にあたり描き直したこともここに記しておく。

【防雷具編】

前作である「睦月」型編が余りに長期特集となってしまった。この反省から『どうか1話で読み切り作品を! でないと単行本収録時に大変なことになりますからッ!あーッ!』とG編集長からきつく言われた結果、久しぶりの読み切り作品となったのが本編だ。筆者は機雷という兵器にとても興味がある。俗な言い方だが『機雷が嫌いではない、大好き』だ。筆者は敷設と掃海にも興味があり、ならばこれを一度描いてみようと思った。掃海が面倒な「沈底式」を描くとなると、また膨大に長くなるので係維式機雷の掃海にしようというテーマ設定の流れがあった。筆者は長らくプラモデルを組んでいない。中学校時代までに恐らく一生分を作ったからだが当時は安価だったウォーターラインシリーズは沢山購入し、沢山組んだ。当時は今のような嫌な知識もなく、純粋に部品を切り分けて接着、形を成してニヤついていただけだが、幾つも組んでいると段々と疑問に思ってくるようになった。その一つが本テーマの「防雷具」だ。作中オープニングにも描いたが小型の飛行機のような、ミサイルのような物体があり、『これは一体何を意味するものか?』と常々疑問に思っていた。加齢し知識がだんだんと付いてくると、これを曳航して機雷の係維索を断ち切る道具と知るのだが本作を描くのに色々調べてみると舵が付いており常に曳航艦の舷外方向に曳航索がテンションが掛かるような工夫がされていることを知り奥深く凝った兵器なんだなと納得した記憶がある。浮上した係維式機雷を射撃で処分するページの最後は空白で文字が入っているだけだが、本当は水柱を描いたコマが入る予定だった。入稿に間に合わないので掲載状態となった。

最終ページの吊上げているカットだが、プラモデルでは物凄く小さい部品だが、実際はとても大きく重い物体だというのを知ってもらいということで描いた。本図を描きながら『時間があったら「高雄」型艦橋前に固縛した状態のを描きたかったな』と悔しい気持ちも出ていたことをここに記す。

【㊃艇編】

筆者は予科練の人たちが望む航空機に乗れず、仕方なく他機材に移った先の兵器たちに大きな興味がある。具体的に記すならば「甲標的」もそうだし、「海龍」もそうだ。「回天」などはその最たるものであると思う。その『興味の範疇』である「マル四艇」こと「震洋」も大きな興味を抱いていた。(本当は㊃艇と記したいのだがこの文字は作字で編集部には迷惑をかけたくないので以下は「震洋」とする)他社刊行の単行本でも描いたが「震洋」は小学生の頃から大きく興味を抱いていた。世の同級生たちがガンダムや戦艦「大和」に対し血道を挙げているころだ。今にして思えば筆者は相当にアブナイガキだったなと思う。

中学校に入り小遣いを貯め「震洋」の写真集を隣町の団地商店街で営業する本屋さんに取り寄せ注文に行った記憶が残っている。注文時に値段を知り、絶句(確か当時で6000円を超えた金額だった)。後日、絶版であると連絡があり正直安堵した記憶がある。『あとがき』に余談もへったくれもないが近年、健康維持の為にウオーキングをしているが、この本屋さんを訪ねたら相当前に廃業をなさっており固くシャッターが閉じられ悲しかったな。

「震洋」図説は船体よりも後部の噴進砲発射機能と艇首内部の起爆機構は絶対に描きたいという目標設定をして挑んだ記憶がある。筆者のペースならば本テーマは2回特集以上の情報量があったのだが、「睦月」型できつくG編集長からのお達しがあったのでテーマを絞った結果だ。

この手の兵器を世間では『○○に爆弾をくくり付けただけ』と評する。確かにそれは間違いではないと思う。だがこの表現ならば『刺し身とは生魚を切っただけ』の料理となる。それは違うだろ、と。切羽詰まった中でも「震洋」のように知恵を巡らせていた点は後世に伝えたいと思う。同時に『○○に爆弾をくくり付けただけ』なら、これで攻撃を仕掛けられる側の米軍は何ら痛くも痒くもないハズだが早急に注意喚起を発布しているということは相手の痛いトコロ、都合の悪いトコロを突くという戦術の基本が「震洋」でも行われていると気付かされるとも感じるからだ。兵隊をどうやって巧く休ませるかを必死に研究している米軍だ。「震洋」のようにレーダーにひっかからないような小舟で夜中騒ぎを起され安眠を妨害するという行為は米軍からすると赦せないことだろうから。

とかく精神論にいきつく我が国はこういう休息とか癒やしは『我慢しろ』の一言で下層に追いやられてしまうが、夜中に嫌がらせを組織的に行う陰湿な戦い方をもっと大々的に「震洋」はやってもらいたかった。作中でも述べたが相応に生還できる能力を有しているし、2000mくらいの射程しかないが噴進弾もある。これだけ放って遁走するのも妨害にはなるだろうから。いずれ個人的にでも本題材はコミックとして描きたいとおもっている。

【九メートルカッター編】。

お気付きの貴兄貴女等も居られると思うが、筆者は装載艇の類いを描くのが大変に苦手だ。この理由だが資料がないからだ。故に過去連載で描いた「改丁型駆逐艦」や「睦月」型でも装載艇の類いは空所として描いていた。自分自身への資料として本テーマ選定をした。本当は本テーマの他に「六メートルカッター」も描きたかったが、こちらは本当に資料がない。故に描けないでいる。これから先の連載で筆者が「六メートルカッター」部分を空所としていたら『ハハハ(笑)まだ描けないのか』と思ってもらいたい。

さて、筆者の都合で選定された極めて打算的な連載だったが反響は今までの中で一番多く、そして熱かった記憶がある。漕艇は何かのイベントで催されることでもあるし自衛隊で漕艇をした人も多く、その記憶が本記事連載で蘇ったから……とのことだ。うれしかった。まさに『棚からボタモチ』な作成記事だった。ただ、これを描くのはこれまた大変だった。板と角材で艇体を構成する。本来ならば外観だけ描けばいいのだが、こういう漕艇するものは艇の内側まで描く必要があり「睦月」型とは違った箇所で『あーッ！』となった。筆者の愚父が戦中、カッターで漂流した経験が複数回あり、また小さいころに読んだ小説『救命艇の少年』を思い出しながら『こんなグレーチング下のビルジから帽子で海水掻き出したのか』との思いを交互しながら描いた。人は騒ぐと冷静になるもの。冷静になると筆者の愚父が海原で力尽きていたら筆者はこの世にないと思え『これのお陰で今があるのか』と教を読むような、恩人に話しかけるような気持ちで描いた記憶がある。情報としてカッターは帆走できることは知っていたが実際描くとなるとこれまた大変だった。帆船など一度も描いた事がないし艦艇以上に知識がないからだ。現実逃避として軍港や母港ではカッターが頻繁に帆走していたのだろうな、それはとても見ていてホッとするような良いものだっただろうなと思って描いた。

【舷門と舷梯編】

筆者は筆が遅い。ついにそれが限界に達してしまったのが本作だ。NAVYYARD誌で『アナタノ知ラナイ兵器』連載は6ページであったのだが、どうにも間に合わないということで作画中に4ページに減らしてもらった號だ。新テーマ読み切り6ページと「睦月」型のように連続した6ページ、同じページ数でも連続したテーマのほうが楽なのだ。テーマ選定や資料集め等やることが多いのが新テーマ故のことだから。減ページの件、本当に申し訳なく思う。本テーマを選定したのは多くの人は大型戦闘艦艇に乗り込む方法というのを漠然としか理解していないと思う。筆者もそのうちのひとりだ。専門の機材を用いたり、かなりスリリングな工程を経ないと乗艦出来ないということを描きたかったし舷門番兵が居眠りで小銃紛失のことはどうしても描きたかった。艦隊勤務を記した体験記では本件はよく見る不祥事であり事件だ。起きた件数は多くはないと信じたい。インパクトのあるハナシなので僅かな発生件数でも母港に帰って飲食中に『聞いたか？こんなことがあったんだってよ』という艦隊勤務者の鉄板なネタなのかもしれない。

しかし、しかしだ。舷門番兵さんが不審者に対し誰何・発砲という文字通り『事件』はあったのだろうか。筆者が知らないだけなのかもしれない。余談で恐縮だが10年ぶりくらいに「水雷艇型」を描いた。描くのは面倒だが、こうして水兵さんとのカラミは見る分には楽しいものだ。

【「特二式内火艇　カミ」編】

思えば令和元年、西暦2019年という年から2年間ほどは「特二式内火艇　カミ」を何かにつけて描いた年であった。というのも人気アニメーションシリーズ『ガールズ&パンツァー』で本車輌が登場となり、それに伴い大昔の平成17年ころに筆者が趣味で描いた「特二式内火艇　カミ」作品集を『ガールズ&パンツァー』スタッフが目にされ、『ハナシを聞かせてくれないか』ということで制作関係者から接触を求められたからだ。このハナシ、筆者の窓口になってくれたのが誰あろう本誌G編集長だ。本誌編集部御中での初顔合わせ時に色々制作上の秘守義務等を聞き正直、緊張した。というのも筆者は就寝中、ヤタラと寝言を口にするからだ。遠き昔に読んだスパイ史記事で寝言で機密情報が漏れたとそれにあったからだ。『あ〜、知っているかあ、映画になあ、今度カミが出るんだぞ〜』と口走っては大変なことになるということで、その日以来、仲間等と旅行に行く事を止め、家族と眠るときも時間をずらしたり場所を変えたりして注意をしていたっけ。のちに制作スタジオ御中に出頭せよとの通達があり、驚いた。訊けばスタッフの方々や資料提供者の方々に筆者を加え対談をする為とのことだ。これは大事になったと身震いしたのを覚えている。制作スタジオ御中は今とは異なる場所にあり冷たい降雨の中、自宅でプリントアウトした地図を片手に行きすぎたり間違えたりして漸くスタジオに到着した記憶がある。

以降、予告が公示されTwitterにも「特二式内火艇　カミ」の姿が出たときは『……ホントに（映画に）出演するんだ』とまだ実感が涌かなかったのも確かだ。今まで筆者の人生、騙されることが圧倒的に多かったので素直に信じ、喜べなかったからでもある。

この予告公示後にG編集長から模型雑誌で「特二式内火艇　カミ」の記事を描かないか？ との要請を受け見開き作品を描いた。今回の単行本編纂作業で本作を入れてくれと強く要請したのも多忙なG編集長が失念しているかと思ったからだ。

待望の映画が完成、先んじて試写会に出向いた。雑誌で尊顔した有名な方々がずらり。食い入るように銀幕を見た。生涯のうちであれほど必死に銀幕を注視したことは無かっただろうしこれからも無いと思いつつ銀幕を見た。恐らく筆者の人生で、ここが頂点なんだろうと思った。あとはひたすら人生下降線なんだなあと思ったら何やら銀幕が滲んできた。すると「特二式内火艇　カミ」は次作も出るということでコメカミに当てた銃口を下げる思いだった。そのあとだ。再び制作スタジオ御中の制作進捗担当のM氏から連絡があり、先日行った対談を文字にして公認本を発行するから「特二式内火艇　カミ」を描いてよ、という驚くべき要請があった。同時に前作映画時に発行した公認本たる『皆様お疲れ様でした本』の献本提供を受け拝読すると本当にキャラクターを愛している人たちがその愛とコアな情報を1冊にしたものであり、そんな愛に包まれた映画最終章に木に竹を接ぐような筆者の参加は……申し訳ないような気持ちになった。多分、筆者が描く本最終章の登場人物たちを誰も期待をしていない。故に筆者が描ける、筆者だけの世界を描いてこそ本作に描く意味があるのだと言い聞かせて描いたのが『うきふねのきりはなし』と『シャナイニハイル』の2作品で、砲塔の説明は前述の対談部分への挿し絵に今回収録するに当りテキストを加えたものだ。筆者の泥臭い作品がキラキラするキャラクターたちが掲載する本に割り込むことにより拒絶反応が起きて本作のみ大量に売れ残ったら、これは確実に切腹だなとビクビクする日々は続いたが、かなり早い段階で完売したとの情報をチラリと聞いて、その日の夜は失神したように眠った記憶がある。

本作を購入した知人からは『ホント、コガさんはブレないね♥』とのお褒めの御言葉を賜ったが、それは違う。それしか道が残されていなかったからだ。冗談半分でG編集長に本作『皆様お疲れ様でした本』収録作品を掲載できませんかな？と口走った結果が本誌収録の突端だ。もうこうなったら止らない。

余談となってしまうが他社刊行の単行本に描いた古い作品の「特二式内火艇　カミ」、これは冒頭で述べた『ガールズ&パンツァー』制作スタッフ御中が目にした作品だが、本作が改訂版が発行されるとのことで20ページ以上を全て描き直した。コミック部分も直したかったがそれでは膨大になるので図説部分のみとしたのだが。

【表紙カバー編】

本来ならば一番多くのページを費やした「睦月」型を表紙に描くべきだった。単行本の號数に因んだ題材を表紙にする、という目標も最近はウヤムヤになりつつある。「睦月」型を表紙とした場合、前単行本である『5』の「改丁型駆逐艦」と見分けがつかないだろうということで「紫電改」とした。

どうしても「睦月」型は表紙カバーとして描きたかったので当初、裏カバーの小画で描こうと思っていたが、前述のとおり號数に因んだもの……ということで「紫電改」の試作六號機とした。「紫電改」を表紙に頂く本は多い。多くは三四三空機だ。1冊くらい橙色の試作機が表紙にあってもいいだろうという思いもあって「睦月」型を取りやめた経緯がある。私事で恐縮だが、筆者は大金で購入したPhotoshopというソフトで着色をしてきた。大金故に10年以上使い続けてきたが使用するMacがどうにもブツンブツンと停止するようになってしまい新Macに移行、それに伴い古いPhotoshopは使えなくなった。仕方なく毎月定額で使うPhotoshopを契約した。10年以上バージョンアップをしない筆者が一番悪いのだが余りに長期間更新をしなかったもので新ソフトには全く不慣れであり、着色のカバー画は物凄い時間が掛かってしまった。スピナーを黄色く塗ったのは敬愛し尊敬する渡辺洋二先生の記事を拝読しての反映だ。

【あとがきのあとがき】

本連載が始まって早16年となった。単行本も5年ぶりの単行本の本第6號となった。これも筆者の手がける作品を毎度御手にしてくださる奇特な貴兄貴女等のお陰でもある。心から御礼申し上げる。

いつになるかは判らないが筆者は手がけたいテーマがいくつかある。『アナタノ知ラナイ兵器』連載を持つNAVYYARD誌で扱う艦艇系でいうのなら戦時標準船と海防艦、そして米軍の小型空母と米潜水艦だ。この4つは筆者が本連載を持っている間に実現したいと思っている。そのうちのひとつである海防艦は現在『アナタノ知ラナイ兵器』で特集中だ。

本単行本の内示をG編集長から聞いたときは正直不安になった。不安は毎回だが今回は収録作品を見て特にそれを感じた。これを見て思うのは背中に冷たいものが流れるだけだ。この調子では本作は本単行本で終わりになるのかと思えるくらいに知名度の少ないものばかりだ。

こんな文字通り『アナタノ知ラナイ兵器』ばかりでは単行本の売上げが悪くなるということで描き起し作品は何か華のあるものをということで色々、G編集長とやりとりをした。

やはり単行本は6冊目ということなので何か『6』の名称がつくものを描き、それを表紙でアピールしたかった。折角だからどんなものを描こうかと候補に上がったものをここに掲載したい。

ひとつは「九六式艦上戦闘機」。

もうひとつは「九六式陸上攻撃機」だった。

結局、『6』には全く縁もゆかりもない「紫電改」を描き起し作品にするということに決着したのは此処だけのハナシだ。

いよいよページも最後となった。「紫電改」記事を予定外の分量で描いたのでG編集長の渾身である台割りをブチ壊した結果、趣味である『あとがき』を長文打てることになったのも含め色々申し訳なく思う。それ以上に有難く思うのはこんな華の無いテーマを収録した単行本を発行してもよいという編集部御中と版元御中、そして何よりも毎回御手にしてくださる奇特な貴兄貴女等のお陰だ。有難く思うし掛け値なしに感謝している。『ありがとうございます！』。

最後に後藤編集長。いつも待たせて申し訳なく。貴方とはもう15年以上の付き合いとなるが今回の本単行本編集作業時に3週間も入院する大怪我を負っても尚、心折れることなく発行に漕着けるその『執念』には全く平身低頭の思いです。その功績は表紙に描きたいくらいのもの。そして描き起しの「紫電改」作品に執念深くトーンを貼ってくれた林山キネマ先生、ありがとうございます。

　令和五年五月、作者　こがしゅうと拝。

イラストで見る末期的兵器総覧
アナタノ知ラナイ兵器6
Illustrated of world desperate weapons
Weapons,we have never heard off 6

■スタッフ STAFF

文とイラスト Text & Illustrations
こがしゅうと Syuuto KOGA

編集 Editor
後藤恒弘 Tsunehiro GOTO

アートデレクション Art Director
横川 隆　Takashi YOKOKAWA

英文翻訳 Translation
村西野安　Noah MURANISHI

イラストで見る末期的兵器総覧
アナタノ知ラナイ兵器6

発行日　2023年8月3日 初版第1刷

著者　こがしゅうと

発行人　小川光二
発行所　株式会社 大日本絵画
〒101-0054　東京都千代田区神田錦町１丁目７番地
Tel 03-3294-7861（代表）
URL; http://www.kaiga.co.jp

編集人　市村　弘
企画／編集　株式会社 アートボックス
〒101-0054　東京都千代田区神田錦町１丁目７番地
錦町一丁目ビル４階
Tel 03-6820-7000（代表）
URL; http://www.modelkasten.com/

印刷／製本 大日本印刷株式会社

内容に関するお問い合わせ先：03-6820-7000　㈱アートボックス
販売に関するお問い合わせ先：03-3294-7861　㈱大日本絵画

Publisher/Dainippon Kaiga Co., Ltd. Kanda Nishiki-cho 1-7, Chiyoda-ku, Tokyo 101-0054 Japan
Phone 03-3294-7861
Dainippon Kaiga URL; http://www.kaiga.co.jp
Editor/Artbox Co., Ltd. Nishiki-cho 1-chome bldg., 4th Floor, Kanda
Nishiki-cho 1-7, Chiyoda-ku, Tokyo 101-0054 Japan
Phone 03-6820-7000
Artbox URL; http://www.modelkasten.com/

Printed in Japan
ISBN978-4-499-23374-3